高职高专产品艺术设计专业（灯具方向）规划教材

灯具设计 CAD

主　编　王　宇

黄河水利出版社

·郑　州·

内 容 提 要

本书是高职高专产品艺术设计专业(灯具方向)的专业基础课,它为培养灯具设计技术人才提供必备的理论知识和专业技能。本书以实例的形式,系统地讲述如何运用 AutoCAD 软件绘制灯具设计图形,让读者在操作的过程中掌握 AutoCAD,并运用 AutoCAD 绘制灯具图形。本书首先简单介绍了 AutoCAD 的基本操作,然后,以实例的形式,重点介绍运用 AutoCAD 绘制灯具平面图形、零件图及尺寸标注、轴测图及其尺寸标注,并简要介绍了 AutoCAD 的三维造型。

本书既可作为高、中等职业学校的教材,也可作为灯具设计制图 CAD 专业人员的培训教材。

图书在版编目(CIP)数据

灯具设计 CAD/王宇主编 .—郑州:黄河水利出版社,2016.12

高职高专产品艺术设计专业(灯具方向)规划教材

ISBN 978 -7 -5509 -1638 -8

Ⅰ.①灯… Ⅱ.①王… Ⅲ.①灯具 - 设计 - AutoCAD - 高等职业教育 - 教材 Ⅳ.①TS956 ②TP391.72

中国版本图书馆 CIP 数据核字(2016)第 321096 号

组稿编辑:贾会珍 电话:0371 -66028027 E-mail:110885539@qq.com

出 版 社:黄河水利出版社

地址:河南省郑州市顺河路黄委会综合楼 14 层 邮政编码:450003

发行单位:黄河水利出版社

发行部电话:0371 -66026940、66020550、66028024、66022620(传真)

E-mail:hhslcbs@126.com

承印单位:河南省瑞光印务股份有限公司

开本:787 mm×1 092 mm 1/16

印张:15.25

字数:370 千字 印数:1—1 000

版次:2016 年 12 月第 1 版 印次:2016 年 12 月第 1 次印刷

定价:36.00 元

前 言

随着计算机科学、信息技术的飞速发展和计算机的普及教育，国内高校的 AutoCAD 计算机软件教育已踏上了新的台阶，步入了一个新的发展阶段。灯具设计行业对学生的 AutoCAD 计算机应用能力提出了更高的要求。为了适应这种新发展，中山职业技术学院修订了 AutoCAD 课程的课程标准，使计算机辅助灯具设计课程内容不断推陈出新。我们根据古镇灯饰学院教学指导委员会的要求，结合对古镇灯饰人才的需求报告，编写了本书。

灯具设计 CAD 是古镇灯饰学院的公共必修课程，也是学习其他灯具设计相关技术课程的前导和基础课程。本书编写的宗旨是使读者较全面、系统地了解 AutoCAD 的基础知识，具备 AutoCAD 在灯具设计中的实际应用能力，并能在灯具设计与制造的专业领域中自觉地应用 AutoCAD 进行设计与研究。本书照顾了不同地域、不同层次学生的需要，加强了产品设计人才在灯具设计与制造等方面的能力。

全书分为 16 章，主要内容包括：第一至四章介绍了 AutoCAD 的基本知识和基本概念、AutoCAD 制图和工作步骤，以及 AutoCAD 的安装、配置和打印；第五至八章介绍了简单的 AutoCAD 灯具制图基本知识，以及 AutoCAD 常用的命令和使用方式；第九章介绍了 AutoCAD 照明电器平面图的绘制；第十至十六章介绍了 AutoCAD 用于各类型灯具的设计及制造，以及AutoCAD的常用工具的使用方法。

参加本书编写的作者是多年从事一线教学的教师，具有较为丰富的教学经验。在编写时注重理论与实践紧密结合，注重实用性和可操作性；案例的选取上注意从读者日常学习和工作的需要出发；文字叙述上深入浅出，通俗易懂。

通过本书的学习，要求学生具备应用 AutoCAD 软件绘制、编辑、保存及输出灯具工程图纸的能力，培养学生绘制灯具图的能力以及具备根据图纸的特点，选择恰当的模式快速便捷绘制出灯具图形的能力，使学生掌握相应的灯具制图、灯具要素等知识。要求学生能够熟练掌握灯具 CAD 绘图的基本知识与基本操作，熟悉灯具 CAD 绘图环境设置，掌握灯具 CAD 绘制平面图的绘图命令与图形编辑命令的使用与操作方法，掌握利用灯具 CAD 绘制工程图的方法与步骤。

本书编写人员及分工如下：第一至四章由王宇、尤太权编写，第五至八章由王宇、陈国成编写，第九章由朱明编写，第十章由朱吉顶编写，第十一至十四章由王宇编写，第十五章由黄娟编写，第十六章由徐勇编写。

由于本书的知识面较广，要将众多的知识很好地贯穿起来，难度较大，不足之处在所难免。为便于以后教材的修订，恳请专家、教师及读者多提宝贵意见。

编 者

2016 年 8 月

目　录

第一章　AutoCAD 基础

一、AutoCAD 的启动

在“开始”菜单中选择“程序”/Autodesk/AutoCAD 2008 – Simplified Chinese/AutoCAD 2008 命令，或者单击桌面上的快捷图标，均可启动 AutoCAD 软件。AutoCAD 2008 第一次启动后，弹出“新功能专题研习”对话框，用户从对话框提供的三个单选项中选择一个，单击“确定”按钮，进入 AutoCAD 2008 工作界面（见图 1-1）。

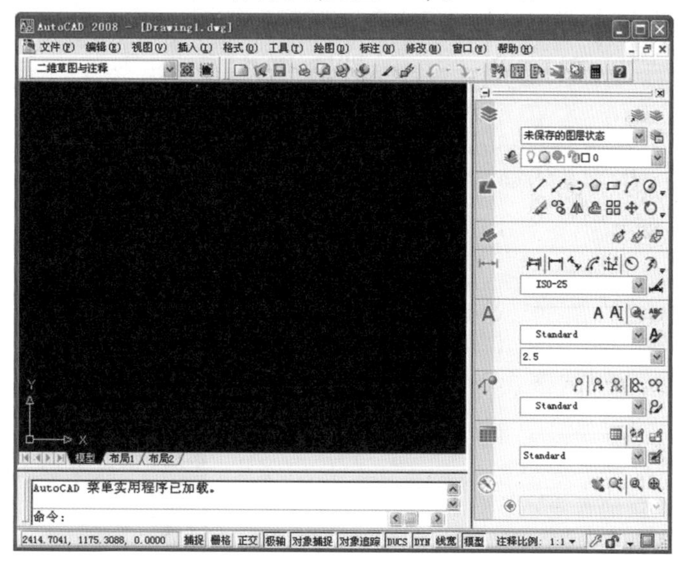

图 1-1

二、界面组成

AutoCAD 2008 的应用窗口主要包括以下内容：标题栏、菜单栏、工具栏、绘图区、命令行提示区、状态栏以及控制台等，如图 1-2 所示。

三、AutoCAD 命令输入方式

在 AutoCAD 2008 中，用户通常结合键盘和鼠标来进行命令的输入和执行，主要利用键盘输入命令和参数，利用鼠标执行工具栏中的命令、选择对象、捕捉关键点以及拾取点等。

在 AutoCAD 中，用户可以通过按钮命令、菜单命令和命令行执行命令 3 种形式来执行 AutoCAD 命令：

（1）按钮命令是指用户通过单击工具栏中相应的按钮来执行命令。

（2）菜单命令是指选择菜单栏中的下拉菜单命令执行操作。

（3）命令行执行命令是指 AutoCAD 中大部分命令都具有别名，用户可以直接在命令行

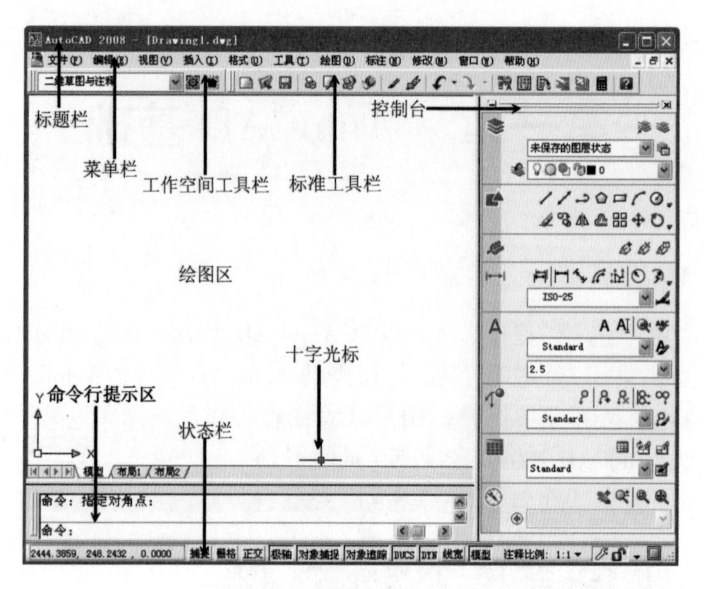

图 1-2

中输入别名并按 Enter 键来执行命令。

四、设置绘图环境

一般来说,如果用户不做任何设置,AutoCAD 系统对作图范围没有限制。用户可以将绘图区看作是一幅无穷大的图纸,但所绘图形的大小是有限的,因此为了更好地绘图,需要设定作图的有效区域。选择“格式”→“图形界限”命令,或在命令行中输入 LIMITS,可执行图形绘制界限命令如下:

命令:LIMITS

重新设置模型空间界限: //系统提示信息

指定左下角点或[开(ON)/关(OFF)]< 0.0000, 0.0000 >: //用鼠标或者输入坐标值定位左下角点

指定右上角点 < 420.0000,297.0000 >: //用鼠标或者输入坐标值定位右上角点

选择“格式”→“单位”命令,或在命令行中输入 DDUNITS 命令,弹出“图形单位”对话框,在该对话框中可以对图形单位进行设置(见图 1-3)。

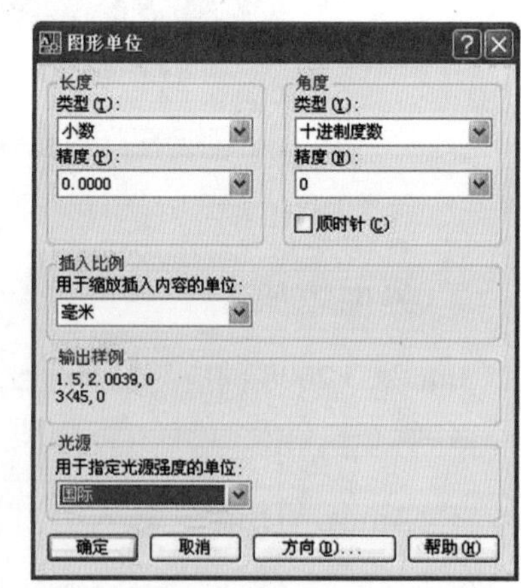

图 1-3

五、图形文件管理

(一)创建新的 AutoCAD 文件

在 AutoCAD 中有两种方法来创建一个新的图形文件,在用户不启动显示对话框时,选择“文件”→“新建”命令,或单击“标准”工具栏中的“新建”按钮,或在命令行中输入 NEW 命令,此时弹出“选择样板”对话框(见图 1-4)。

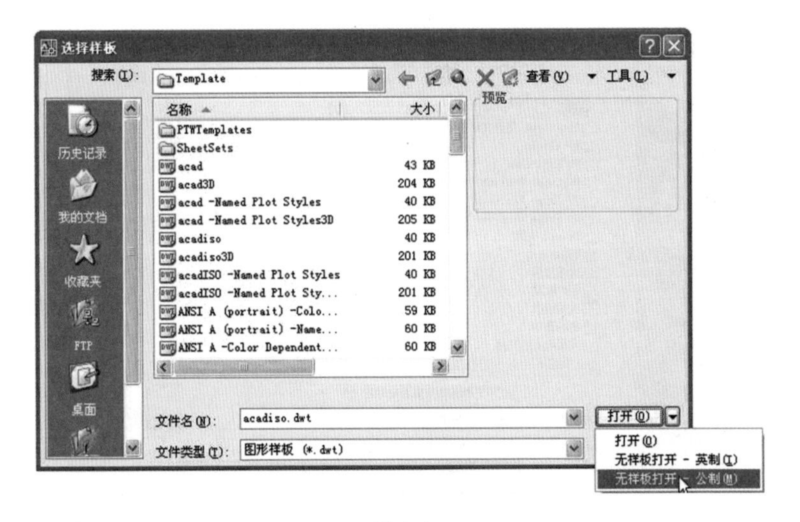

图 1-4

(二)打开和保存 AutoCAD 文件

选择“文件”→“打开”命令,或单击“标准”工具栏中的“打开”按钮,或在命令行中输入 OPEN 命令,都可以打开“选择文件”对话框(见图 1-5),该对话框用于打开已经存在的 AutoCAD图形文件。选择“文件”→“保存”命令,或单击“标准”工具栏中的“保存”按钮,或在命令行中输入 SAVE,都可以对图形文件进行保存。若当前的图形文件已经命名,则按此名称保存文件。如果当前图形文件尚未命名,则弹出“图形另存为”对话框(见图 1-6),该对话框用于保存已经创建但尚未命名的图形文件。

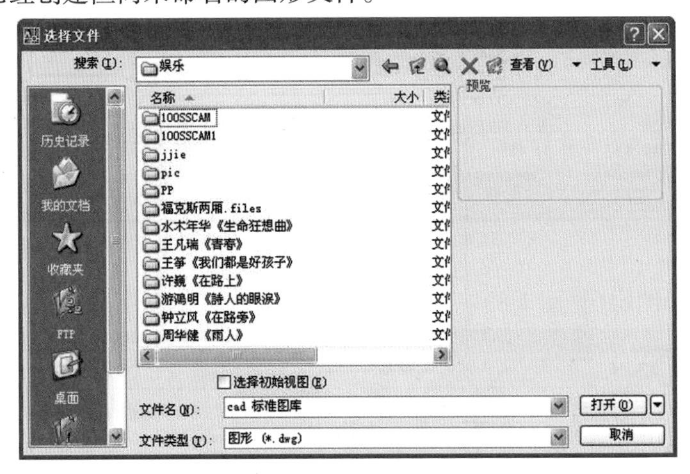

图 1-5

六、图层创建与管理

选择“格式”→“图层”命令,弹出“图层特性管理器”对话框(见图 1-7)。单击“新建图层”按钮,可以新建一个图层;单击“删除图层”按钮,可以删除一个选中的图层;单击“置为当前”按钮,可以将选中的图层置为当前状态。

在“图层特性管理器中”可以对下列特性进行管理:颜色、打印、开、冻结、线型、线宽。

建立建筑图常见图层,共设置有“标题栏”“尺寸标注”“辅助线”“门窗”“墙线”“文字标

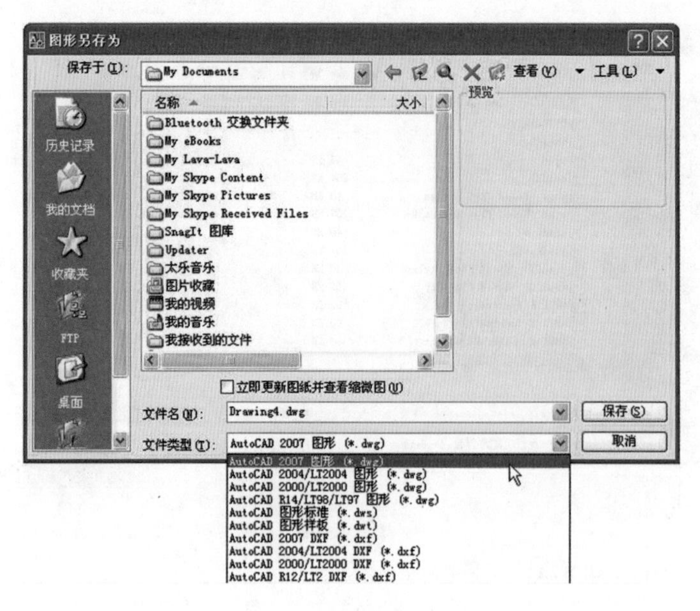

图 1-6

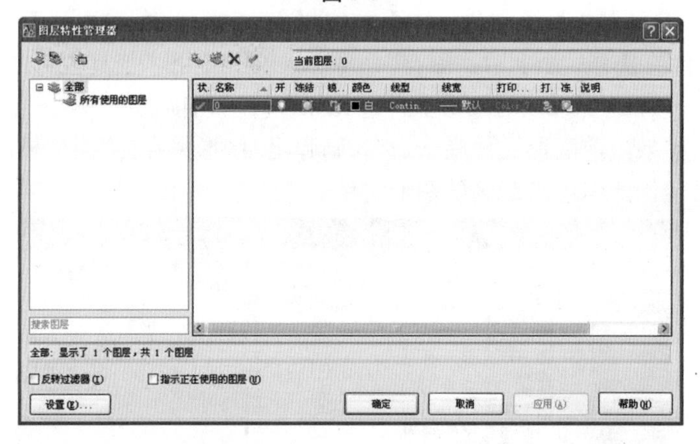

注”和“轴线”几个图层(见图 1-8)。

图层特性管理器

当前图层: 0

状.	名称	颜色	线型	线宽	打印...
✓	0	白	Continuous	默认	Color_7
	标题栏	蓝	Continuous	默认	Color_5
	尺寸标注	绿	Continuous	默认	Color_3
	辅助线	210	Continuous	默认	Colo...
	门窗	黄	Continuous	默认	Color_2
	墙线	白	Continuous	0.30 毫米	Color_7
	文字标注	青	Continuous	默认	Color_4
	轴线	红	ACAD_ISO10W100	默认	Color_1

全部: 显示了 8 个图层，共 8 个图层

反转过滤器(I) 指示正在使用的图层(U) 设置(E)... 确定 取消 应用(A) 帮助(H)

图 1-8

七、对象的选择

(1)单击对象直接选择:当命令行提示"选择对象:"时,绘图区出现拾取框光标,将光标移动到某个图形对象上单击,则可以选择与光标有公共点的图形对象,被选中的对象呈高亮显示。

(2)窗口选择(左选):当需要选择的对象较多时,可以使用窗口选择方式,这种选择方式与 Windows 的窗口选择类似。首先单击,将鼠标指针沿右下方拖动,再次单击,形成选择框,选择框呈实线显示,被选择框完全包容的对象将被选择。

(3)交叉窗口选择(右选):交叉窗口选择(右选)与窗口选择(左选)的选择方式类似,所不同的是鼠标指针往左上方移动形成选择框,选择框呈虚线显示,只要与交叉窗口相交或者被交叉窗口包容的对象,都将被选择。

八、二维视图操作

选择"视图"→"缩放"命令,在弹出的级联菜单中选择合适的命令,或单击"缩放"工具栏中合适的按钮,或者在命令行中输入 ZOOM 命令,都可以执行相应的视图缩放操作。

常见缩放方式如下:

(1)全部缩放。

(2)范围缩放。

(3)显示前一个视图。

(4)比例缩放。

(5)窗口缩放。

(6)实时缩放。

命令:ZOOM

指定窗口的角点,输入比例因子(nX 或 nXP),或者

[全部(A)/中心(C)/动态(D)/范围(E)/上一个(P)/比例(S)/窗口(W)/对象(O)] <实时>:

当在图形窗口中不能显示所有的图形时,就需要进行平移操作,以便用户查看图形的其他部分。

单击"标准"工具栏中的"实时平移"按钮,或选择"视图"→"平移"→"实时"命令,或在命令行中输入 PAN,然后按 Enter 键,鼠标指针将变成手形,用户可以对图形对象进行实时平移。

当然,选择"视图"→"平移"命令,在弹出的级联菜单中还有其他平移菜单命令,同样可以进行平移的操作,不过不太常用。

九、辅助绘图

(一)捕捉和栅格

在绘图中,使用栅格和捕捉功能有助于创建和对齐图形中的对象。栅格是按照设置的

间距显示在图形区域中的点,它能提供直观的距离和位置的参照,类似于坐标纸中方格的作用,栅格只在图形界限以内显示。捕捉则使光标只能停留在图形中指定的点上,这样就可以很方便地将图形放置在特殊点上,便于以后的编辑工作。栅格和捕捉这两个辅助绘图工具之间有着很多联系,尤其是两者间距的设置。有时为了方便绘图,可将栅格间距设置为与捕捉间距相同,或者使栅格间距为捕捉间距的整数倍。“捕捉和栅格”对话框见图 1-9。

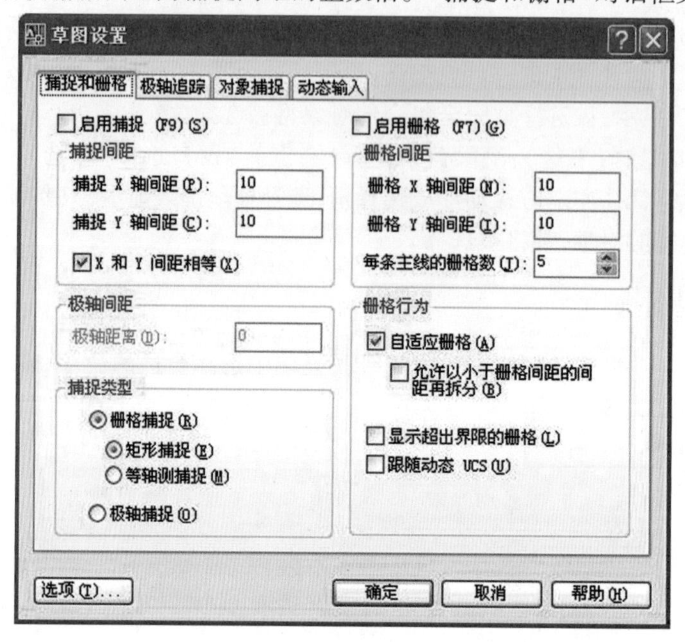

图 1-9

（二）正交和极轴

正交辅助工具可以帮助用户绘制平行于 *X* 轴或 *Y* 轴的直线。当绘制众多正交直线时,通常要打开“正交”辅助工具。在状态工具栏中,单击“正交”按钮,即可打开“正交”辅助工具。当自动追踪打开时,在绘图区将出现追踪线(追踪线可以是水平或垂直,也可以有一定角度),可以帮助用户精确确定位置和角度创建对象:“极轴追踪”对话框见图 1-10。

（三）对象捕捉

所谓对象捕捉,就是利用已经绘制的图形上的几何特征点定位新的点。在绘图区任意工具栏上,单击鼠标右键,在弹出的快捷菜单中选择“对象捕捉”命令,弹出“对象捕捉”工具栏

。用户可以在工具栏中单击相应的按钮,以选择合适的对象捕捉模式。右键单击状态栏上“对象捕捉”按钮,在弹出的快捷菜单中选择“设置”命令,弹出“草图设置”对话框,选择“对象捕捉”选项卡(见图 1-11),也可以设置相关的对象捕捉模式。

（四）动态输入

使用 AutoCAD 提供的动态输入功能,可以在工具栏提示中直接输入坐标值或者进行其他操作,而不必在命令行中进行输入,这样可以帮助用户专注于绘图区域。单击状态栏上的“DYN”按钮可以打开和关闭“动态输入”。“动态输入”有三个组件,即指针输入、标注输入和动态提示。在 DYN 上单击鼠标右键,在弹出的快捷菜单中选择“设置”命令,弹出“动态

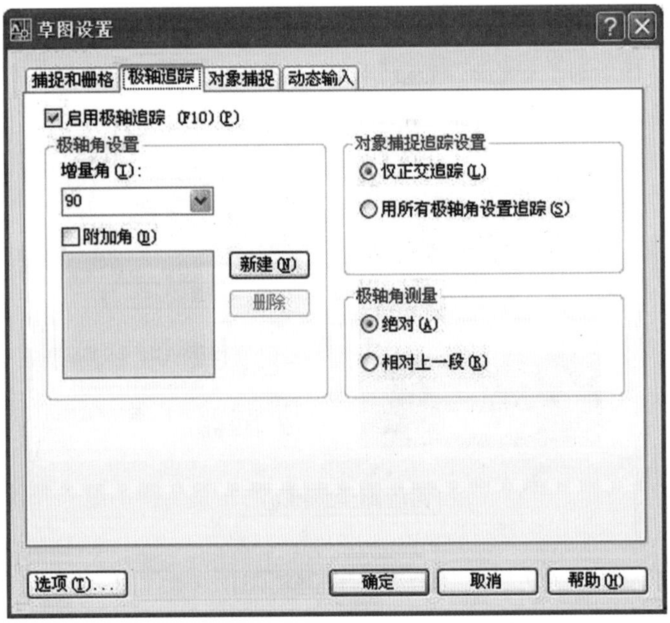

图 1-10

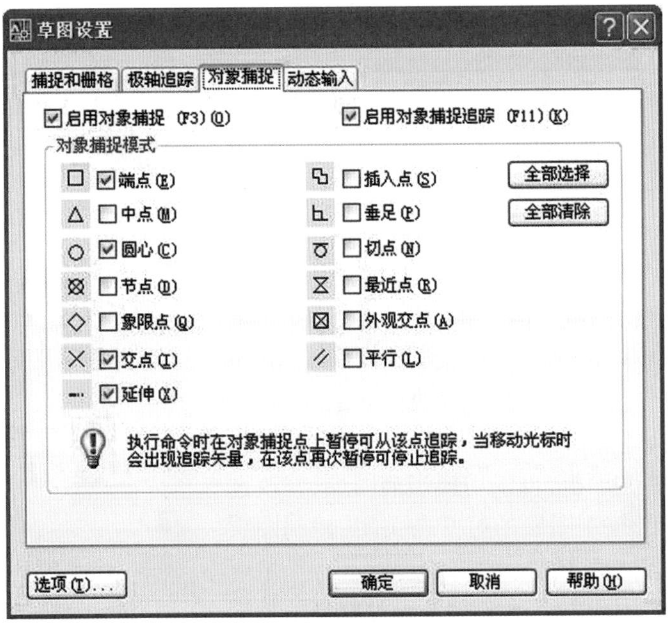

图 1-11

输入”对话框(见图 1-12)。

十、对象特性的修改

“特性”面板和工具栏用于设置选择对象的颜色、线型和线宽(见图 1-13)。AutoCAD 2008 版本不是在界面上默认出现的。

“文字”“标注”“表格”面板中,设有文字样式、标注样式和表格样式下拉列表,可以设置文字对象、标注对象和表格对象的样式(见图 1-14)。在创建文字、标注和表格之前,可以

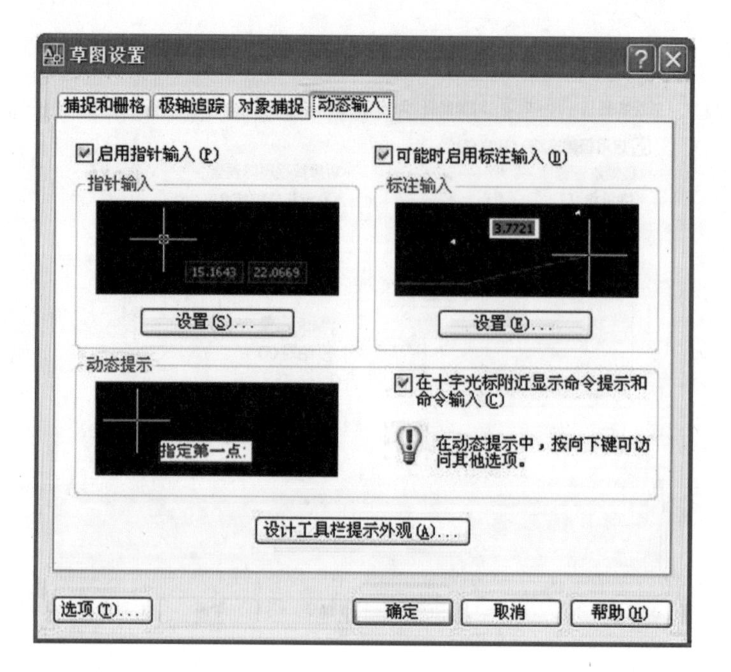

图 1-12

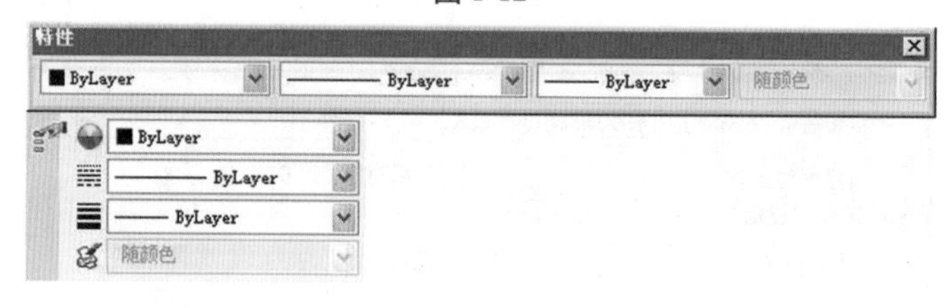

图 1-13

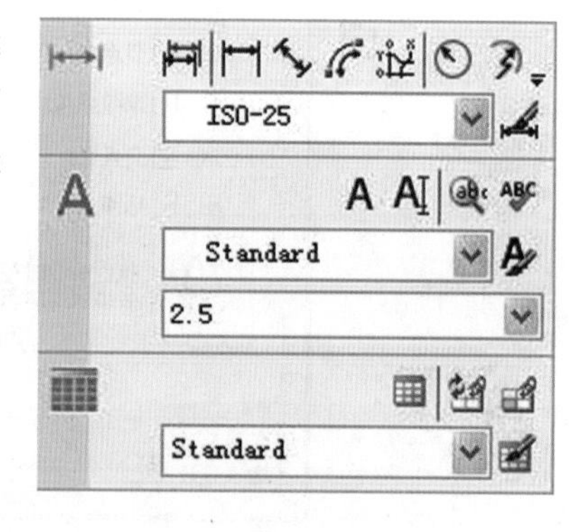

图 1-14

分别在文字样式、标注样式和表格样式下拉列表中选择相应的样式,创建的对象就会采用当前列表中指定的样式。同样,用户也可以对创建完成的文字、标注和表格重新指定样式,方法是选择需要修改样式的对象,在样式列表中选择合适的样式即可。

“图层”工具栏和面板,可以切换当前图层,修改选择对象所在的图层,控制图层的打开与关闭,控制图层的冻结与解冻、锁定与解锁等,如图 1-15 所示。

“特性”选项板用于列出选定对象或对象集的特性的当前设置,可以修改任何可以通过指定新值进行修改

图 1-15

的特性。在未指定对象时，选择“工具”→“选项板”→“特性”命令，弹出“特性”选项板，选项板只显示当前图层的基本特性、图层附着的打印样式表的名称、查看特性以及关于 UCS 的信息，如图 1-16 所示。

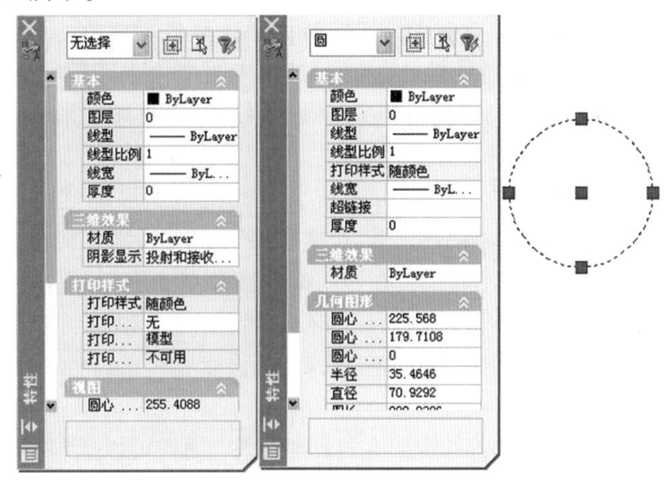

图 1-16

十一、夹点编辑

物体处于选择状态时，会出现若干个带颜色的小方框，这些小方框代表的是所选实体的特征点，被称为夹点。

夹点有三种状态：冷态、温态和热态。当夹点被激活时，处于热态，默认为红色，可以对图形对象进行编辑；当夹点未被激活时，处于冷态，默认为蓝色；当鼠标指针移动到某个夹点上时，该点处于温态，系统默认为绿色，单击夹点后，该点处于热态，如图 1-17 所示。

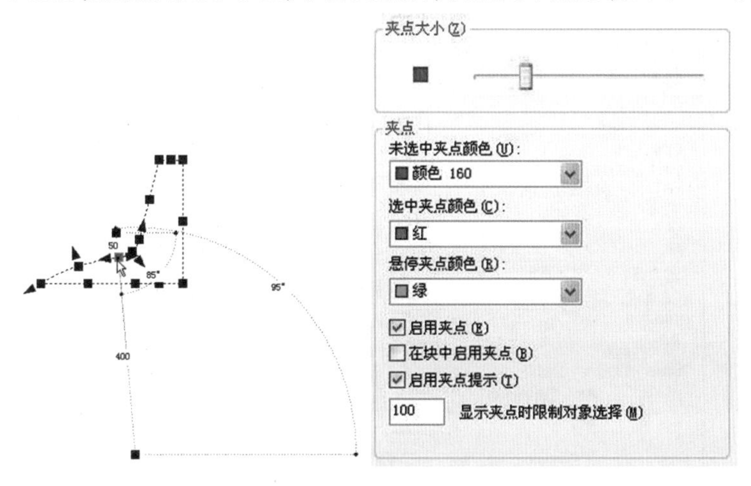

图 1-17

十二、输出图形

(一)创建打印布局

在从 AutoCAD 2008 中建立一个新图形时,AutoCAD 会自动建立一个“模型”选项卡和两个“布局”选项卡,用户可以进行切换。“模型”选项卡可以用来在模型空间中建立和编辑图形,该选项卡不能被删除和重命名;“布局”选项卡用来编辑打印图形的图纸,其个数没有要求,可以进行删除和重命名操作。

启动 AutoCAD 2008,创建一个新图形,系统会自动给该图形创建两个布局。在“布局 2”选项卡上右击,从弹出的快捷菜单中选择“新建布局”命令,系统会自动添加一个名为“布局 3”的布局。在“布局 3”选项卡上右击,在弹出的快捷菜单中选择“重命名”命令,弹出“重命名布局”对话框,在“名称”文本框中输入新的布局名称,单击“确定”按钮,完成布局的创建。创建新的布局之后,就可以按照图形输出的要求,设置布局的特性。

(二)创建打印样式

打印样式用于修改打印图形的外观。在打印样式中,用户可以指定端点、连接和填充样式,也可以指定抖动、灰度、笔指定和淡显等输出效果。如果需要以不同的方式打印同一图形,也可以使用不同的打印样式。

选择“工具”→“向导”→“添加打印样式表”命令,可以启动添加打印样式表向导,创建新的打印样式表。选择“文件”→“打印样式管理器”命令,弹出 Plot Styles 窗口,用户可以在其中找到新定义的打印样式管理器,以及系统提供的打印样式管理器。

(三)打印图形

选择“文件”→“打印”命令,弹出“打印”对话框,在该对话框中可以对打印的一些参数进行设置,如图 1-18 所示。

图 1-18

第二章　绘制基本图形

一、平面坐标系

在 AutoCAD 制图中，点是最基本的因素，是组成图形的基本单位。每个点都有自己的坐标，图形的绘制一般也是通过坐标对点进行精确定位。当命令行提示输入点时，既可以使用鼠标在图形中指定点，也可以在命令行中直接输入坐标值。在 AutoCAD 中，坐标系主要分为笛卡儿坐标系和极坐标系，用户可以在指定坐标时任选一种使用。

笛卡儿坐标系有 3 个轴，即 X 轴、Y 轴和 Z 轴。输入坐标值时，需要指示沿 X 轴、Y 轴和 Z 轴相对于坐标系原点(0,0,0)点的距离(以单位表示)及其方向(正或负)。极坐标系中使用距离和角度定位点。例如，笛卡儿坐标系中坐标为(0,10)的点，在极坐标系中的坐标为(10,$\pi/2$)。其中，10 表示该点与原点的距离，$\pi/2$ 表示原点到该点的直线与极轴所成的角度。当然，在命令行中输入坐标时，实际的输入方式用真实角度表示，(10,$\pi/2$)的极坐标表示为(10 <90)。

二、绘制点

选择"格式"→"点样式"命令，弹出如图 2-1 所示的"点样式"对话框，在该对话框中可以设置点的表现形状和点的大小，系统提供了 20 种点的样式供用户选择。

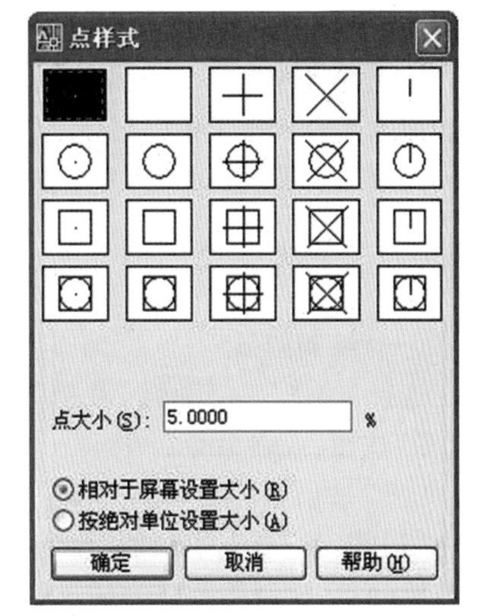

图 2-1

选择"绘图"→"点"→"单点"命令，或在命令行中输入 POINT 命令，或单击"绘图"工具栏中的"点"按钮，均可执行点绘制命令。选择"绘图"→"点"→"多点"命令可以同时绘制多个点。

命令:POINT

当前点模式：　PDMODE =0　PDSIZE =0.0000　//系统提示信息

指定点：　　　//要求用户输入点的坐标

用户输入点的时候，通常会遇到这样一种情况，即知道 B 点相对于 A 点(已存在的点或者知道绝对坐标的点)的位置距离关系，却不知道 B 的绝对坐标，这就没有办法通过绝对坐标或者"点"命令来直接绘制 B 点，这个时候的 B 点可以通过相对坐标法来进行绘制。这种方法在绘制二维平面图形时经常使用，以"点"命令为例，命令行提示如下。

命令:POINT

当前点模式：　PDMODE =0　PDSIZE =0.0000

指定点:from　　　//通过相对坐标法确定点，都需要先输入 from，按 Enter 键

基点：　　//输入作为参考点的绝对坐标或者捕捉参考点，即 A 点

<偏移>：　　//输入目标点相对于参考点的相对位置关系，即相对坐标，即 B 相对于 A 的坐标

三、绘制直线型图形

（一）绘制直线

直线是 AutoCAD 中最基本的图形，也是绘图过程中用得最多的图形。用户可以绘制一系列连续的直线段，但每条直线段都是一个独立的对象。单击“直线”按钮，或在命令行中输入 LINE，都可执行该命令。

命令：LINE

指定第一点：　　//通过坐标方式或者光标拾取方式确定直线第一点

指定下一点或[放弃(U)]：　　//通过其他方式确定直线第二点

（二）绘制构造线

向两个方向无限延伸的直线称为构造线，可用作创建其他对象的参照。在 AutoCAD 制图中，通常使用构造线配合其他编辑命令来进行辅助绘图。选择“绘图”→“构造线”命令，或单击“绘图”工具栏中的“构造线”按钮，或者在命令行中输入 XLINE，都可以执行该命令。

命令：XLINE

指定点或[水平(H)/垂直(V)/角度(A)/二等分(B)/偏移(O)]：

命令行给出了 5 种绘制构造线的方法，“水平(H)”和“垂直(V)”方式能够创建一条经过指定点并且与当前 UCS 的 X 轴或 Y 轴平行的构造线；“角度(A)”方式可以创建一条与参照线或水平轴成指定角度，并经过指定一点的构造线；“二等分(B)”方式可以创建一条等分某一角度的构造线；“偏移(O)”方式可以创建平行于一条基线一定距离的构造线。

四、绘制弧线型图形

（一）绘制圆弧

选择“绘图”→“圆弧”菜单下的级联菜单命令，或单击“圆弧”按钮，或在命令行中输入 ARC，都可执行绘制圆弧命令，如图 2-2 所示。

三点(P)
起点、圆心、端点(S)
起点、圆心、角度(T)
起点、圆心、长度(A)
起点、端点、角度(N)
起点、端点、方向(D)
起点、端点、半径(R)
圆心、起点、端点(C)
圆心、起点、角度(E)
圆心、起点、长度(L)
继续(O)

图 2-2

（1）指定三点方式：ARC 命令的默认方式，依次指定 3 个不共线的点，绘制的圆弧为通过这 3 个点而且起于第 1 个点止于第 3 个点的圆弧。

（2）指定起点、圆心以及另一参数方式：圆弧的起点和圆心决定了圆弧所在的圆，第 3 个参数可以是圆弧的端点（中止点）、角度（即起点到终点的圆弧角度）和长度（圆弧的弦长）。

（3）指定起点、端点以及另一参数方式：圆弧的起点和端点决定了圆弧圆心所在的直线，第 3 个参数可以是圆弧的角度、圆弧在起点处的切线方向和圆弧的半径。

（二）绘制椭圆弧

单击“绘图”工具栏的“椭圆弧”按钮，可以执行椭圆弧命令。椭圆弧的绘制方法比较简单，与椭圆的绘制方法基本一致，只是在绘制椭圆弧时要指定椭圆弧的起始角度和终止角度。

五、绘制封闭图形

（一）绘制矩形

选择“绘图”→“矩形”命令，或单击“矩形”按钮，或在命令行中输入 RECTANG 来执行矩形命令。

命令：RECTANG

指定第一个角点或［倒角（C）/标高（E）/圆角（F）/厚度（T）/宽度（W）］： //指定矩形的第一个角点坐标

指定另一个角点或［面积（A）/尺寸（D）/旋转（R）］： //指定矩形的第二个角点坐标

命令行提示中的“标高”选项和“厚度”选项使用较少；“倒角”选项用于设置矩形倒角的值，即从两个边上分别切去的长度，用于绘制倒角矩形；“圆角”选项用于设置矩形 4 个圆角的半径，用于绘制圆角矩形；“宽度”选项用于设置矩形的线宽。系统给用户提供了 3 种绘制矩形的方法：第一种是通过两个角点绘制矩形，这是默认方法；第二种是通过角点和边长确定矩形；第三种是通过面积来确认矩形。

（二）绘制正多边形

创建正多边形是绘制正方形、等边三角形和八边形等图形的简单方法。用户可以通过选择“绘图”→“正多边形”命令，或单击“正多边形”按钮，或在命令行输入 POLYGON 来执行正多边形命令，如图 2-3 所示。

命令：POLYGON

输入边的数目 <4>： //指定正多边形的边数

指定正多边形的中心点或［边（E）］： //指定正多边形的中心点

输入选项［内接于圆（I）/外切于圆（C）］<I>： //确认绘制多边形的方式

指定圆的半径： //输入圆半径

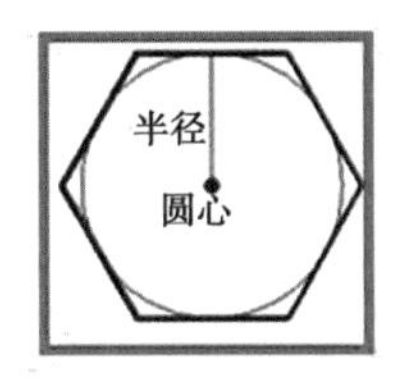

图 2-3

（三）绘制圆

选择“绘图”→“圆”菜单下的级联菜单命令，或单击“圆”按钮，或在命令行输入 CIRCLE 来执行圆命令，如图 2-4 所示。

命令：CIRCLE

指定圆的圆心或［三点（3P）/两点（2P）/相切、相切、半径（T）］：

（四）绘制圆环

圆环是填充环或实体填充圆，即带有宽度的闭合多段线。要创建圆环，就要它的内外直径和圆心。通过指定不同的中心点，可以继续创建具有相同直径的多个副本。要创建实体填充圆，即圆点，就要将内径值指定为 0。选择“绘图”→“圆环”命令，或在命令行中输入

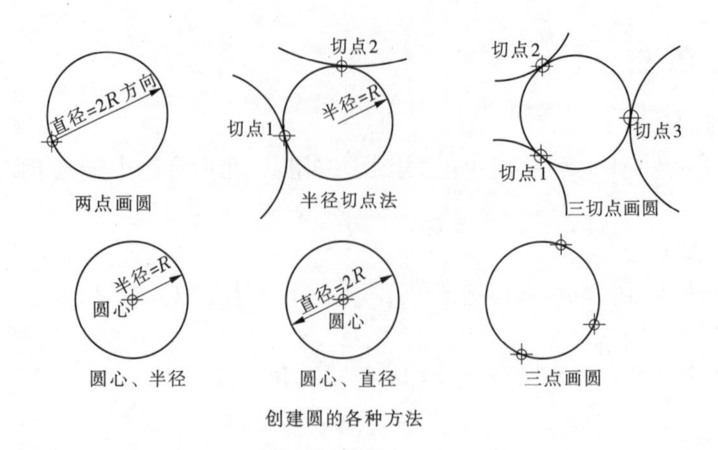

图 2-4

DONUT 命令可以执行圆环命令。

命令:DONUT

指定圆环的内径 <0.5000>:50　　//输入圆环的内径值

指定圆环的外径 <1.0000>:80　　//输入圆环的外径值

指定圆环的中心点或 <退出>:　　//拾取圆环的中心点或输入坐标

指定圆环的中心点或 <退出>:　　//可连续绘制该尺寸的圆环,通过选择不同的中心点,若不绘制,按 Enter 键,完成绘制

(五)绘制椭圆

选择"绘图"→"椭圆"命令,或单击"椭圆"按钮,或在命令行中输入 ELLIPSE 来执行椭圆命令,系统提供了 3 种方式用于绘制精确的椭圆:

(1)一条轴的两个端点和另一条轴的半径:单击"椭圆"按钮,按照默认的顺序就可以依次指定长轴的两个端点和另一条半轴的长度,其中长轴是通过两个端点来确定的,已经限定了两个自由度,只需要给出另外一个轴的长度就可以确定椭圆。

(2)一条轴的两个端点和旋转角度:这种方式实际上相当于将一个圆在空间上绕长轴转动一个角度以后投影在二维平面上。

(3)中心点、一条轴的端点和另一条轴的半径:这种方式需要依次指定椭圆的中心点、一条轴的端点以及另外一条轴的半径。

六、绘制多段线

圆环多段线是由相连的多段直线或弧线组成的,但被作为单一的对象使用。当用户选择组成多段线的其中任意一段直线或弧线时,将选择整个多段线。多段线中的线条可以设置成不同的线宽以及不同的线型,具有很强的实用性。选择"绘图"→"多段线"命令,或者单击"多段线"按钮,或在命令行中输入 PLINE,可以执行该命令。

命令:PLINE

指定起点:　　//通过坐标方式或者光标拾取方式确定多段线第一点

当前线宽为 0.0000　　//系统提示当前线宽,第 1 次使用显示默认线宽为 0,多次使用显示上一次线宽

指定下一个点或[圆弧(A)/半宽(H)/长度(L)/放弃(U)/宽度(W)]:
指定下一点或[圆弧(A)/闭合(C)/半宽(H)/长度(L)/放弃(U)/宽度(W)]:

七、绘制多线

(一)设置多线样式

选择“格式”→“多线样式”命令,弹出“多线样式”对话框(见图 2-5)。在该对话框中用户可以设置自己的多线样式。在该对话框中,“当前多线样式”显示当前正在使用的多线样式,“样式”列表框显示已经创建好的多线样式,“预览”框显示当前选中的多线样式的形状,“说明”文本框为当前多线样式附加的说明和描述。

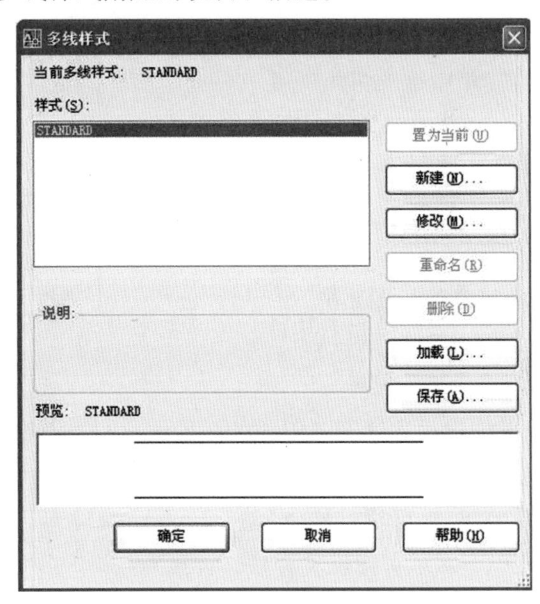

图 2-5

(二)绘制多线

在设置好多线样式后,选择“绘图”→“多线”命令或者在命令行输入 MLINE,即可执行绘制多线命令。

命令:MLINE
当前设置:对正 = 上,比例 = 20.00,样式 = STANDARD　　　//提示当前多线设置
指定起点或[对正(J)/比例(S)/样式(ST)]:　　　//指定多线起始点或修改多线设置
指定下一点:
指定下一点或[放弃(U)]:　　　//指定下一点或取消
指定下一点或[闭合(C)/放弃(U)]:　　　//指定下一点、闭合或取消

八、绘制样条曲线

样条曲线是通过一系列指定点的光滑曲线。在 AutoCAD 中,一般通过指定样条曲线的控制点和起点,以及终点的切线方向来绘制样条曲线。在指定控制点和切线方向时,用户可

以在绘图区观察样条曲线的动态效果,这样有助于用户绘制出想要的图形。在绘制样条曲线时,还可以改变样条拟合的偏差,以改变样条与指定拟合点的距离。此偏差值越小,样条曲线就越靠近这些点。选择"绘图"→"样条曲线"命令,或单击"样条曲线"按钮,或在命令行中输入 SPLINE 来执行该命令。

命令:SPLINE

指定第一个点或[对象(O)]:　　　//指定样条曲线的起点

指定下一点:　　　//指定样条曲线的第二个控制点

　　　//指定样条曲线的其他控制点

…

指定下一点或[闭合(C)/拟合公差(F)] <起点切向>:　　　//按 Enter 键,开始指定切线方向

指定起点切向:　　　//指定样条曲线起点的切线方向

指定端点切向:　　　//指定样条曲线终点的切线方向

采用样条曲线绘制的等高线见图 2-6。

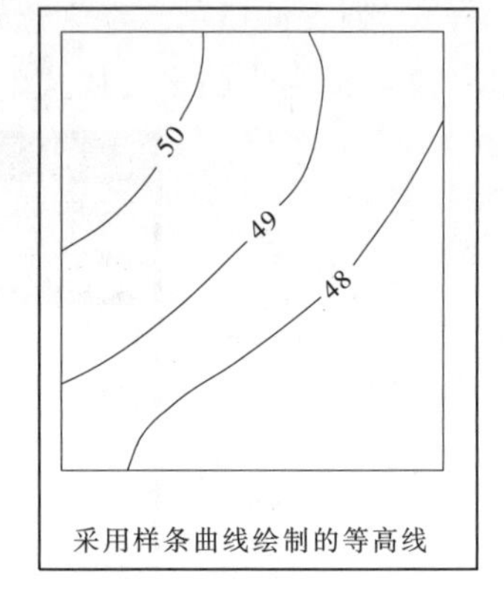

图 2-6

九、绘制修订云线

REVCLOUD 命令用于创建由连续圆弧组成的多段线,以构成修订云线对象。在检查或圈阅图形时,可以使用修订云线功能亮显标记以提高工作效率。选择"绘图"→"修订云线"命令,或单击"修订云线"按钮,都可执行该命令。

命令:REVCLOUD　　　//单击按钮执行修订云线命令

最小弧长:15　最大弧长:15　样式:普通　　　//系统提示信息

指定起点或[弧长(A)/对象(O)/样式(S)] <对象>:　　　//指定一个起点

沿云线路径引导十字光标...　　　//沿着需要检查的图形移动光标形成路径

修订云线完成　　　//当光标移动到起点附近时,修订云线自动闭合

十、徒手绘线

AutoCAD 提供了徒手画线的命令,用户可以通过徒手画线命令随意勾画自己所需要的图案。在命令行中输入 SKETCH 命令启动徒手画线命令。

命令:SKETCH

记录增量 <1.0000>:　　　//设置记录增量

徒手画.画笔(P)/退出(X)/结束(Q)/记录(R)/删除(E)/连接(C)　　　//绘制图形及选择选项

已记录 261 条直线　　　//提示记录

第三章　二维图形编辑与修改

一、图形的位移

(一)移动图形

选择“修改”→“移动”命令,或单击“移动”按钮,或在命令行中输入 MOVE 来执行移动命令。

命令:MOVE

选择对象:　　　//选择需要移动的对象

选择对象:　　　//按 Enter 键,完成选择

指定基点或[位移(D)]<位移>:　　　//输入绝对坐标或者绘图区拾取点作为基点

指定第二个点或<使用第一个点作为位移>:　　　//输入相对或绝对坐标,或者拾取点,确定移动的目标位置点

移动对象过程见图 3-1。

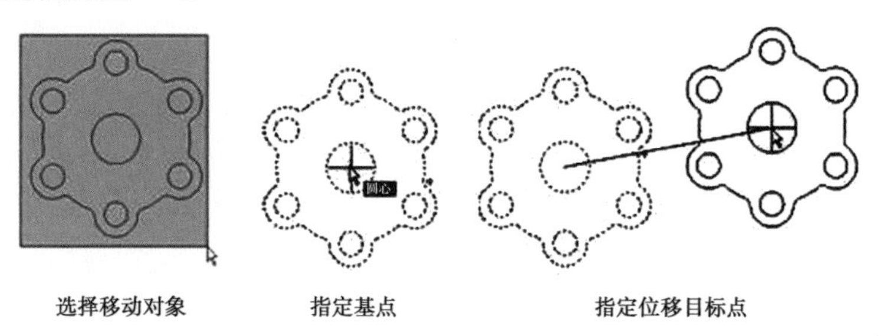

图 3-1

(二)旋转图形

旋转命令可以改变对象的方向,并按指定的基点和角度定位新的方向。用户可以通过选择“修改”→“旋转”命令,或单击“旋转”按钮,或在命令行中输入 ROTATE 来执行该命令。

命令:ROTATE

UCS 当前的正角方向:　ANGDIR = 逆时针　ANGBASE = 0

选择对象:　　　//选择需要旋转的对象

选择对象:　　　//按 Enter 键,完成选择

指定基点:　　　//输入绝对坐标或者绘图区拾取点作为基点

指定旋转角度,或[复制(C)/参照(R)]<0>:　　　//输入需要旋转的角度,按 Enter 键完成旋转

旋转对象过程见图 3-2。

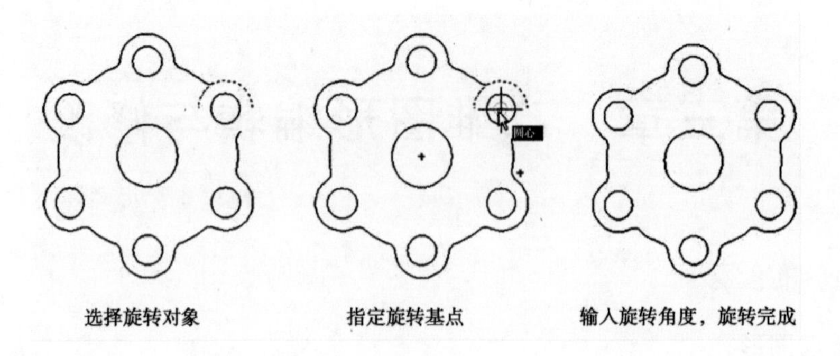

图 3-2

二、图形的复制

(一)复制图形

选择“修改”→“复制”命令,或在“修改”工具栏中单击“复制”按钮,或在命令行中输入COPY,可以执行复制命令。“复制”命令可以将对象复制一次或者多次。

命令:COPY

选择对象:　　　//在绘图去选择需要复制的对象

选择对象:　　　//按 Enter 键,完成对象选择

指定基点或[位移(D)]<位移>:　　　//在绘图区拾取或输入坐标确认复制对象的基点

指定第二个点或<使用第一个点作为位移>:　　　//在绘图区拾取或输入坐标确定位移点

指定第二个点或[退出(E)/放弃(U)]<退出>:　　　//对对象进行多次复制

指定第二个点或[退出(E)/放弃(U)]<退出>:　　　//按 Enter 键,完成复制

图形复制过程见图 3-3。

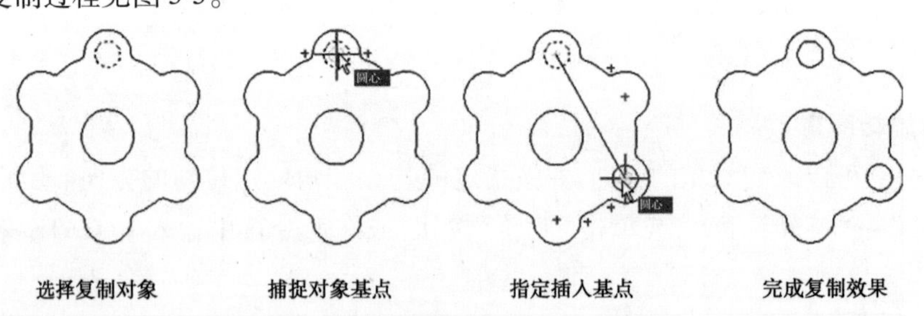

图 3-3

(二)镜像图形

在使用 AutoCAD 2008 绘图时,当绘制的图形对象相对于某一对称轴对称时,就可以使用 MIRROR 命令来绘制图形。“镜像”命令是将选定的对象沿一条指定的直线对称复制,复制完成后可以删除源对象,也可以不删除源对象。选择“修改”→“镜像”命令,或在“修改”工具栏中单击“镜像”按钮,或在命令行中输入 MIRROR 来执行该命令。

命令:MIRROR

选择对象:　　　//在绘图区选择需要镜像的对象

选择对象：　　　//按 Enter 键，完成对象选择

指定镜像线的第一点：　　　//在绘图区拾取或者输入坐标确定镜像线第一点

指定镜像线的第二点：　　　//在绘图区拾取或者输入坐标确定镜像线第二点

要删除源对象吗？[是(Y)/否(N)] <N>：　　　//输入 N 则不删除源对象，输入 Y 则删除源对象

镜像图形过程见图 3-4。

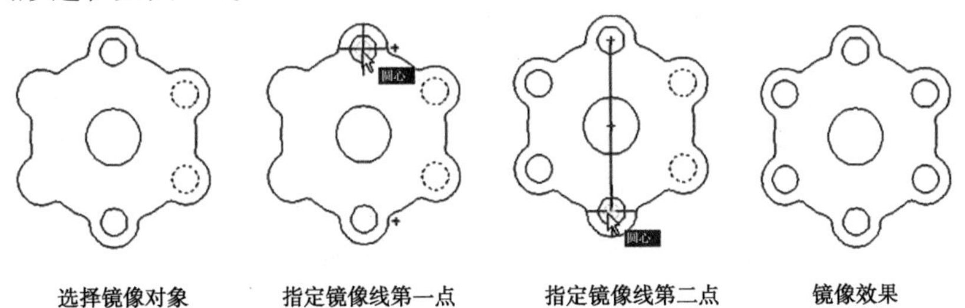

图 3-4

（三）偏移图形

“偏移”命令可以根据指定距离或通过点，创建一个与原有图形对象平行或具有同心结构的形体，偏移的对象可以是直线段、射线、圆弧、圆、椭圆弧、椭圆、二维多段线和平面上的样条曲线等。选择“修改”→“偏移”命令，或在“修改”工具栏中单击“偏移”按钮，或在命令行中输入 OFFSET 来执行该命令。

命令：OFFSET

当前设置：删除源 = 否　图层 = 源　OFFSETGAPTYPE = 0

指定偏移距离或[通过(T)/删除(E)/图层(L)] <1.0000>：100　　　//设置需要偏移的距离

选择要偏移的对象，或[退出(E)/放弃(U)] <退出>：　　　//在绘图区选择要偏移的对象

指定要偏移的那一侧上的点，或[退出(E)/多个(M)/放弃(U)] <退出>：　　　//以偏移对象为基准，选择偏移的方向

选择要偏移的对象，或[退出(E)/放弃(U)] <退出>：　　　//按 Enter 键，完成偏移操作或者重新选择偏移对象，继续进行偏移操作

偏移图形见图 3-5。

（四）阵列图形

绘制多个在 X 轴或在 Y 轴上等间距分布，或者围绕一个中心旋转的图形时，可以执行阵列命令。选择“修改”→“阵列”命令，或在“修改”工具栏中单击“阵列”按钮，或在命令行中输入 ARRAY 来执行该命令。

矩形阵列对话框见图 3-6。

环形阵列对话框见图 3-7。

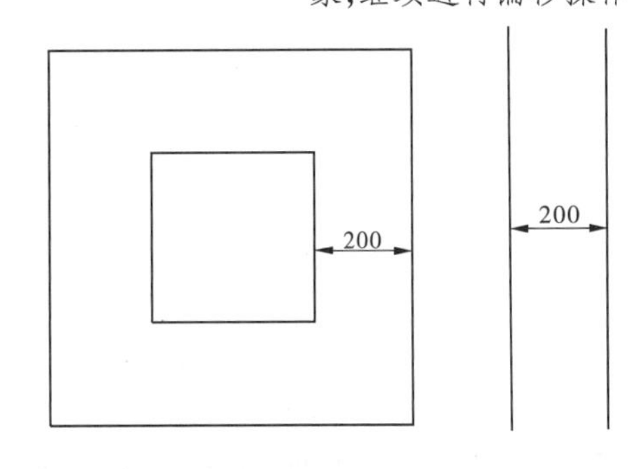

图 3-5

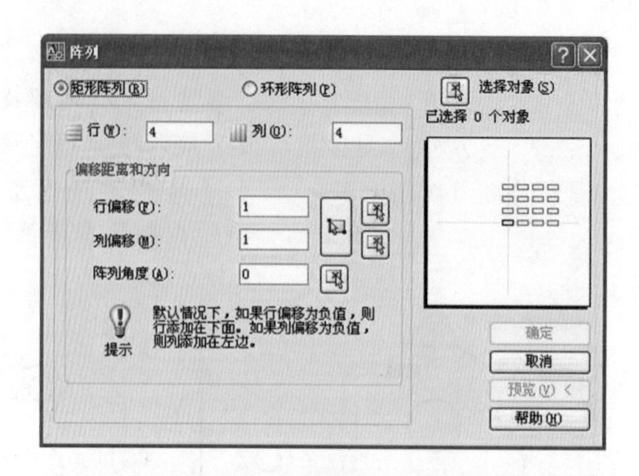

图 3-6

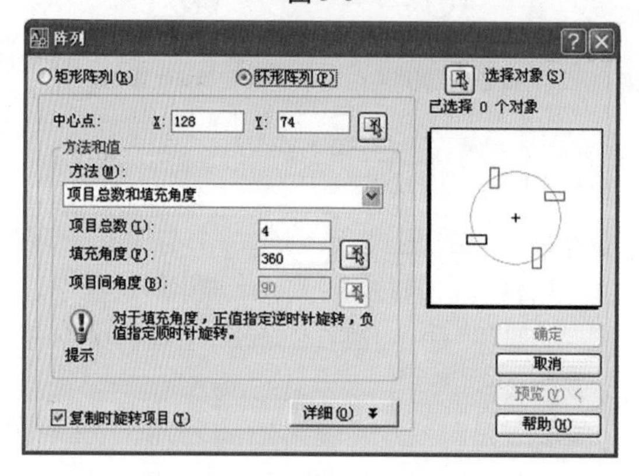

图 3-7

三、图形的修改

(一)删除图形

选择“修改”→“删除”命令,或单击“删除”按钮,或在命令行中输入 ERASE 来执行删除命令。

命令:ERASE

选择对象:　　　//在绘图区选择需要删除的对象(构造删除对象集)

选择对象:　　　//按 Enter 键完成对象,并同时完成对象删除

(二)拉伸图形

“拉伸”命令可以拉伸对象中选定的部分,没有选定的部分保持不变。在执行“拉伸”命令时,图形选择窗口外的部分不会有任何改变,图形选择窗口内的部分会随图形选择窗口的移动而移动,但也不会有形状的改变,只有与图形选择窗口相交的部分会被拉伸。选择“修改”→“拉伸”命令,或单击“拉伸”按钮,或在命令行中输入 STRETCH 来执行该命令。

命令:STRETCH

以交叉窗口或交叉多边形选择要拉伸的对象...

选择对象:指定对角点:找到 5 个　　　//选择需要拉伸的对象,要使用交叉窗口选择

选择对象:　　　//按 Enter 键,完成对象选择

指定基点或[位移(D)]<位移>:　　　//输入绝对坐标或者在绘图区拾取点作为基点

指定第二个点或<使用第一个点作为位移>：　　//输入相对或绝对坐标或者拾取点确定第二点

拉伸图形过程见图 3-8。

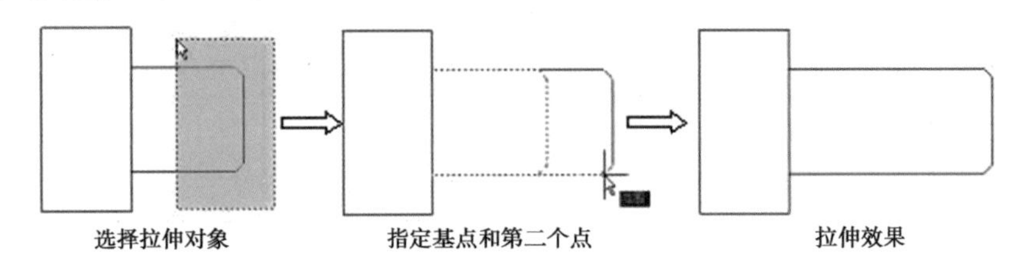

图 3-8

（三）延伸图形

延伸命令可以将选定的对象延伸至指定的边界上，用户可以将所选的直线、射线、圆弧、椭圆弧、非封闭的二维或三维多段线延伸到指定的直线、射线、圆弧、椭圆弧、圆、椭圆、二维或三维多段线、构造线和区域等的上面。选择"修改"→"延伸"命令，或单击"延伸"按钮，或在命令行中输入 EXTEND 来执行该命令。

命令：EXTEND

当前设置：投影 = UCS，边 = 无

选择边界的边...

选择对象或<全部选择>：找到 1 个　　//选择指定的边界

选择对象：　　//按 Enter 键，完成选择

选择要延伸的对象，或按住 Shift 键选择要修剪的对象，或[栏选(F)/窗交(C)/投影(P)/边(E)/放弃(U)]：　　//选择需要延伸的对象

选择要延伸的对象，或按住 Shift 键选择要修剪的对象，或[栏选(F)/窗交(C)/投影(P)/边(E)/放弃(U)]：　　//按 Enter 键，完成选择

延伸图形过程见图 3-9。

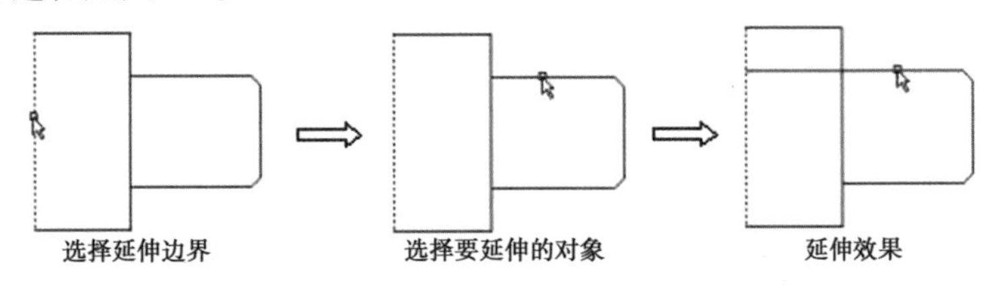

图 3-9

（四）修剪图形

修剪命令可以将选定的对象在指定边界一侧的部分剪切掉，可以修剪的对象包括直线、射线、圆弧、椭圆弧、二维或三维多段线、构造线及样条曲线等。有效的边界包括直线、射线、圆弧、椭圆弧、二维或三维多段线、构造线和填充区域等。选择"修改"→"修剪"命令，或单击"修剪"按钮，或在命令行中输入 TRIM 来执行该命令。

命令：TRIM

当前设置：投影 = UCS，边 = 无

选择剪切边...

选择对象或<全部选择>:找到 1 个　　　　//选择第一个剪切边

选择对象:找到 1 个,总计 2 个　　　　//选择第二个剪切边

选择对象:　　　　//按 Enter 键,完成选择

选择要修剪的对象,或按住 Shift 键选择要延伸的对象,或[栏选(F)/窗交(C)/投影(P)/边(E)/删除(R)/放弃(U)]:　　　　//选择第一个要修剪的对象,光标指定部分被修剪

选择要修剪的对象,或按住 Shift 键选择要延伸的对象,或[栏选(F)/窗交(C)/投影(P)/边(E)/删除(R)/放弃(U)]:　　　　//按 Enter 键,完成修剪

修剪图形过程见图 3-10。

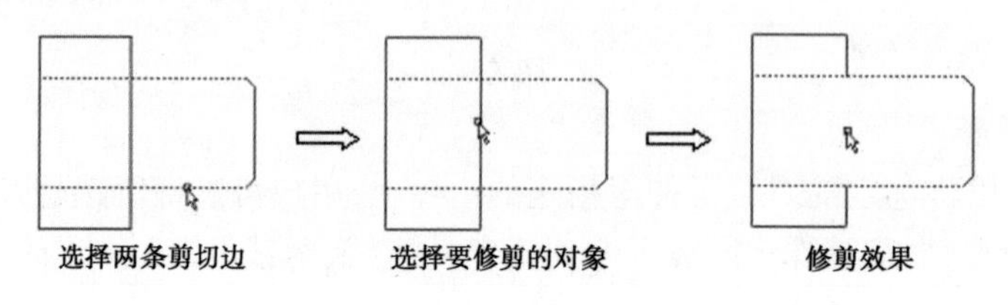

图 3-10

(五)打断图形

"打断"命令用于打断所选的对象,即将所选的对象分成两部分,或删除对象上的某一部分。该命令作用于直线、射线、圆弧、椭圆弧、二维或三维多段线和构造线等。打断命令将删除对象上位于第一点和第二点之间的部分。第一点是选取该对象时的拾取点或用户重新指定的点,第二点即为选定的点。如果选定的第二点不在对象上,系统将选择对象上离该点最近的一个点。选择"修改"→"打断"命令,或单击"打断"按钮,或在命令行中输入 BREAK 来执行该命令。

命令:BREAK

选择对象:

指定第二个打断点或[第一点(F)]:f

指定第一个打断点:

指定第二个打断点:

打断图形过程过程见图 3-11。

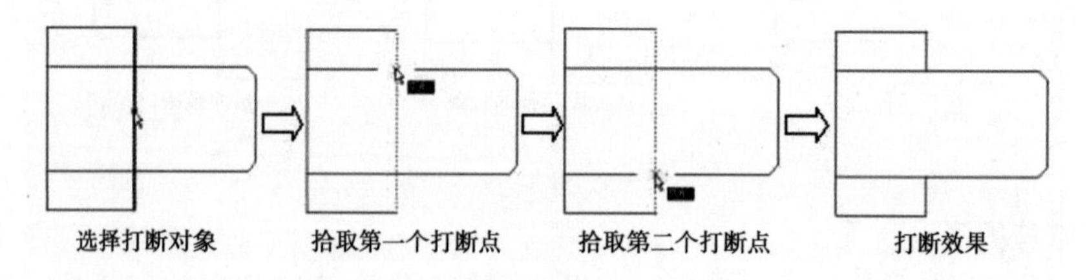

图 3-11

(六)倒角

选择"修改"→"倒角"命令,或单击"倒角"按钮,或在命令行中输入 CHAMFER 来执行"倒角"命令。执行"倒角"命令后,需要依次指定角的两边,设定倒角在两条边上的距离。倒角的尺寸就由这两个距离来决定。

命令:CHAMFER

("修剪"模式)当前倒角距离 1 = 5.0000,距离 2 = 5.0000

选择第一条直线或[放弃(U)/多段线(P)/距离(D)/角度(A)/修剪(T)/方式(E)/多个(M)]:d　　//输入 d,设置倒角距离

指定第一个倒角距离 <5.0000>:5　　//设置第一个倒角距离

指定第二个倒角距离 <5.0000>:5　　//设置第二个倒角距离

选择第一条直线或[放弃(U)/多段线(P)/距离(D)/角度(A)/修剪(T)/方式(E)/多个(M)]:　　//选择第一条倒角直线

选择第二条直线,或按住 Shift 键选择要应用角点的直线:　　//选择第二条倒角直线

倒角过程见图 3-12。

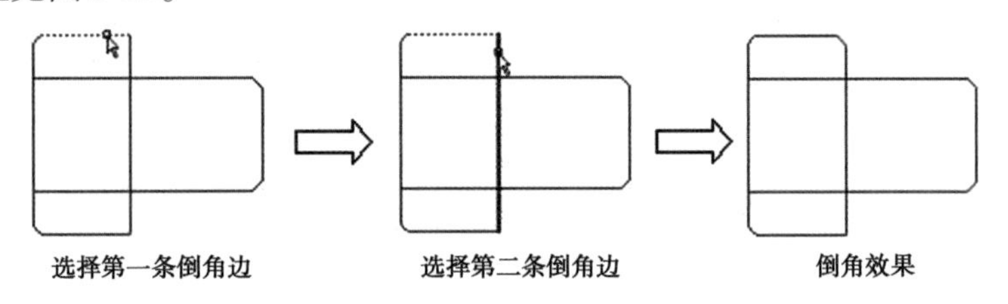

图 3-12

(七)圆角

选择"修改"→"圆角"命令,或单击"圆角"按钮,或在命令行中输入 FILLET 来执行"圆角"命令。激活圆角命令后,设定半径参数,并指定角的两条边,就可完成对这个角的圆角操作。

命令:FILLET

当前设置:模式 = 修剪,半径 = 0.0000

选择第一个对象或[放弃(U)/多段线(P)/半径(R)/修剪(T)/多个(M)]:r　　//输入 r 设置圆角半径

指定圆角半径 <0.0000>:5　　//输入圆角半径

选择第一个对象或[放弃(U)/多段线(P)/半径(R)/修剪(T)/多个(M)]:　　//选择第一个圆角对象

选择第二个对象,或按住 Shift 键选择要应用角点的对象:　　//选择第二个圆角对象

圆角过程见图 3-13。

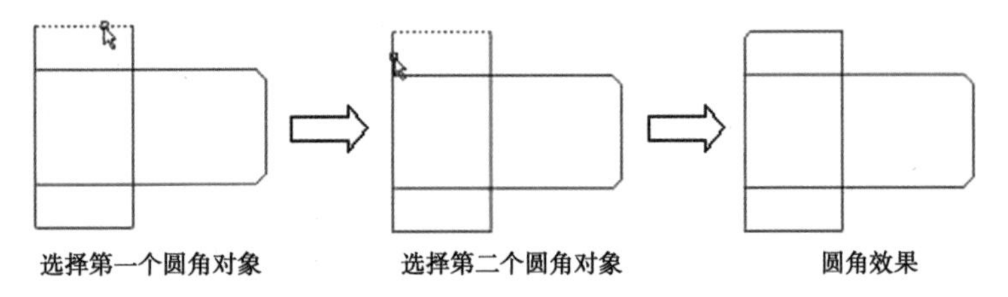

图 3-13

(八)分解图形

"分解"命令用于将一个对象分解为多个单一的对象,主要应用于对整体图形、图块、文字、尺寸标注等对象的分解。选择"修改"→"分解"命令,或单击"分解"按钮,或在命令行中输入 EXPLODE 来执行该命令。

命令:EXPLODE　　//单击按钮执行命令

选择对象：　　//选择需要分解的图形

（九）缩放图形

“缩放”命令是指将选择的图形对象按比例均匀地放大或缩小，可以通过指定基点和长度（被用作基于当前图形单位的比例因子）或输入比例因子来缩放对象，也可以为对象指定当前长度和新长度。大于1的比例因子使对象放大，介于0～1的比例因子使对象缩小。选择“修改”→“缩放”命令，或单击“缩放”按钮，或在命令行中输入SCALE来执行该命令。

命令：SCALE

选择对象：指定对角点：找到10个　　//选择缩放对象

选择对象：　　//按Enter键，完成选择

指定基点：　　//指定缩放的基点

指定比例因子或[复制(C)/参照(R)]<1.0000>：0.5　　//输入缩放比例

缩放图形过程见图3-14。

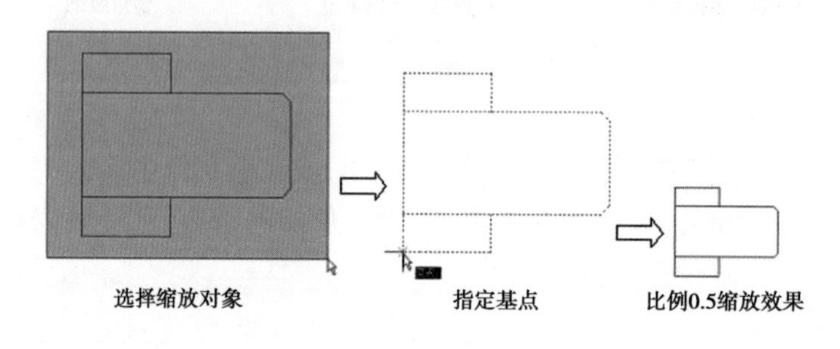

图3-14

（十）合并图形

“合并”命令是使打断的对象，或者相似的对象合并为一个对象，合并的对象包括圆弧、椭圆弧、直线、多段线和样条曲线。选择“修改”→“合并”命令，或单击“合并”按钮，或者在命令行中输入JOIN来执行该命令。

命令：JOIN　　//单击按钮执行命令

选择源对象：　　//选择第一个合并对象

选择要合并到源的直线：找到1个　　//选择第二个合并对象

选择要合并到源的直线：　　//按Enter键，完成选择，合并完成

已将1条直线合并到源　　//系统提示信息

合并图形过程见图3-15。

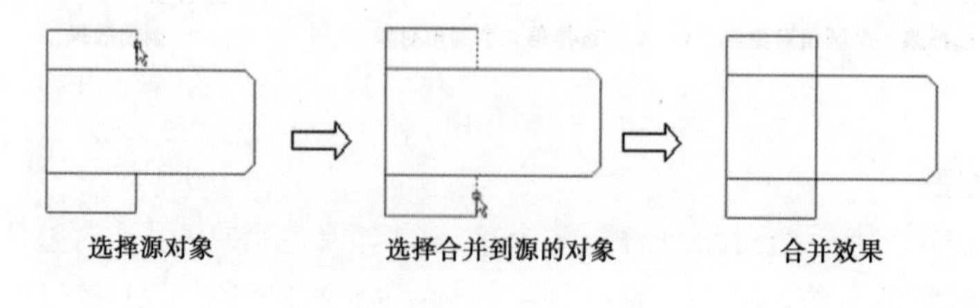

图3-15

四、线性编辑

（一）多线编辑

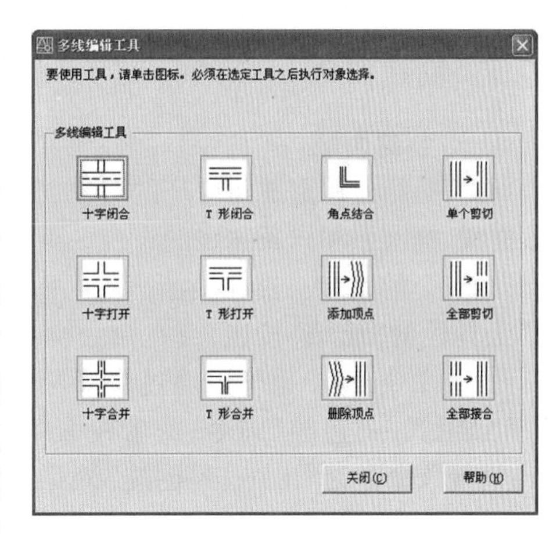

图 3-16

选择“修改”→“对象”→“多线”命令，或者在命令行中输入 MLEDIT，可以执行“多线”命令。执行 MLEDIT 命令后，弹出如图 3-16 所示的“多线编辑工具”对话框。在此对话框中，可以对十字形、T 字形及有拐角和顶点的多线进行编辑，还可以截断和连接多线。该对话框中有 4 组编辑工具，每组工具有 3 个选项。使用这些选项时，只需单击选项的图标即可。对话框中第一列中控制的是多线的十字交叉处；第二列控制的是多线的 T 形交点的形式；第三列控制的是拐角点和顶点；第四列控制的是多线的剪切及连接。

（二）多段线编辑

“多段线”命令可以闭合一条非闭合的多段线，或打开一条已闭合的多段线，可以改变多段线的宽度，可以把整条多段线改变为新的统一的宽度，也可以改变多段线中某一条线段的宽度或锥度，可以将一条多段线分段成为两条多段线，也可以将多条相邻的直线、圆弧和二维多段线连接组成一条新的多段线，还可以移去两顶点间的曲线，移动多段线的顶点，或增加新的顶点。选择“修改”→“对象”→“多段线”命令，或者在命令行中输入 PEDIT 命令，即可执行“多段线”命令。

命令：PEDIT

选择多段线或[多条(M)]：　　　//选择需要编辑的多段线

输入选项[闭合(C)/合并(J)/宽度(W)/编辑顶点(E)/拟合(F)/样条曲线(S)/非曲线化(D)/线型生成(L)/放弃(U)]：　　　//选择编辑项目

（三）样条曲线编辑

使用样条曲线编辑，用户可以删除样条曲线上的拟合点，可以通过增加样条曲线上的拟合点，提高样条曲线的精度，可以移动曲线上的拟合点，改变样条曲线的形状，可以打开闭合的样条曲线或闭合开放的样条曲线，可以改变样条曲线的起点和终点切向，可以改变样条曲线的拟合公差，控制曲线到指定的拟合点的距离，可以增加曲线上某一部分的控制点数量或改变指定控制点的权值，从而提高曲线精度，还可以改变样条曲线的阶数，从而指定曲线的控制点数量。选择“修改”→“对象”→“样条曲线”命令，或者在命令行输入 SPLINEDIT 执行该命令。

命令：SPLINEDIT

选择样条曲线：

输入选项[拟合数据(F)/闭合(C)/移动顶点(M)/精度(R)/反转(E)/放弃(U)]：

五、创建面域

(一)创建面域

面域是指使用形成闭合环的对象创建的二维闭合区域。环可以是直线、多段线、圆、圆弧、椭圆、椭圆弧和样条曲线的组合。组成环的对象必须闭合,或通过与其他对象共享端点而形成闭合的区域。选择“绘图”→“面域”命令,或单击“绘图”工具栏的“面域”按钮,或在命令行中输入 REGION,均可执行面域命令,用户也可以通过 BOUNDARY 命令创建面域,选择“绘图”→“边界”命令,或者在命令行中输入 BOUNDARY,执行该命令,弹出“边界创建”对话框(见图 3-17),可以从封闭区域创建面域或多段线。

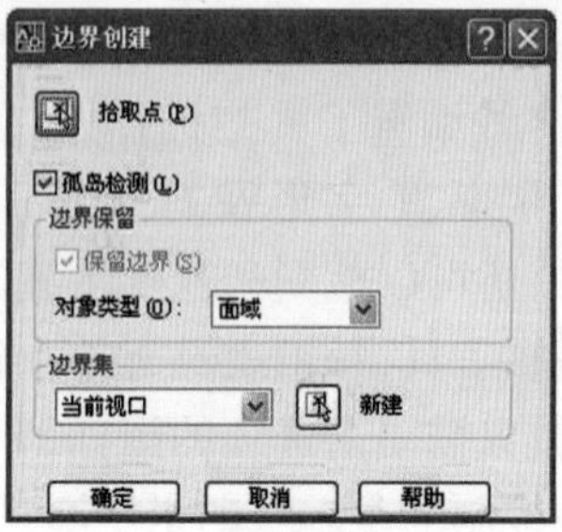

边界创建
拾取点(P)
孤岛检测(L)
边界保留
保留边界(S)
对象类型(O): 面域
边界集
当前视口
新建
确定 取消 帮助

图 3-17

(二)面域运算

在创建完成面域之后,用户可以通过结合、减去或查找面域的交点创建组合面域。形成这些更复杂的面域后,可以应用填充或者分析它们的面积,或者在三维空间拉伸形成实体。面域运算见图 3-18。

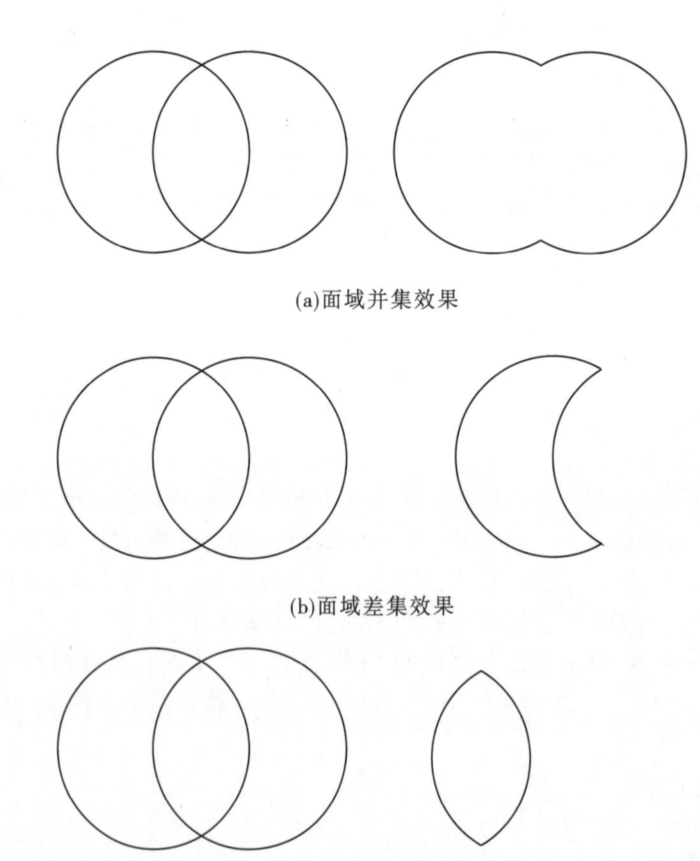

(a)面域并集效果

(b)面域差集效果

(c)面域交集效果

图 3-18

六、填充图形

(一)填充图案

在命令行中输入 HATCH 命令,或者单击“绘图”工具栏中的“填充图案”按钮,或者选择“绘图”→“填充图案”命令,都可打开如图 3-19 所示的“图案填充和渐变色”对话框。用户可在对话框中的各选项卡中设置相应的参数,给相应的图形创建图案填充。

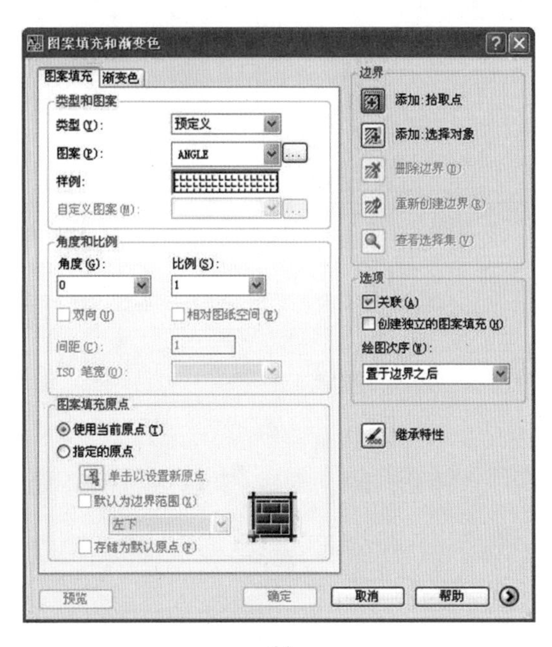

(a)

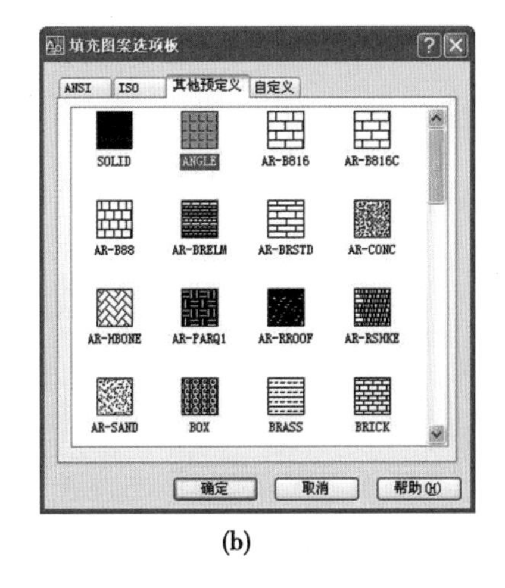

(b)

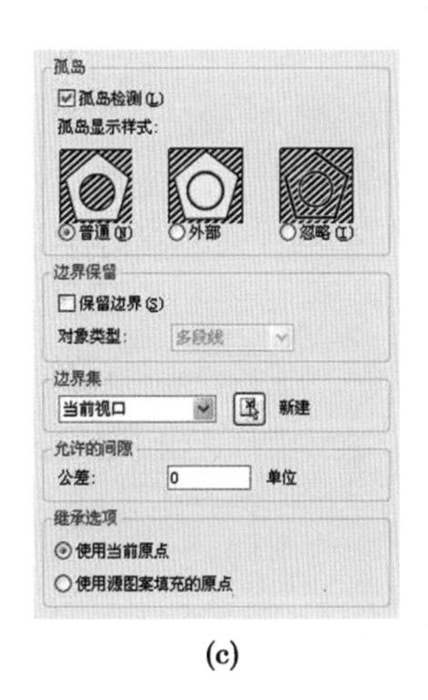

(c)

图 3-19

(二)渐变色

打开“图案填充和渐变色”对话框中的“渐变色”选项卡,或者直接单击“绘图”工具栏上的“渐变色”按钮,可以得到“渐变色”选项卡(见图 3-20)。

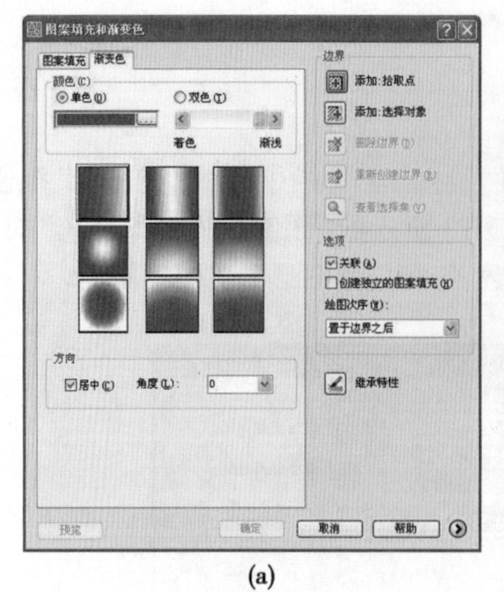
图案填充和渐变色
图案填充
渐变色
颜色(C)
单色(O)
双色(T)
着色
渐浅
方向
居中(C)
角度(L):
0
边界
添加:拾取点
添加:选择对象
删除边界(D)
重新创建边界(R)
查看选择集(V)
选项
关联(A)
创建独立的图案填充(H)
绘图次序(W):
置于边界之后
继承特性
预览
确定
取消
帮助

(a)

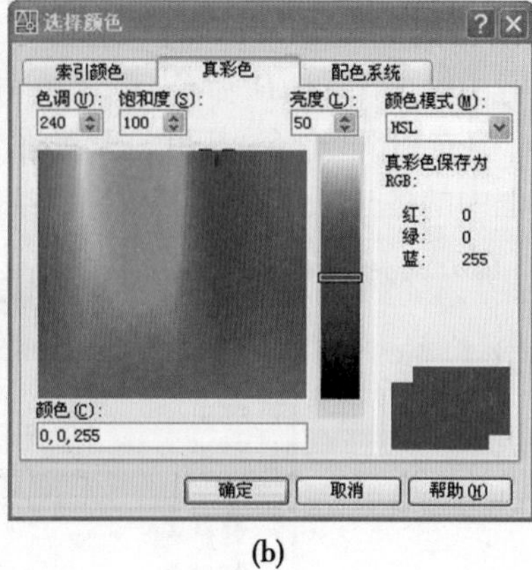
选择颜色
索引颜色
真彩色
配色系统
色调(U):
240
饱和度(S):
100
亮度(L):
50
颜色模式(M):
HSL
真彩色保存为
RGB:
红: 0
绿: 0
蓝: 255
颜色(C):
0,0,255
确定
取消
帮助(H)

(b)

图 3-20

第四章　尺寸标注和编辑

一、尺寸标注组成

标注显示了对象的测量值、对象之间的距离、角度或特征距指定原点的距离。AutoCAD提供了3种基本的标注：长度、半径和角度。标注可以是水平、垂直、对齐、旋转、坐标、基线、连续、角度或者弧长。标注具有以下独特的元素：标注文字、尺寸线、箭头和尺寸界线，对于圆标注还有圆心标记和中心线（见图4-1）。

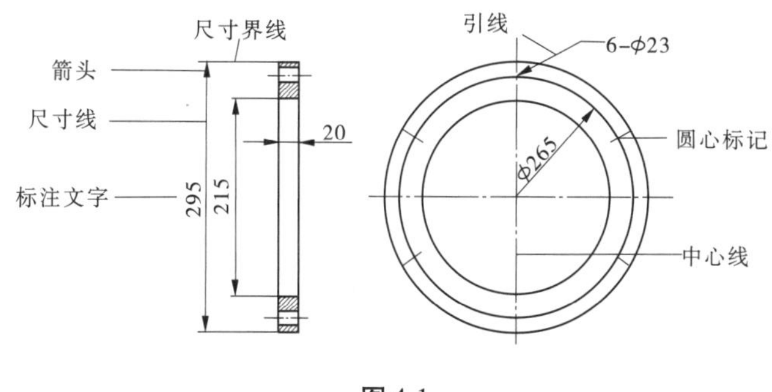

图4-1

二、创建尺寸标注样式

用户通过使用AutoCAD进行尺寸标注时，使用当前尺寸样式进行标注，尺寸的外观及功能取决于当前尺寸样式的设定。尺寸标注样式控制的尺寸变量有尺寸线、标注文字、尺寸文本相对于尺寸线的位置、尺寸界线、箭头的外观及方式。选择“格式”→“标注样式”命令，或者单击“标注”工具栏上的“标注样式”按钮，弹出“标注样式管理器”对话框，用户可以在该对话框中创建新的尺寸标注样式和管理已有的尺寸标注样式（见图4-2）。

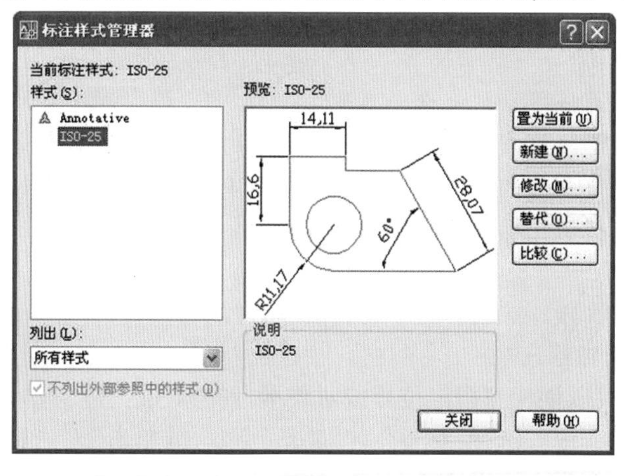

图4-2

（一）创建新的尺寸标注样式

单击“标注样式管理器”对话框中的“新建”按钮，弹出“创建新标注样式”对话框。单击“继续”按钮将关闭“创建新标注样式”对话框，并弹出“新建标注样式”对话框（见图 4-3），用户可以在该对话框的各选项卡中设置相应的参数，设置完成后单击“确定”按钮，返回“标注样式管理器”对话框，在“样式”列表框中可以看到新建的标注样式。

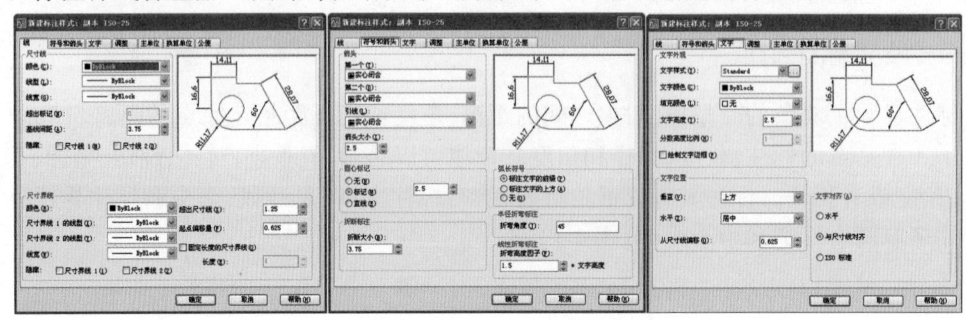

图 4-3

（二）修改并应用尺寸标注样式

在“标注样式管理器”对话框的“样式”列表框中选择需要修改的标注样式，然后单击“修改”按钮，弹出“修改标注样式”对话框，可以在该对话框中对该样式的参数进行修改。在用户设置好标注样式后，在“样式”工具栏中选择“标注样式”下拉列表框中的相应标注样式，则可将该标注样式设置为当前样式。对于已经使用某种标注样式的标注，用户选择该标注，在“样式”工具栏的“样式”下拉列表框中可以选择目标标注样式，将样式应用于所选标注。当然，用户也可以选择快捷菜单中的“特性”命令，弹出“特性”选项板，在“其他”卷展栏中的“标注样式”下拉列表框中设置标注样式。

三、创建长度型尺寸标注

（一）创建线性尺寸标注

线性标注，能够标注水平尺寸、垂直尺寸和旋转尺寸。选择“标注”→“线性”命令，或单击“线性标注”按钮，或在命令行中输入 DIMLINEAR 来标注水平尺寸、垂直尺寸和旋转尺寸。

命令：DIMLINEAR

指定第一条尺寸界线原点或 <选择对象>：　　//拾取第一条尺寸界线的原点

指定第二条尺寸界线原点：　　//拾取第二条尺寸界线的原点

指定尺寸线位置或[多行文字(M)/文字(T)/角度(A)/水平(H)/垂直(V)/旋转(R)]：　　//一般移动光标指定尺寸线位置

标注文字 =5000

结果如图 4-4 所示。

（二）创建对齐尺寸标注

对齐尺寸标注，可以创建与指定位置或对象平行的标注。在对齐标注中，尺寸线平行于尺寸界线原点连成的直线。选择“标注”→“对齐”命令，或单击“对齐标注”按钮，或在命令行中输入 DIMALIGNED 来完成对齐标注。

命令：DIMALIGNED

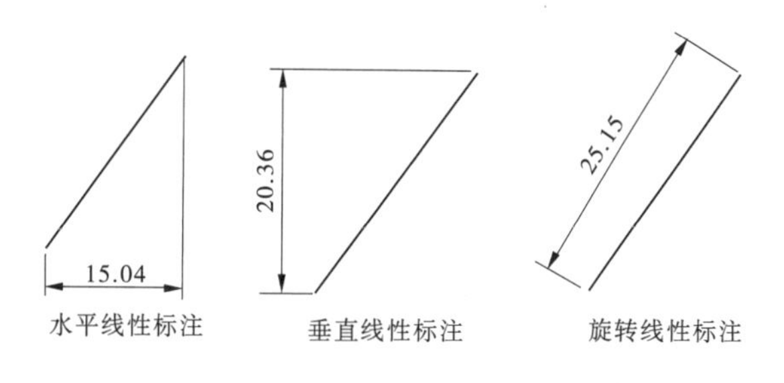

图 4-4

指定第一条尺寸界线原点或 <选择对象>：

指定第二条尺寸界线原点：

指定尺寸线位置或[多行文字(M)/文字(T)/角度(A)]：

标注文字 =25.31

结果如图 4-5 所示。

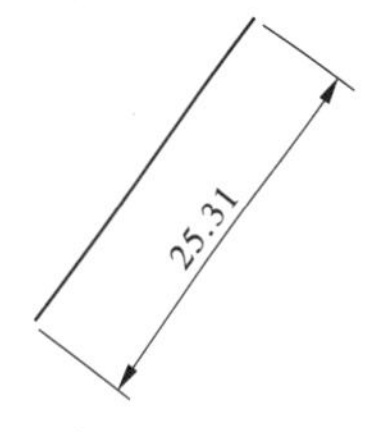

对齐尺寸标注的效果

图 4-5

(三)创建基线尺寸标注

基线标注是自同一基线处测量的多个标注，在创建基线之前，必须创建线性、对齐或角度标注。基线标注是从上一个尺寸界线处测量的，除非指定另一点作为原点。选择“标注”→“基线”命令，或单击“基线标注”按钮，或在命令行中输入 DIMBASELINE 来执行基线标注。

命令：DIMBASELINE

指定第二条尺寸界线原点或[放弃(U)/选择(S)] <选择>：　　//拾取第二条尺寸界线原点

标注文字 =38

指定第二条尺寸界线原点或[放弃(U)/选择(S)] <选择>：　　//继续提示拾取第二条尺寸界线原点

标注文字 =49

指定第二条尺寸界线原点或[放弃(U)/选择(S)] <选择>：

……

结果如图 4-6 所示。

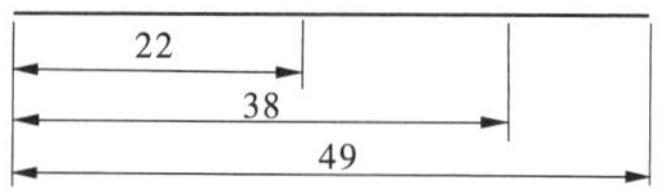

22
38
49

基线尺寸标注效果

图 4-6

(四)创建连续尺寸标注

连续标注是首尾相连的多个标注，前一尺寸的第二尺寸界线就是后一尺寸的第一尺寸界线。与基线尺寸标注一样，在创建连续尺寸标注之前，必须创建线性、对齐或角度标注。连续尺寸标注是从上一个尺寸界线处测量的，除非指定另一点作为原点。选择“标注”→“连续”命令，或单击“连续标注”按钮，或在命令行中输入 DIMCONTINUE 来执行连续标注，如图 4-7 所示。

(五)创建弧长尺寸标注

弧长标注用于测量圆弧或多段线弧线段上的距离，默认情况下，弧长标注将显示一个圆弧符号。圆弧符号显示在标注文字的上方或前方，用户可以使

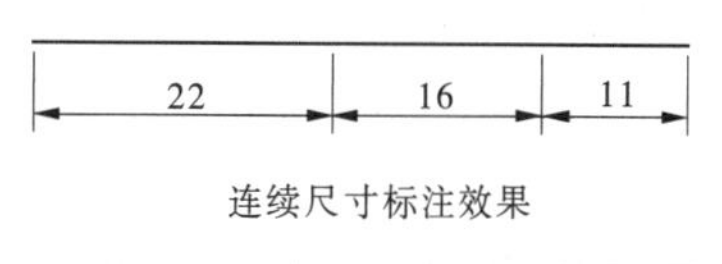

连续尺寸标注效果

图 4-7

用“标注样式管理器”指定位置样式。弧长标注的尺寸界线可以正交或径向，仅当圆弧的包含角度小于90°时才显示正交尺寸界线。选择“标注”→“弧长”命令，或单击“标注”工具栏上的“弧长标注”按钮，或在命令行中输入 DIMARC，来完成弧长标注。

命令：DIMARC

选择弧线段或多段线弧线段：　　　//选择要标注的弧

指定弧长标注位置或[多行文字(M)/文字(T)/角度(A)/部分(P)/引线(L)]：
//指定尺寸线的位置

标注文字 =18

结果如图 4-8 所示。

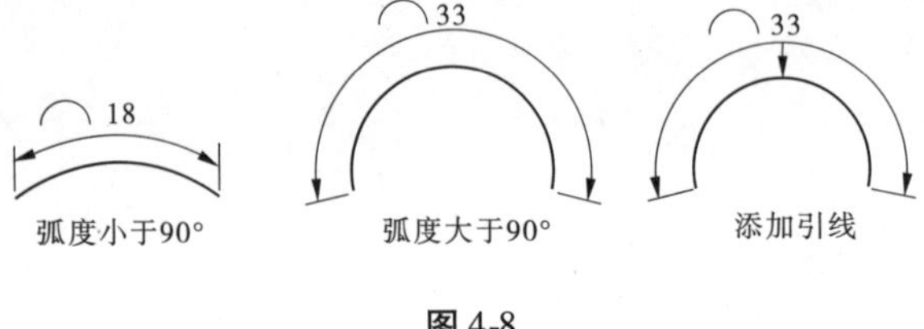

图 4-8

四、创建半径和直径尺寸标注

半径和直径标注使用可选的中心线或中心标记测量圆弧和圆的半径和直径，半径标注用于测量圆弧或圆的半径，并显示前面带有字母 *R* 的标注文字。直径标注用于测量圆弧或圆的直径，并显示前面带有直径符号的标注文字。选择“标注”→“半径”命令，或单击“半径标注”按钮，或在命令行中输入 DIMRADIUS 命令来执行半径标注。选择“标注”→“直径”命令，或单击“直径标注”按钮，或在命令行中输入 DIMDIAMETER 命令来执行直径标注，如图 4-9 所示。

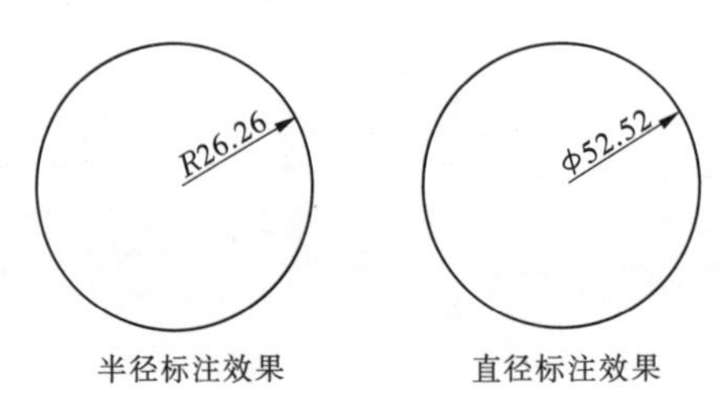

图 4-9

五、创建角度尺寸标注

角度尺寸标注用于标注两条直线或 3 个点之间的角度。要测量圆的两条半径之间的角度，可以选择此圆，然后指定角度端点。对于其他对象，则需要先选择对象，然后指定标注位置。选择“标注”→“角度”命令，或单击“角度标注”按钮，或在命令行中输入 DIMANGULAR 命令来执行角度标注。

命令：DIMANGULAR

选择圆弧、圆、直线或 <指定顶点>：　　　//选择标注角度尺寸对象，选择小圆弧

指定标注弧线位置或[多行文字(M)/文字(T)/角度(A)]：　　　//移动光标至合适

位置单击

标注文字 =120

结果如图 4-10 所示。

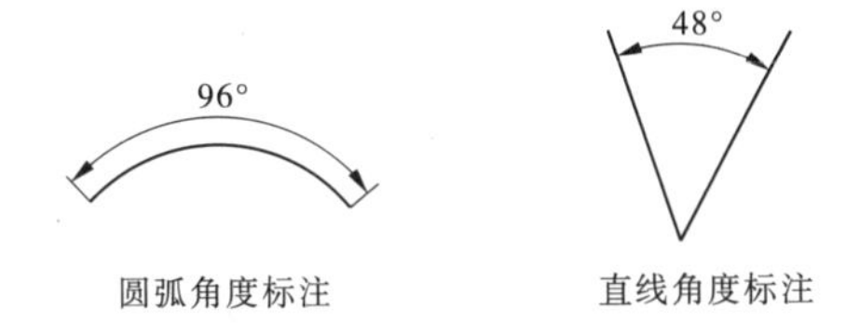

图 4-10

六、创建尺寸及形位公差

(一)尺寸公差

所谓尺寸公差,是指实际生产中可以变动的数目。生产中的公差,可以控制部件所需的精度等级。在实际绘图过程中,可以通过为标注文字附加公差的方式,直接将公差应用到标注中。如果标注值在两个方向上变化,所提供的正值和负值将作为极限公差附加到标注值中。如果两个极限公差值相等,AutoCAD 将在它们前面加上“ ± ”符号,也称为对称;否则,正值将位于负值上方。在 AutoCAD 中,系统提供了标注样式中的“公差”选项卡用于控制标注文字中公差的格式及显示(见图 4-11)。

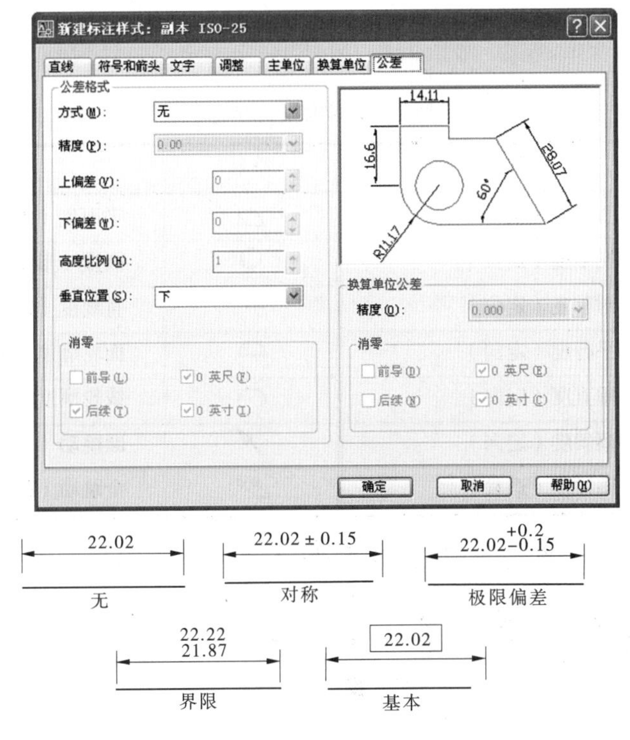

图 4-11

（二）形位公差

形位公差用于表示特征的形状、轮廓、方向、位置和跳动的允许偏差等。用户可以通过特征控制框来添加形位公差，这些框中包含单个标注的所有公差信息。特征控制框能够被复制、移动、删除、比例缩放和旋转，可以用对象捕捉的模式进行捕捉操作，也可以用夹点编辑和 DDEDIT 命令进行编辑。特征控制框至少由两个组件组成。第一个特征控制框包含一个几何特征符号，表示应用公差的几何特征，例如位置、轮廓、形状、方向或跳动。形状公差控制直线度、平面度、圆度和圆柱度；轮廓控制直线和表面。常见的形位公差由引线、几何特征符号、直径符号、形位公差值、材料状况和基准代号等组成（见图 4-12）。

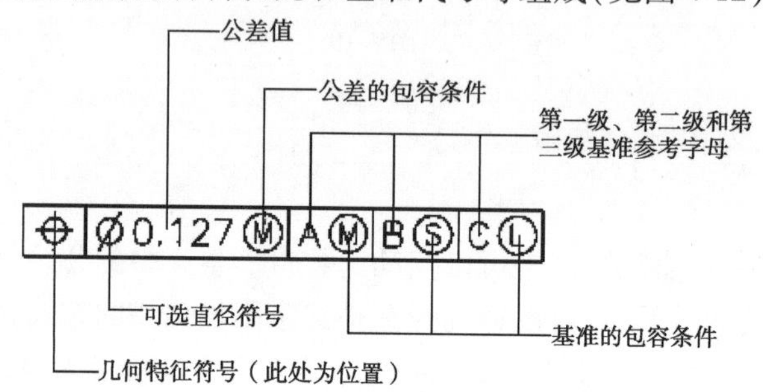

图 4-12

公差特性符号按意义分为形状公差和位置公差，按类型又分为定位、定向、形状、轮廓和跳动，系统提供了 14 种符号（见图 4-13），在“特征符号”对话框中可进行选择。在“标注”工具栏上，单击“公差”按钮，弹出“形位公差”对话框，用于指定特征控制框的符号和值。选择

形位公差符号及其含义

符号	含义	符号	含义
⌖	直线度（定位）	▱	平面度（形状）
◎	同轴度（定位）	○	圆度（形状）
⌯	对称度（定位）	—	直线度（形状）
//	平行度（定向）	⌓	面轮廓度（轮廓）
⊥	垂直度（定向）	⌒	线轮廓度（轮廓）
∠	倾斜度（定向）	↗	圆跳动（跳动）
⌭	圆柱度（形状）	⌰	全跳动（跳动）

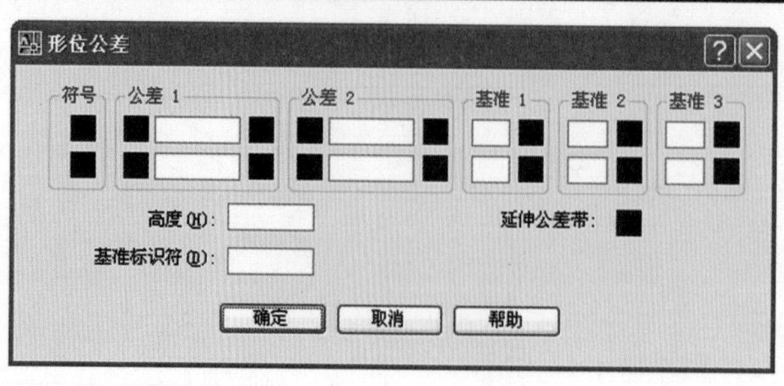

图 4-13

几何特征符号后,“形位公差”对话框将关闭,指定合适位置即可完成标注。但是,这样生成的形位公差没有尺寸引线,所以通常形位公差标注通过 QLEADER 命令,即快速引线标注来完成。

七、创建多重引线

引线对象是一条线或样条曲线,其一端带有箭头,另一端带有多行文字对象或块。在某些情况下,有一条短水平线(又称为基线)将文字或块和特征控制框连接到引线上。基线和引线与多行文字对象或块关联,因此当重定位基线时,内容和引线将随其移动。在 AutoCAD 2008 版本中,面板控制台中提供“多重引线”面板供用户对多重引线进行创建和编辑,以及进行其他操作,如图 4-14 所示。

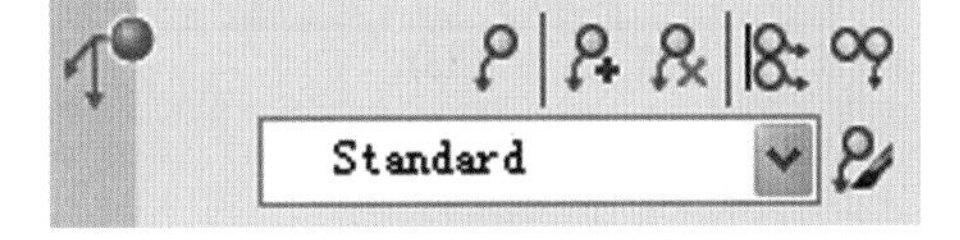

图 4-14

(一)创建多重引线样式

选择“格式”→“多重引线样式”命令,或者单击“多重引线”面板中的“多重引线样式管理器”按钮,弹出“多重引线样式管理器”对话框(见图 4-15(a)),该对话框设置当前多重引线样式,以及创建、修改和删除多重引线样式。单击“新建”按钮,弹出“创建新多重引线样式”对话框,可以定义新多重引线样式;单击“修改”按钮,弹出“修改多重引线样式”对话框(见图 4-15(b)),可以修改多重引线样式;单击“删除”按钮,可以删除“样式”列表中选定的多重引线样式。

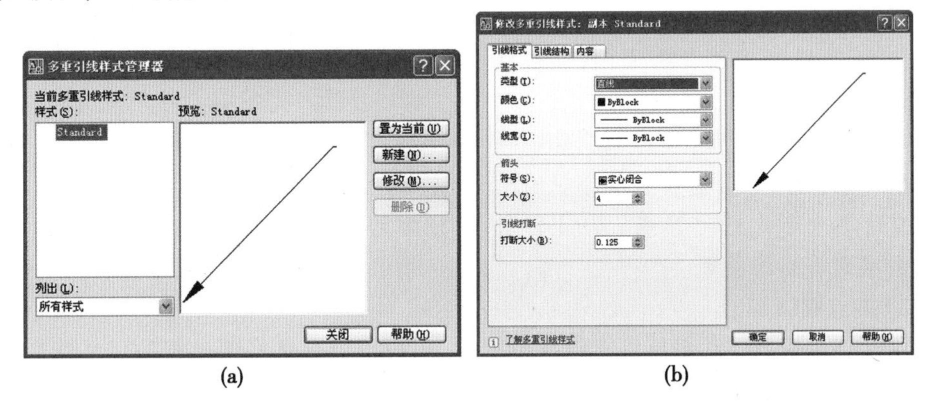

(a) (b)

图 4-15

“修改多重引线样式”对话框提供了“引线格式”“引线结构”“内容”三个选项卡供用户进行设置,如图 4-16 所示。

(二)创建多重引线样式

选择“标注”→“多重引线”命令,或者单击“多重引线”面板中的“多重引线”按钮,执行“多重引线”命令。多重引线命令可创建为箭头优先、引线基线优先或内容优先,如果已使用多重引线样式,则可以从该指定样式创建多重引线。

命令:MLEADER

指定引线箭头的位置或[引线基线优先(L)/内容优先(C)/选项(O)]<选项>:

//在绘图区指定箭头的位置

指定引线基线的位置:　　//在绘图区指定基线的位置,弹出在位文字编辑器,可输入多行文字或块

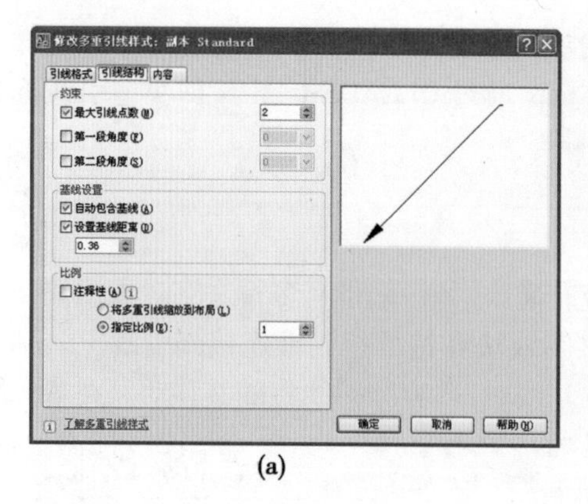

(a)

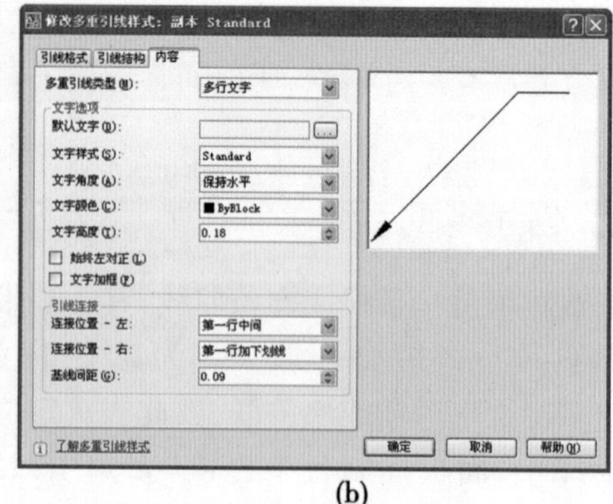

(b)

图 4-16

结果如图 4-17 所示。

图 4-17

八、编辑尺寸标注

（一）命令编辑

AutoCAD 提供了多种方法满足用户对尺寸标注进行编辑，DIMEDIT 和 DIMTEDIT 是两种最常用的对尺寸标注进行编辑的命令。

命令：DIMEDIT

输入标注编辑类型［默认（H）/新建（N）/旋转（R）/倾斜（O）］<默认>：

命令：DIMTEDIT

选择标注：　　//选择需要编辑的尺寸标注

指定标注文字的新位置或［左（L）/右（R）/中心（C）/默认（H）/角度（A）］：//拖动文字到需要的位置

（二）夹点编辑

使用夹点编辑方式移动标注文字的位置时，用户可以先选择要编辑的尺寸标注。当激活文字中间夹点后，拖动鼠标指针可以将文字移动到目标位置。激活尺寸线夹点后，可以移动尺寸线的位置；激活尺寸界线的夹点后，可以移动尺寸界线的第一点或者第二点，如图 4-18所示。

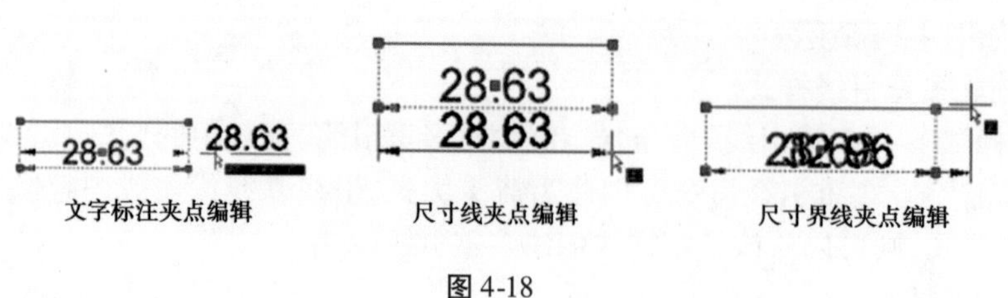

文字标注夹点编辑　　尺寸线夹点编辑　　尺寸界线夹点编辑

图 4-18

第五章　灯具模型制作实例(一)

实例1:二维绘制图5-1所示的图形。

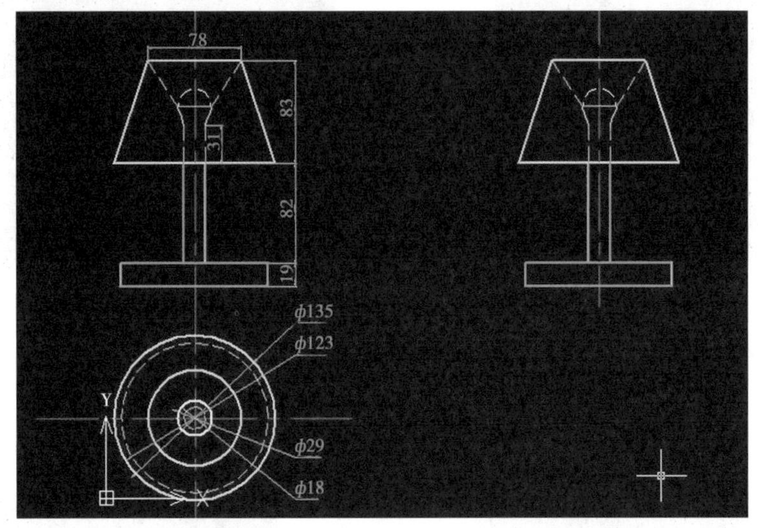

图5-1

实例2:三维绘制图5-2所示的图形。

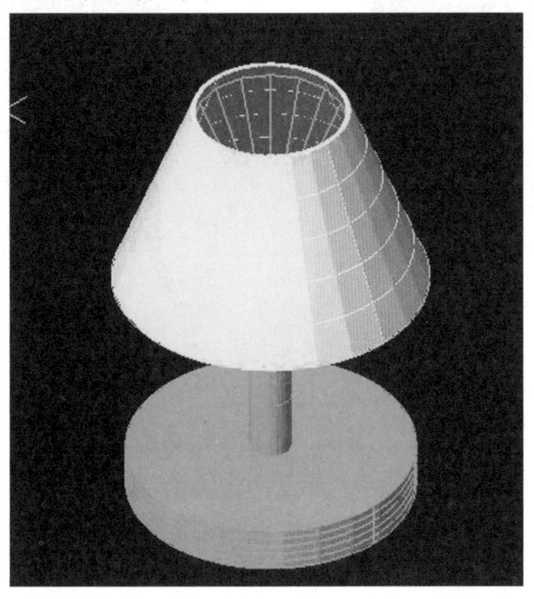

图5-2

绘制步骤:

(1)创建图形文件。选择“文件”→“新建”菜单命令,弹出“选择样板”对话框,单击 打开(O) 按钮,创建新的图形文件。

(2)选择“直线”命令、“偏移”命令、“修剪”命令、“样条曲线”命令,绘制台灯截面图,尺寸如图 5-1 所示。

①绘制圆柱 $D=123, H=19$,如图 5-3 所示。

②利用原点 UCS,将原点调整到圆柱的顶面中心,如图 5-4 所示。

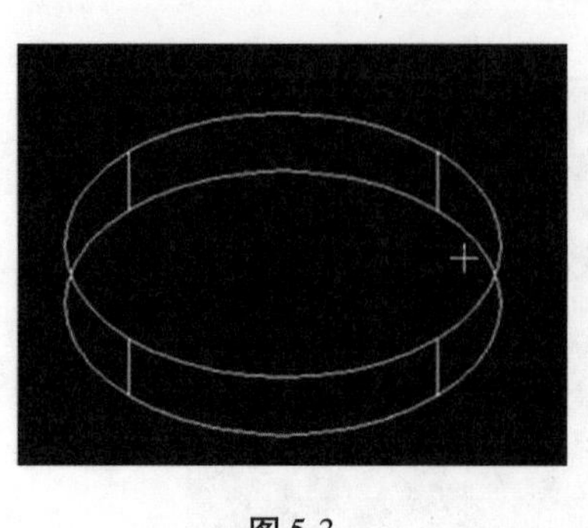
图 5-3

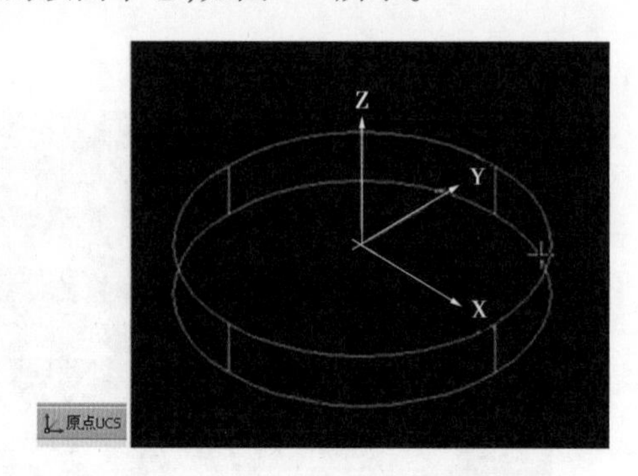

图 5-4

③绘制第二个圆柱:$D=18, H=127.5$,该圆柱的底面中心为上一个圆柱的顶面中心,如图 5-5 所示。

④再次利用原点 UCS,将原点调整到第二个圆柱的顶面中心,如图 5-6 所示。

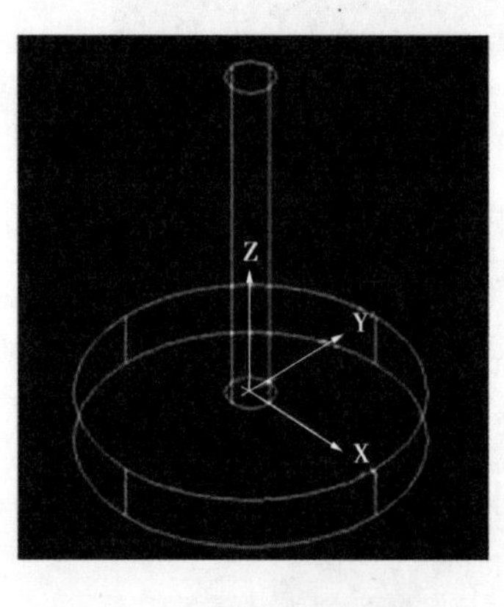

图 5-5

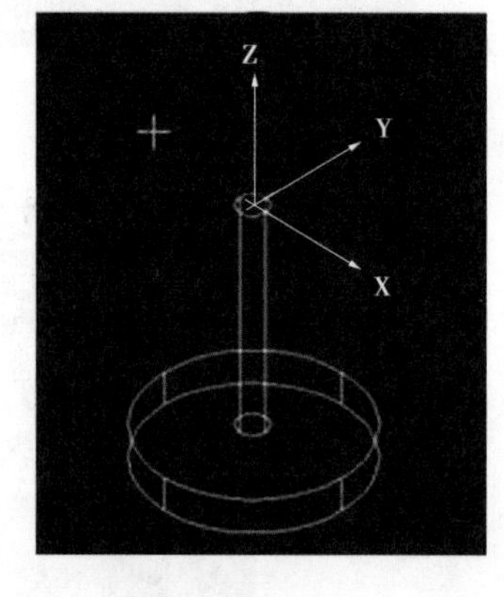

图 5-6

⑤利用该原点,绘制球体:$D=29$,如图 5-7 所示。

⑥绘制第一个圆锥体,$D_{底}=135, H=166$,如图 5-8 所示。

⑦绘制第二个圆锥体,$D_{底}=131, H=162$,如图 5-9 所示。

⑧两个圆锥体,做“差集”差集,“选择从中减去的 ACIS 对象”选择大的圆锥体,“选择用来减的 ACIS 对象”选择小的圆锥体,这样,两个对象就变成一个对象了。

⑨绘制第三个圆锥体,$D_{底}=78, H=83$,如图 5-10 所示。

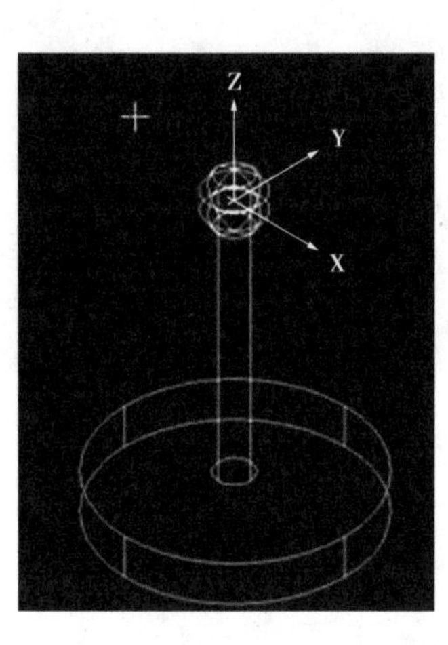
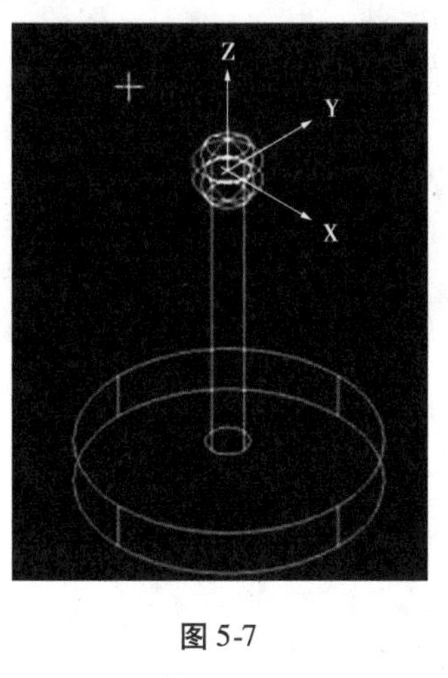

图 5-7

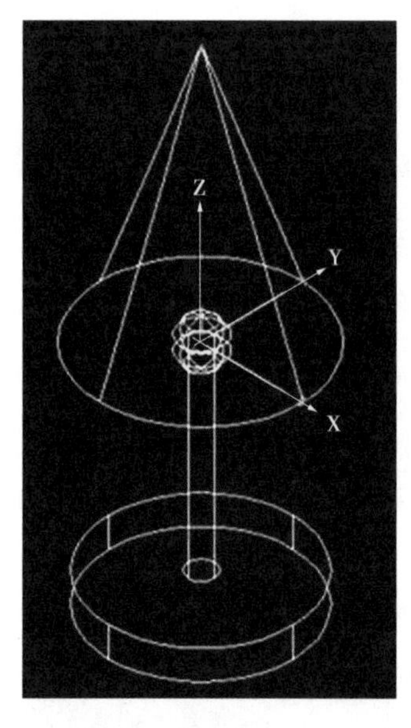

图 5-8

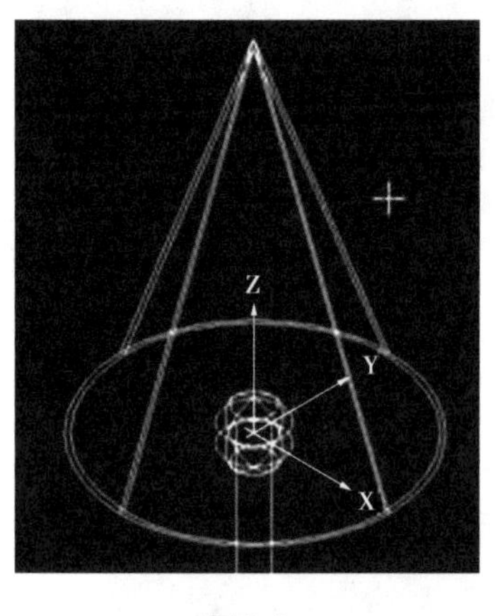

图 5-9

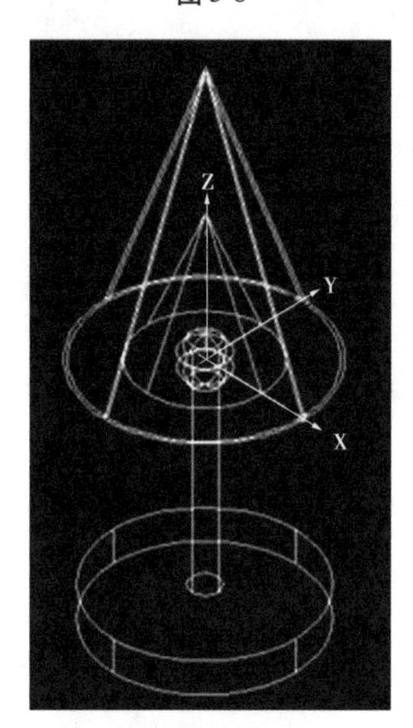

图 5-10

⑩将第三个圆锥体的顶点移动到和第一个圆锥体的顶点重合(见图 5-11),注意:移动的时候,由于软件缺少了“移动”的命令,要用快捷键的方式操作,相应移动的快捷键是“M”。

⑪第二次做差集,“选择从中减去的 ACIS 对象”选择之前做过差集的对象,“选择用来减的 ACIS 对象”选择小的圆锥体(见图 5-12)。

⑫将绘制好的灯罩向下移动 43,依然使用快捷键的移动方式“M”,“选择移动对象”选择灯罩;“指定基点或[位移 D]”选择 D,指定位移 0,0,-43,就可以了(见图 5-13)。

⑬利用“圆锥面”功能,绘制灯罩的支撑,$D_{底}=29$,$D_{顶}=65$,$H=35$,分割数 16(见图 5-14)。

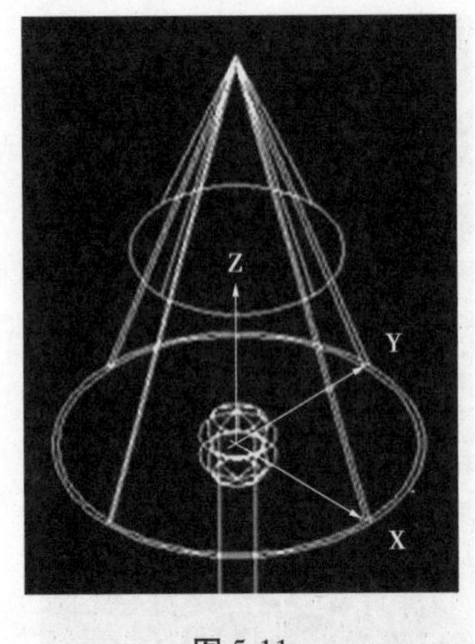

图 5-11

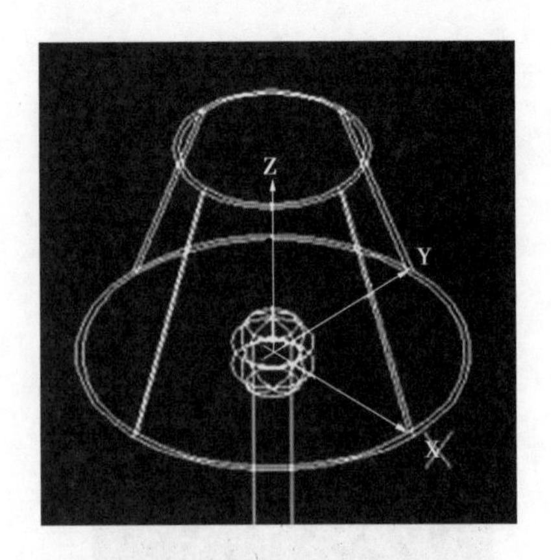

图 5-12

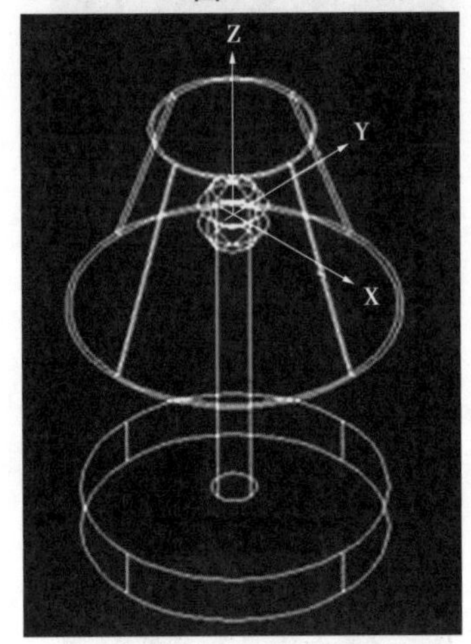

图 5-13

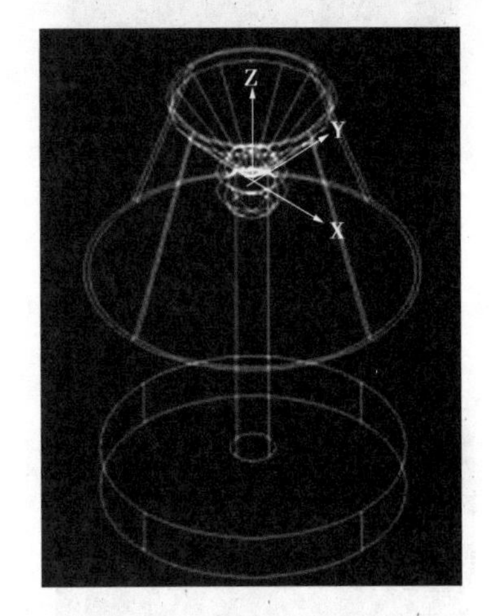

图 5-14

⑭更改颜色，与二位图形的颜色对应上就行了。

⑮着色显示一下。

⑯建议利用视口的功能给老师看下三视图（见图 5-15）。

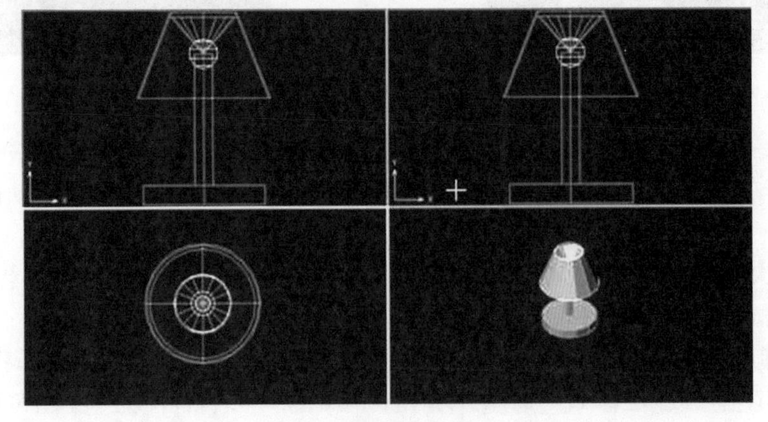

图 5-15

第六章　灯具模型制作实例(二)

一、准备工作

(一)作图任务描述

该练习用 CAD 造型完成一盏台灯的绘制,其基本尺寸如图 6-1 所示。

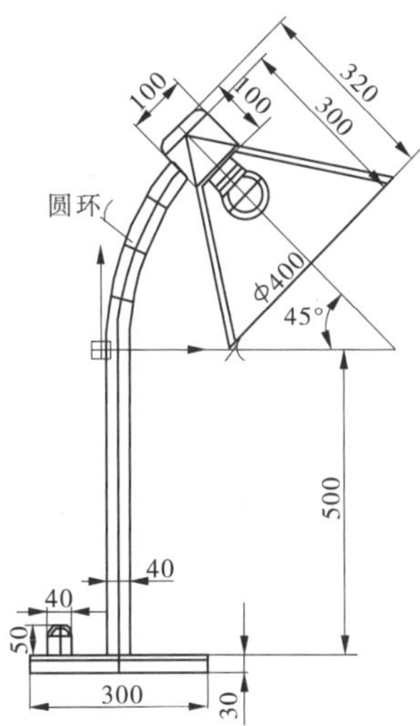

说明：图中只给出了示例图形的主要几何尺寸，倒角和圆角半径、灯泡直径等其他尺寸没有标出。图中所有尺寸仅供参考，在保证几何关系的前提下可以自行改变和设计各尺寸。

图 6-1

实物如图 6-2 所示。

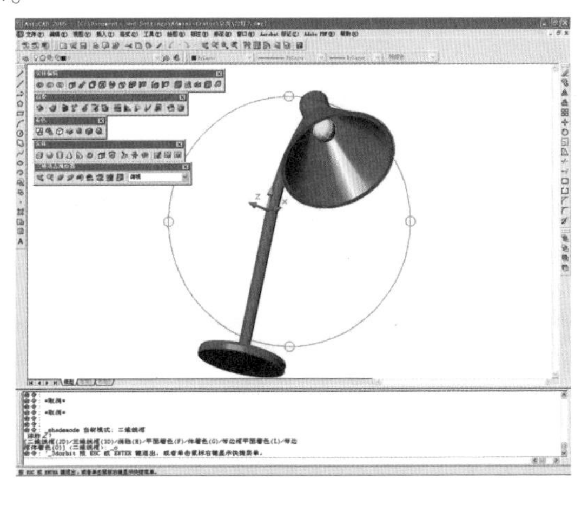

图 6-2

通过该练习可以掌握基本体:圆柱、圆锥、圆环、球体的绘制,学会使用体的剖切、旋转、布尔运算和复制等基本功能,并学习通过命令行作图。

（二）选择绘图视图

按图 6-3 选择俯视图。

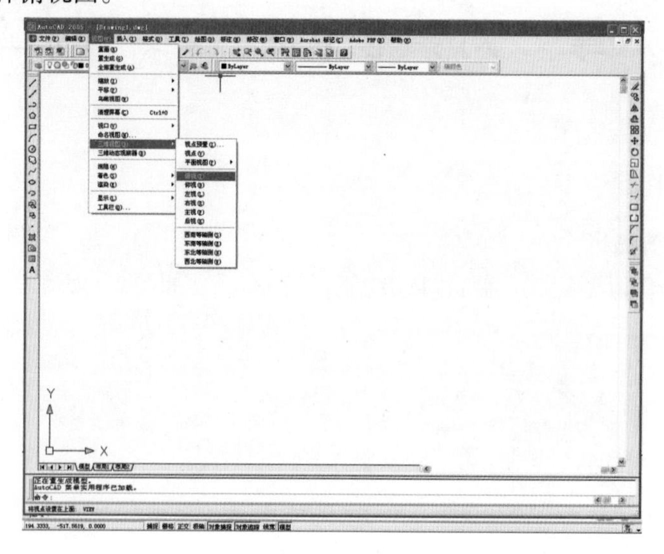

图 6-3

（三）选择绘图快捷键

按照图 6-4 通过右键点击任意图标（例如保存按钮）选择工具条（在相应工具条前鼠标左键点击，会出现"√"）。

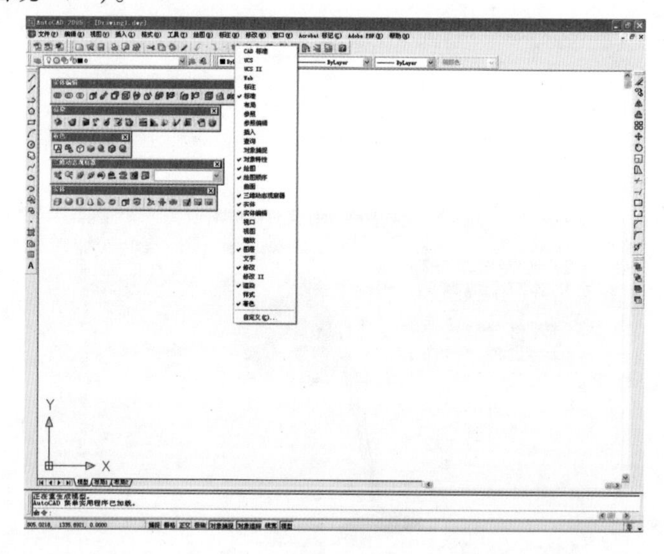

图 6-4

二、绘制灯罩

（一）绘制圆锥

选择"实体工具条"上圆锥按钮，在命令行按提示依次输入：

命令：_cone

指定圆锥体底面的中心点或[椭圆(E)]<0,0,0>:300,0,0　　//所有输入完成后要单击回车键

指定圆锥体底面的半径或[直径(D)]:200

指定圆锥体高度或[顶点(A)]:a　　//选择输入顶点坐标

指定顶点:0,0,0

命令行位置如图 6-5 所示。

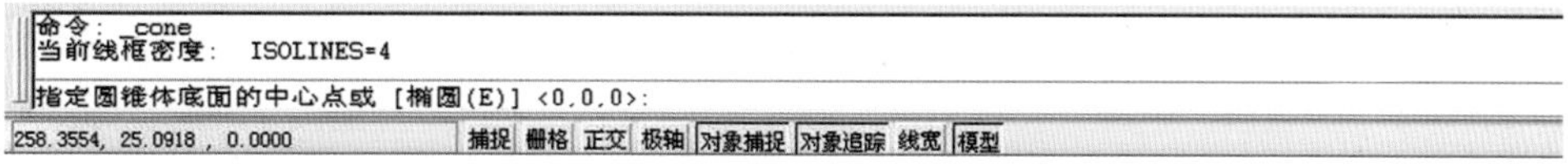

命令: _cone
当前线框密度: ISOLINES=4
指定圆锥体底面的中心点或 [椭圆(E)] <0,0,0>:
258.3554, 25.0918 , 0.0000　捕捉 栅格 正交 极轴 对象捕捉 对象追踪 线宽 模型

图 6-5

结果如图 6-6 所示。

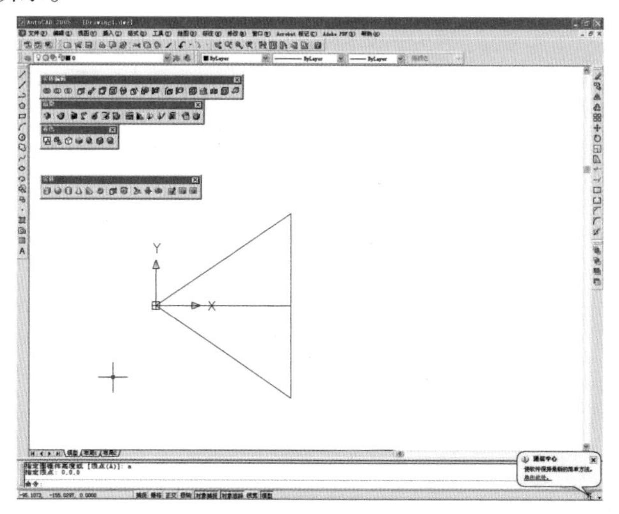

图 6-6

(二)复制圆锥

选中所绘圆锥(鼠标左键选择),确定点击 *XY* 视图中三角形中线,圆锥所有轮廓线变为虚线,结果如图 6-7 所示。

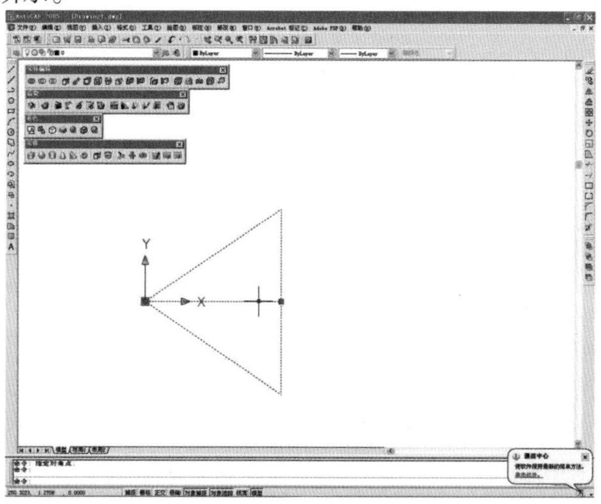

图 6-7

右键单击原点，选择“带基点复制”，如图 6-8 所示。

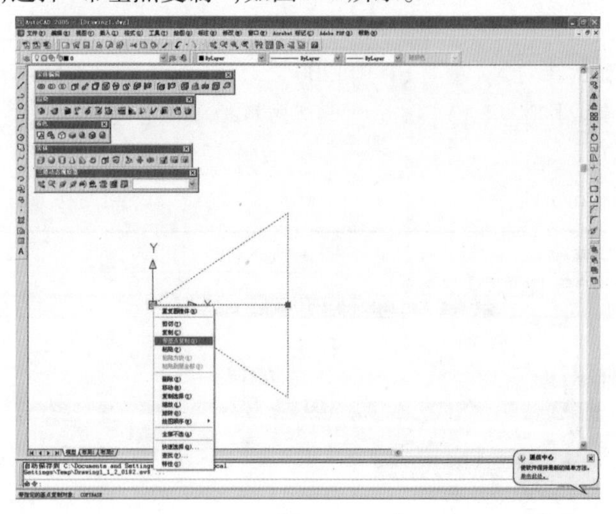

图 6-8

在命令行输入基点：

命令：COPYBASE

指定基点：0，0，0

按下键盘 Ctrl + V 按键（复制圆锥），在命令行输入插入点

命令：PASTECLIP

指定插入点：20，0，0

结果如图 6-9 所示。

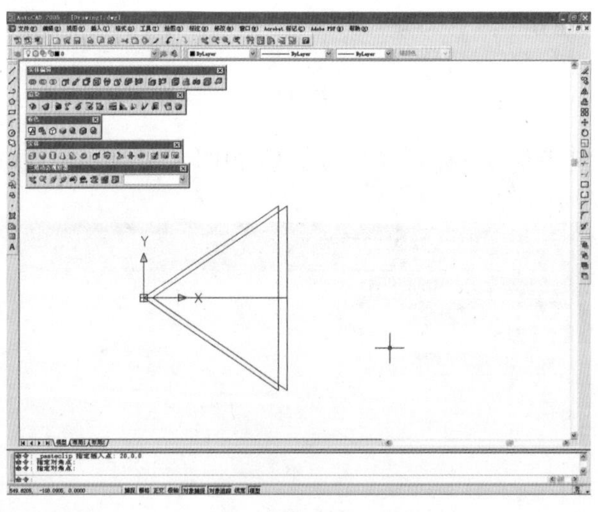

图 6-9

（三）两圆锥作差运算

选择“实体编辑工具条”上差集按钮 ，选中所绘第一个圆锥（鼠标左键选择），确定点击 *XY* 视图中三角形中线，圆锥所有轮廓线变为虚线绘制圆柱，按回车键确定。

选中所绘第二个圆锥（第二个圆锥由第一个圆锥复制而来，鼠标左键选择），确定点击 *XY* 视图中三角形中线，圆锥所有轮廓线变为虚线绘制圆柱，按回车键确定。

结果如图 6-10 所示。

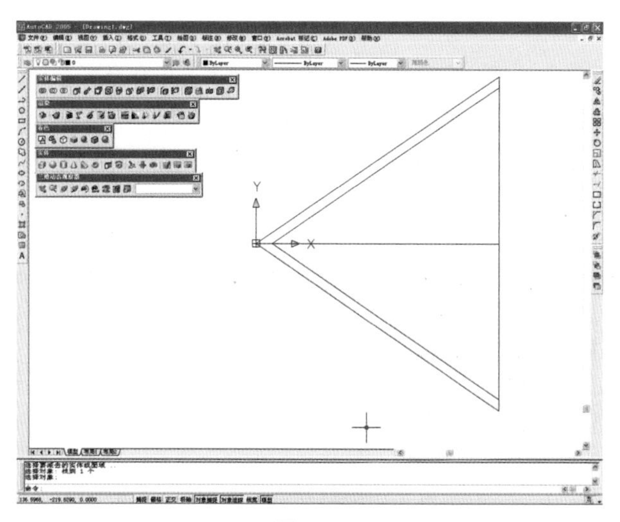

图 6-10

三、绘制灯泡座

选择“实体工具条”上圆柱按钮 ,在命令行按提示依次输入:

命令:_cylinder

指定圆柱体底面的中心点或[椭圆(E)]<0,0,0>:-20,0,0

指定圆柱体底面的半径或[直径(D)]:50

指定圆柱体高度或[另一个圆心(C)]:c　　　　//选择输入两圆心确定圆柱位置

指定圆柱的另一个圆心:80,0,0

结果如图 6-11 所示。

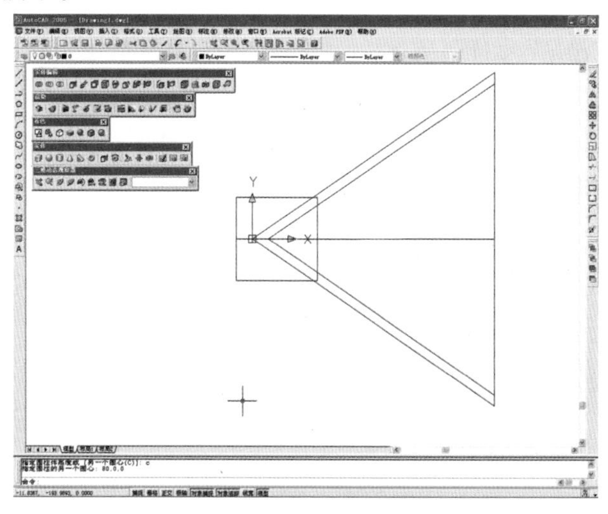

图 6-11

四、绘制灯泡

(一)绘制圆柱

选择“实体工具条”上圆柱按钮 ,在命令行按提示依次输入:

命令:_cylinder
指定圆柱体底面的中心点或[椭圆(E)]<0,0,0>:80,0,0
指定圆柱体底面的半径或[直径(D)]:25
指定圆柱体高度或[另一个圆心(C)]:c
指定圆柱的另一个圆心:140,0,0
结果如图6-12所示。

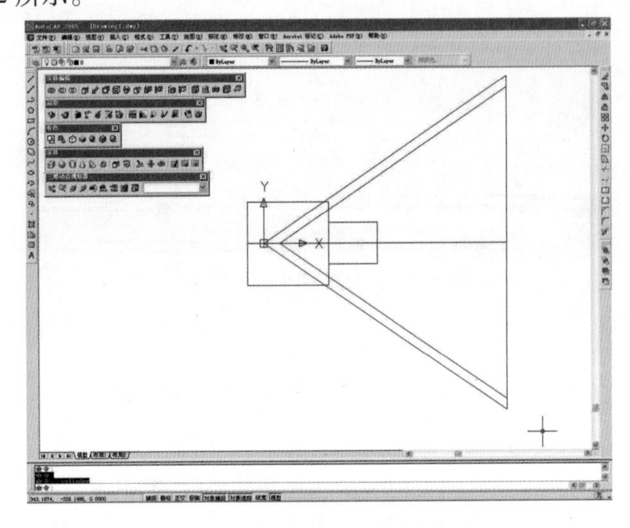

图6-12

(二)绘制球体

选择"实体工具条"上圆球按钮,在命令行按提示依次输入:

命令:_sphere
指定球体球心<0,0,0>:140,0,0
指定球体半径或[直径(D)]:40
结果如图6-13所示。

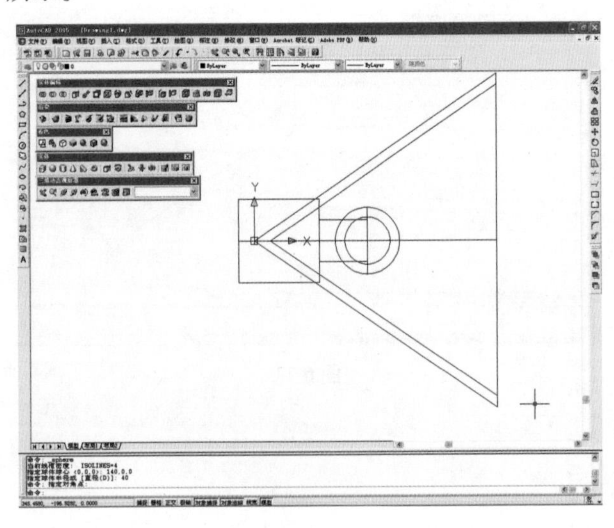

图6-13

五、绘制灯杆

(一)绘制圆柱

选择“实体工具条”上圆柱按钮,在命令行按提示依次输入:

命令:_cylinder

指定圆柱体底面的中心点或[椭圆(E)]<0,0,0>:30,0,0

指定圆柱体底面的半径或[直径(D)]:20

指定圆柱体高度或[另一个圆心(C)]:c

指定圆柱的另一个圆心:30,-500,0

结果如图 6-14 所示。

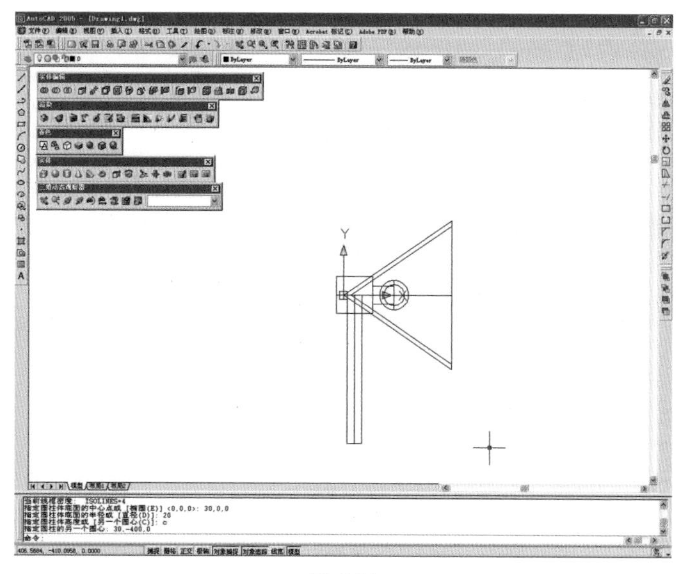

图 6-14

(二)绘制圆环

选择“实体工具条”上圆环按钮,在命令行按提示依次输入:

命令:_torus

指定圆环体中心<0,0,0>:500,0,0

指定圆环体半径或[直径(D)]:470

指定圆管半径或[直径(D)]:20

结果如图 6-15 所示。

(三)旋转实体

选择“标准工具条”上旋转按钮,鼠标左键选中灯罩和灯泡部分,如图 6-16 所示。

在命令行按提示依次输入:

命令:_rotate

vcs 当前的正角方向:ANGDIR = 逆时针　ANGBASE = 0

选择对象:

指定基点:500,0,0

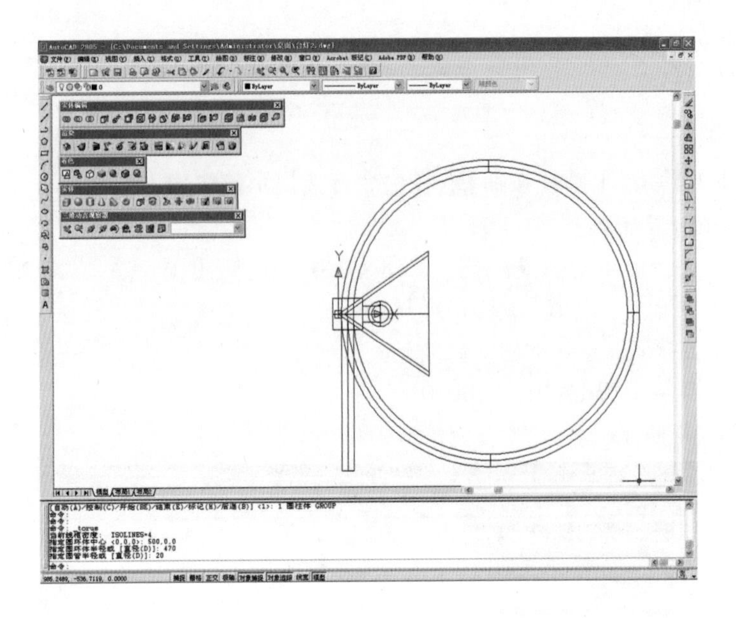

图 6-15

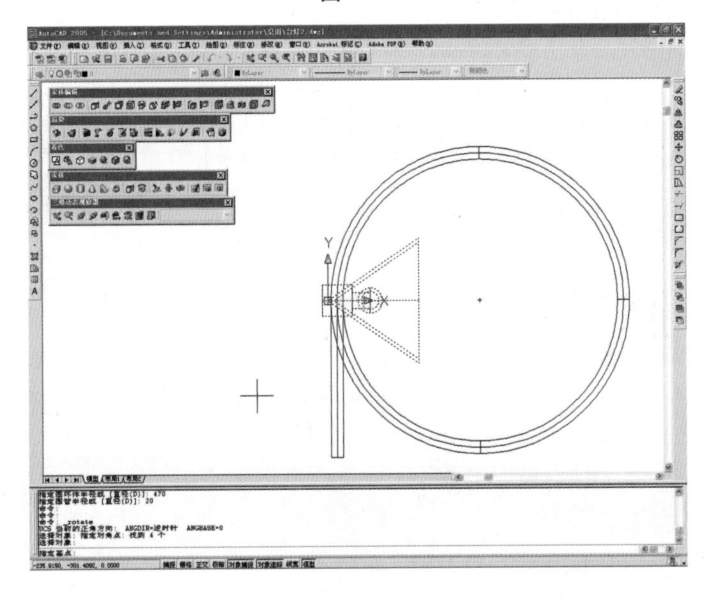

图 6-16

指定旋转角度或[参照(R)]:-45

结果如图 6-17 所示。

(四)剖切圆环

选择“实体工具条”上剖切按钮，鼠标左键选中所画圆环，在命令行按提示依次输入：

指定切面上的第一个点，依照[对象(O)/Z 轴(Z)/视图(V)/XY 平面(XY)/YZ 平面(YZ)/ZX 平面(ZX)/三点(3)]<三点>:ZX　　　//选择 ZX 平面为切割平面

指定 ZX 平面上的点<0,0,0>:0,0,0　　　//确定 ZX 平面 Z 方向高度

在要保留的一侧指定点或[保留两侧(B)]:　　　//按照图 6-18 所示位置单击鼠标左键确定

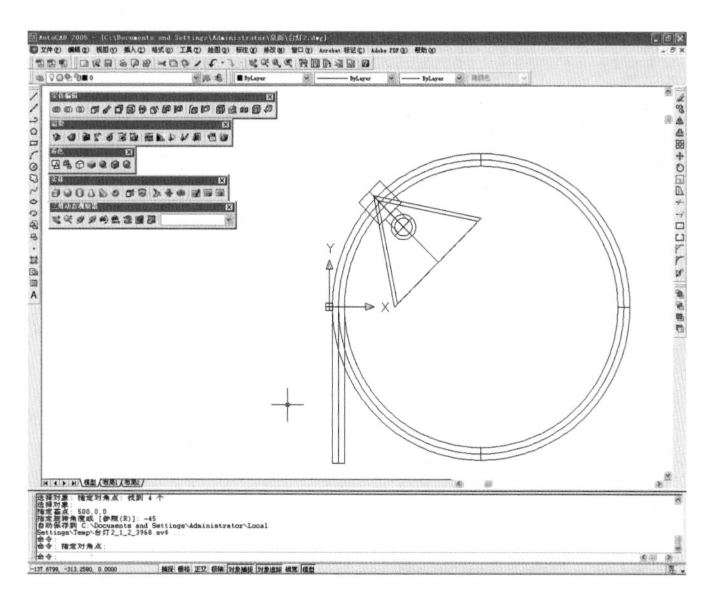

图 6-17

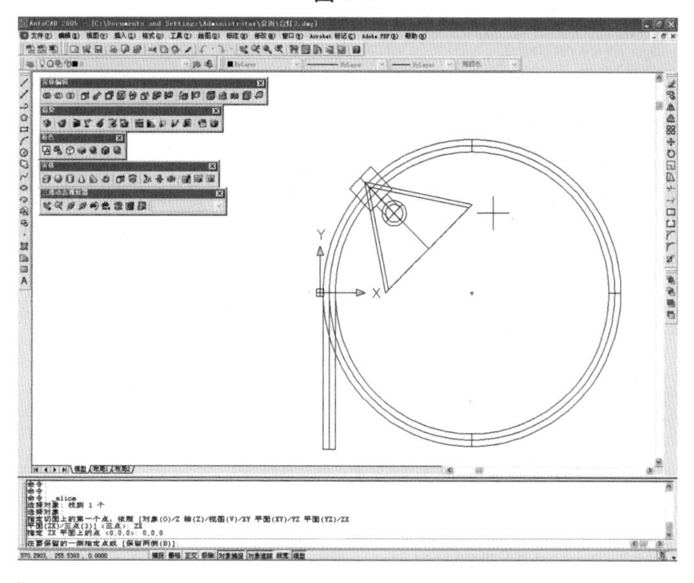

图 6-18

剖切结果如图 6-19 所示。

选择“实体工具条”上剖切按钮，鼠标左键选中所画圆环，在命令行按提示依次输入：

指定切面上的第一个点，依照[对象(O)/Z 轴(Z)/视图(V)/XY 平面(XY)/YZ 平面(YZ)/ZX 平面(ZX)/三点(3)]<三点>：　　//鼠标左键选中灯座圆柱的圆心，按图 6-20操作

指定平面上的第二个点：500，0，0

指定平面上的第三个点：500，0，10

在要保留的一侧指定点或[保留两侧(B)]：　　//按照图 6-21 所示位置单击鼠标左键确定

结果如图 6-22 所示。

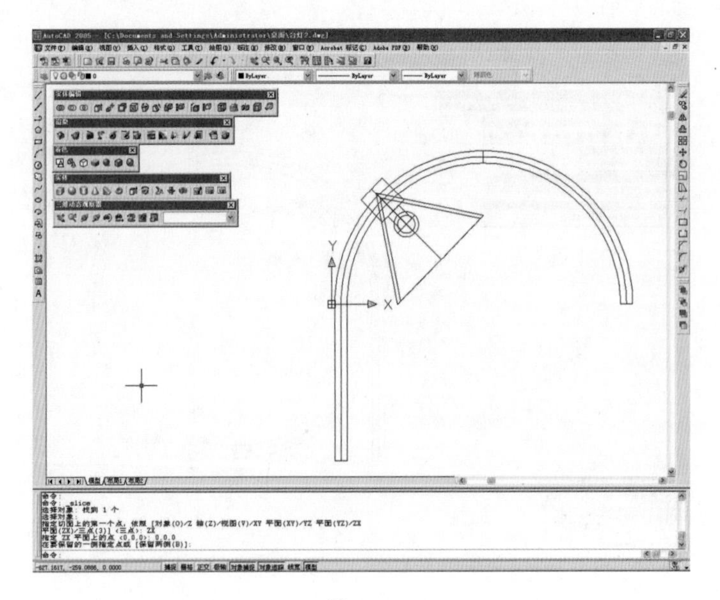

图 6-19

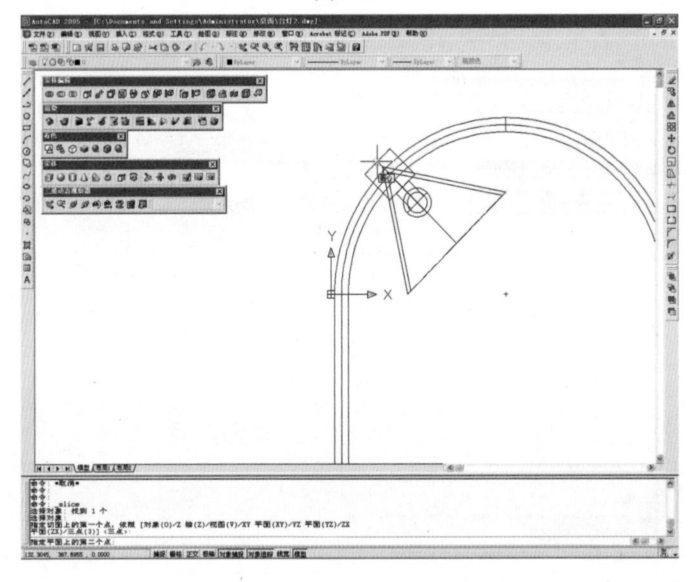

图 6-20

六、绘制底座

选择“实体工具条”上圆柱按钮，在命令行按提示依次输入：

命令：_cylinder

指定圆柱体底面的中心点或[椭圆(E)]<0,0,0>:30，-500,0

指定圆柱体底面的半径或[直径(D)]:150

指定圆柱体高度或[另一个圆心(C)]:c

指定圆柱的另一个圆心:30，-530,0

结果如图 6-23 所示。

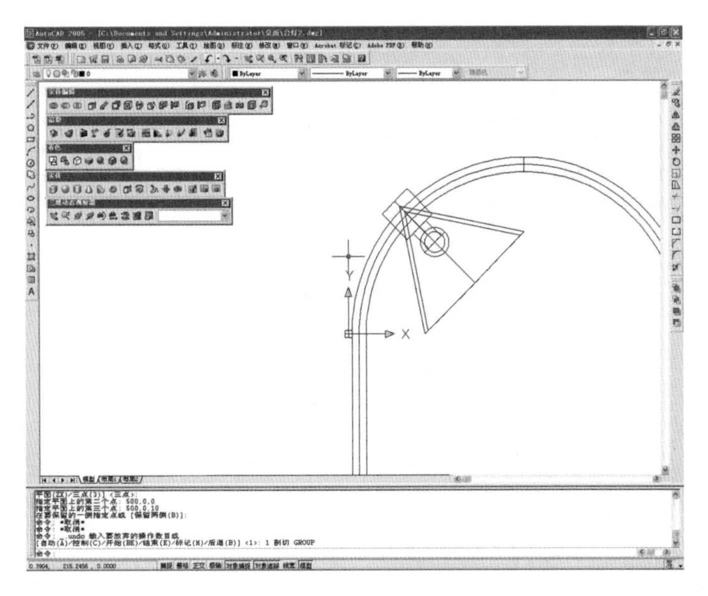

图 6-21

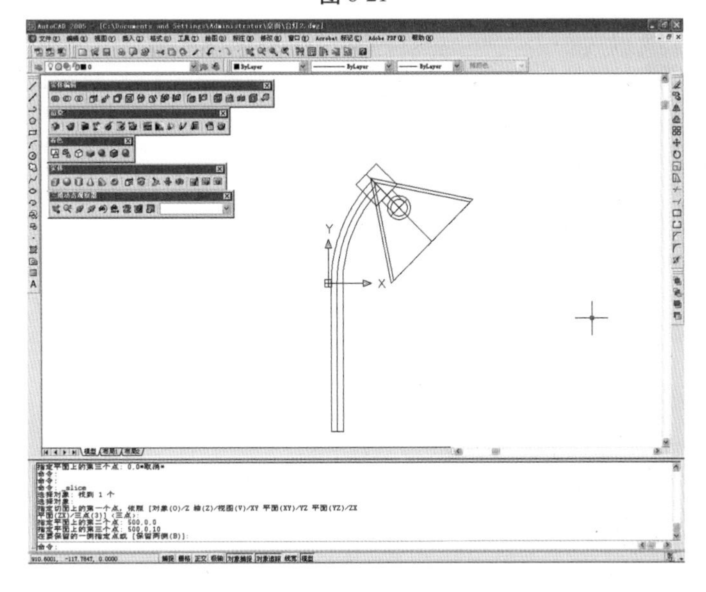

图 6-22

七、绘制旋钮

选择“实体工具条”上圆柱按钮，在命令行按提示依次输入：

命令：_cylinder

指定圆柱体底面的中心点或[椭圆(E)]<0,0,0>：-70，-500,0

指定圆柱体底面的半径或[直径(D)]:20

指定圆柱体高度或[另一个圆心(C)]:c

指定圆柱的另一个圆心：-70，-450,0

结果如图 6-24 所示。

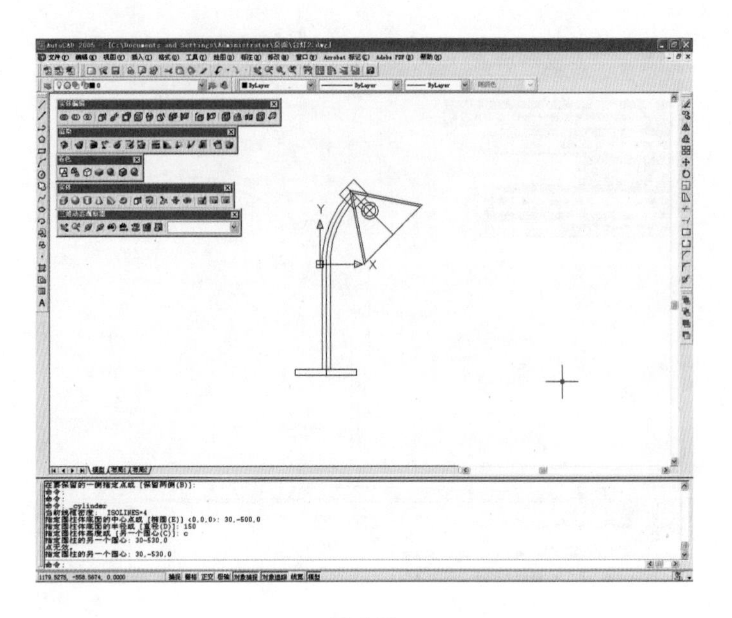

图 6-23

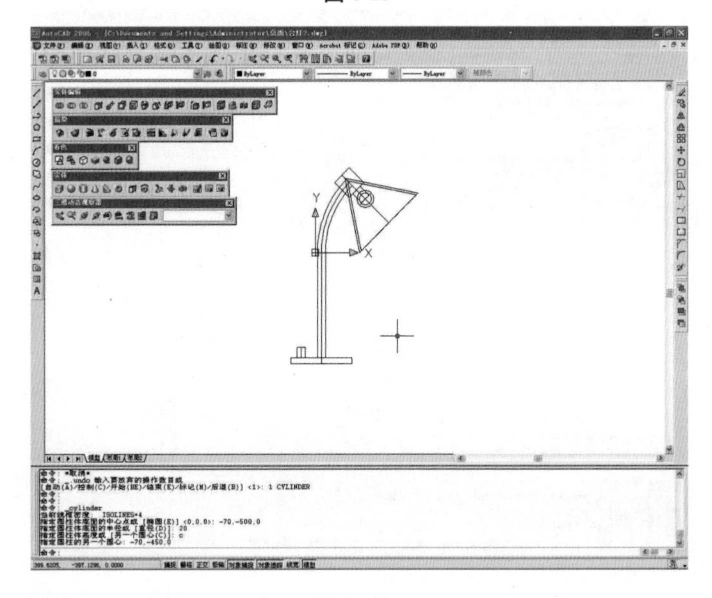

图 6-24

八、修饰

(一)实体并集运算

选择“实体编辑工具条”上并集按钮,选中图 6-25 所示的五个实体(灯罩和底座),按回车键确定。

选择“实体编辑工具条”上并集按钮,选中图 6-26 所示的两个实体,按回车键确定。

注意:不能一次将六个实体全部选中,因为它们将组成两个独立的组合体。

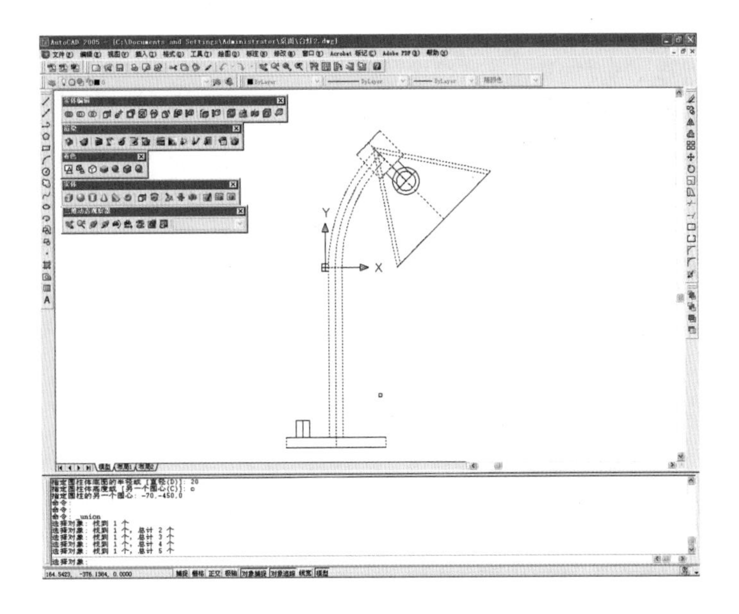

图 6-25

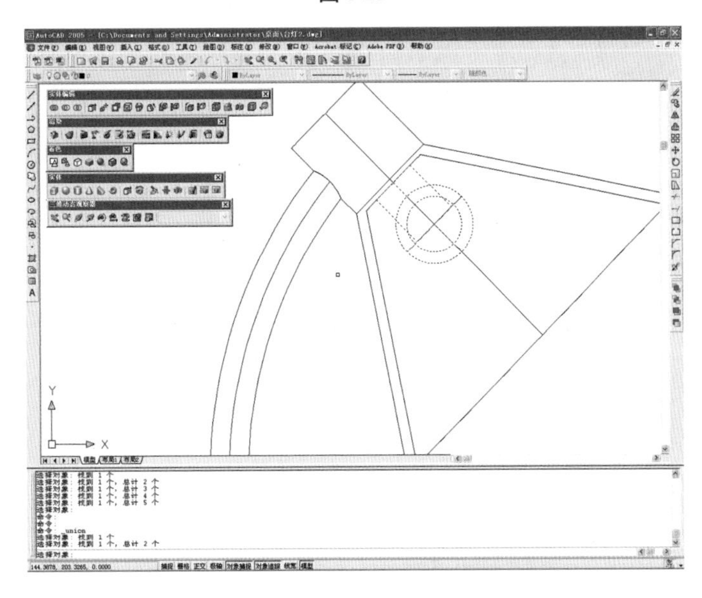

图 6-26

(二)倒圆角

选择"标准工具条"上倒圆角按钮，按图 6-27 所示单击鼠标左键选中圆柱和球体的交线(灯泡)，在命令行按提示依次输入：

输入圆角半径:30

回车键确定，结果如图 6-28 所示。

对"灯泡座"圆柱重复上述步骤，命令行输入：

输入圆角半径:20

结果如图 6-29 所示。

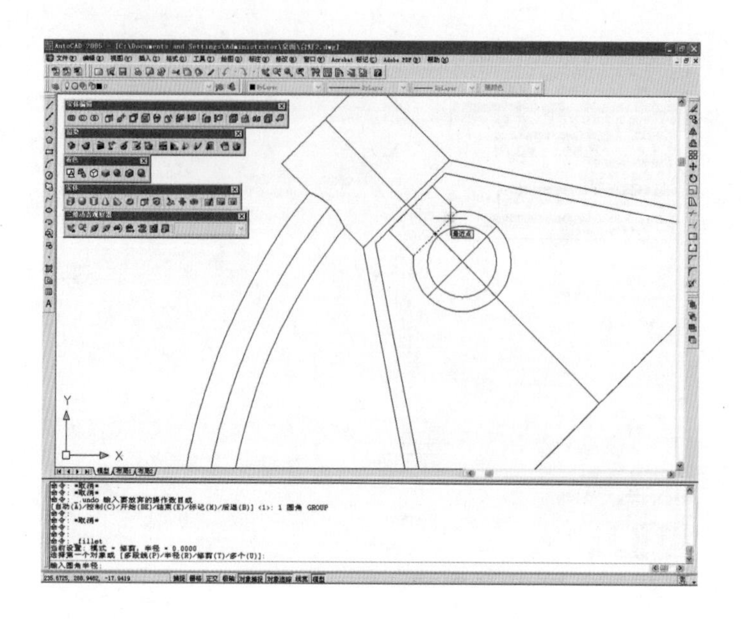

图 6-27

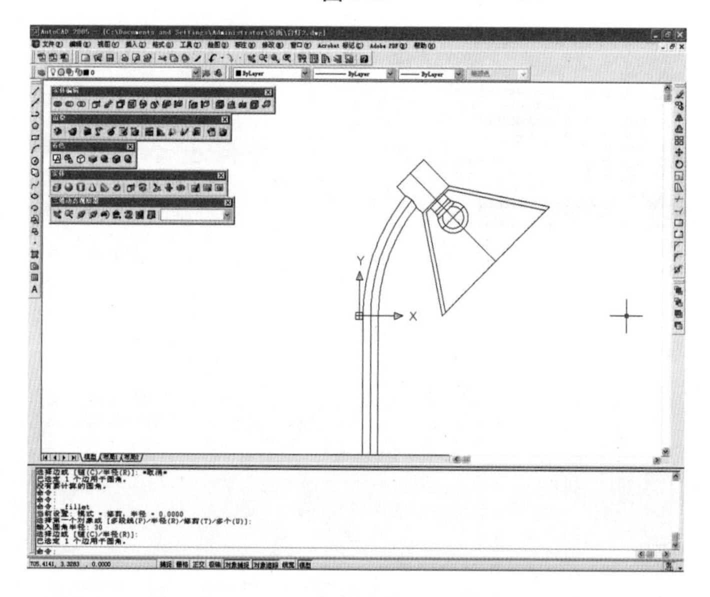

图 6-28

对“底座”圆柱重复上述步骤,命令行输入:

输入圆角半径:10

结果如图 6-30 所示。

对“开关旋钮”圆柱重复上述步骤,命令行输入:

输入圆角半径:20

结果如图 6-31 所示。

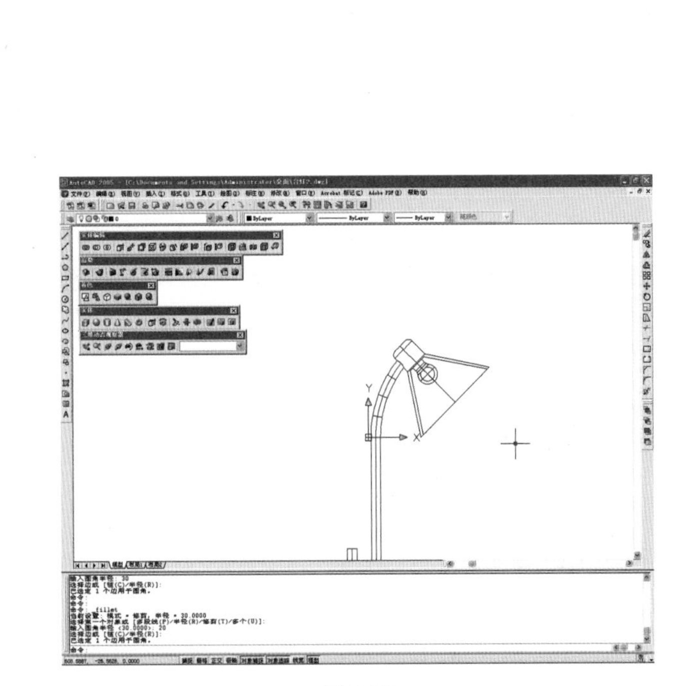

图 6-29

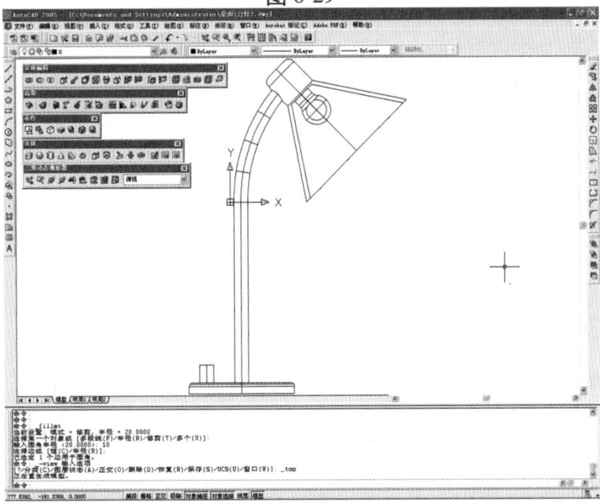

图 6-30

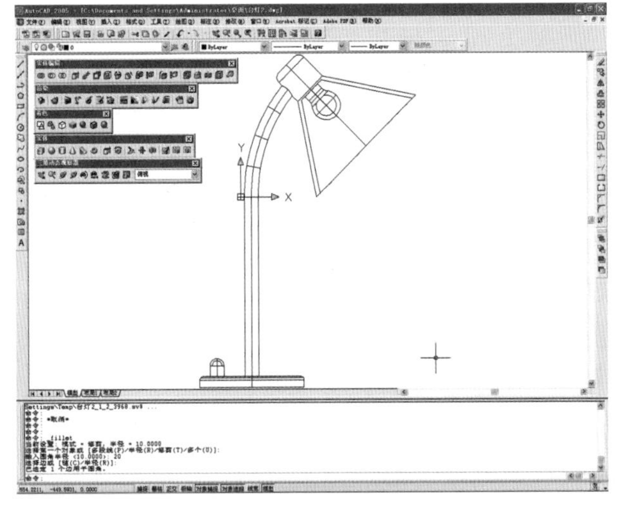

图 6-31

（三）着色

单击鼠标左键选中灯架（如图 6-32 所示），选择颜色（如图 6-33 所示）。

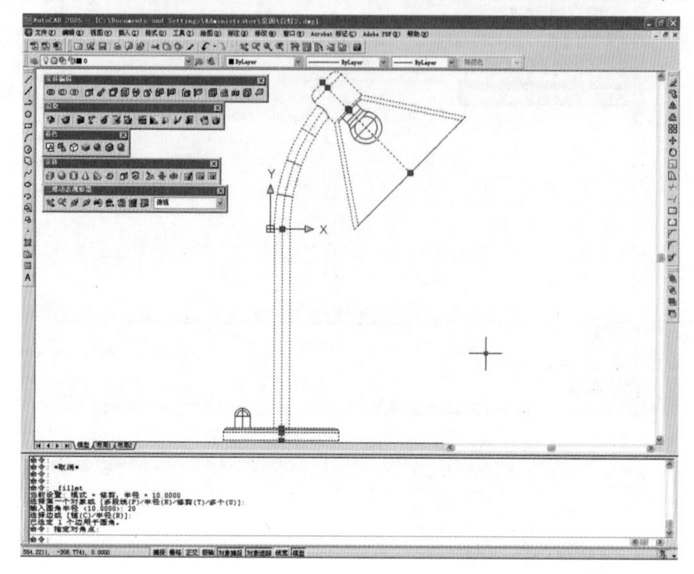

图 6-32

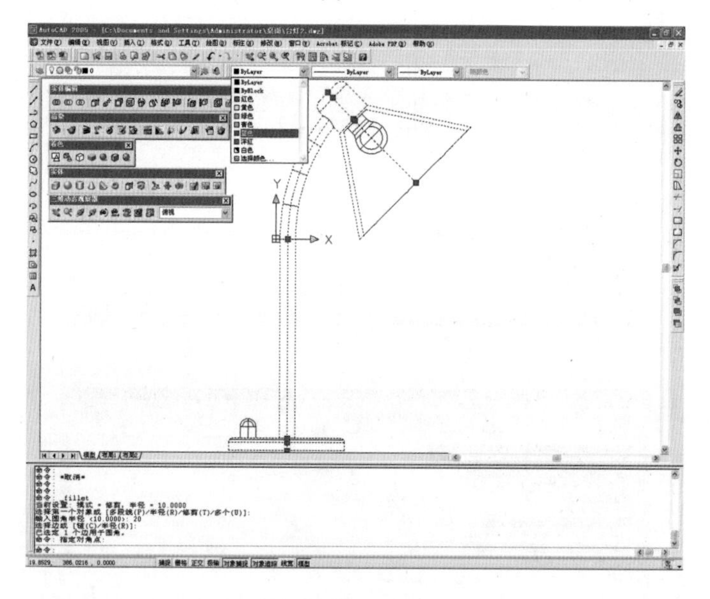

图 6-33

依次对灯泡和旋钮进行颜色选择（每次着色完成后按下“Esc”键，以免保持选中上一个实体，结果如图 6-34 所示。

选择“着色”工具条上带边框体着色按钮，结果如图 6-35 所示。

（四）察看

选择三维动态观察按钮，通过鼠标左键拖动对实体进行观察，结果如图 6-36 所示。

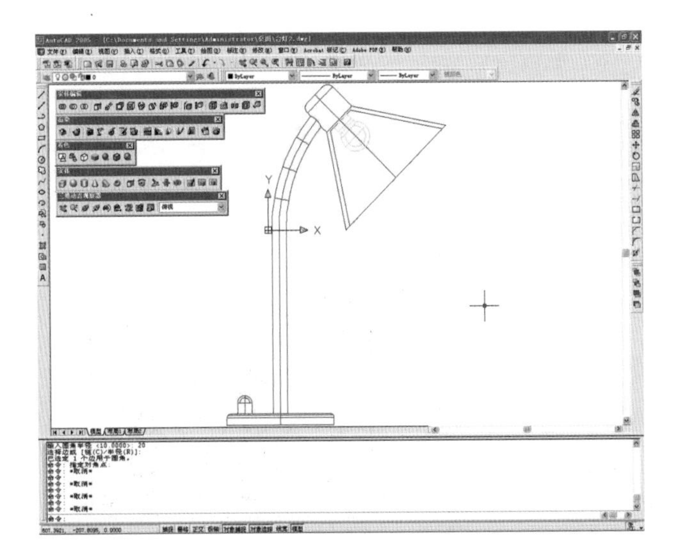

图 6-34

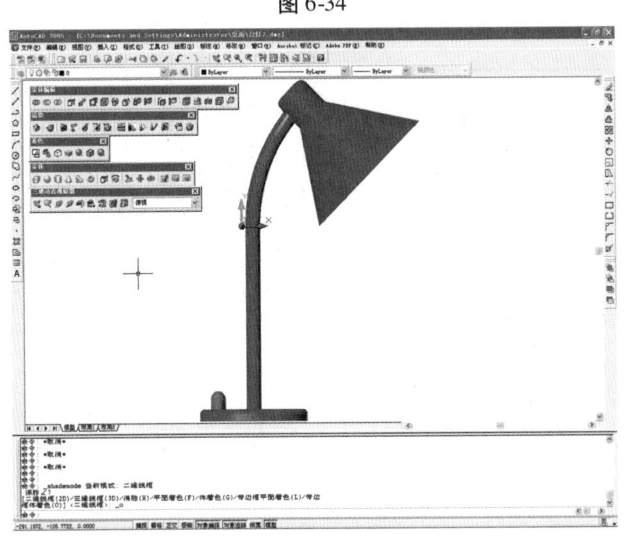

图 6-35

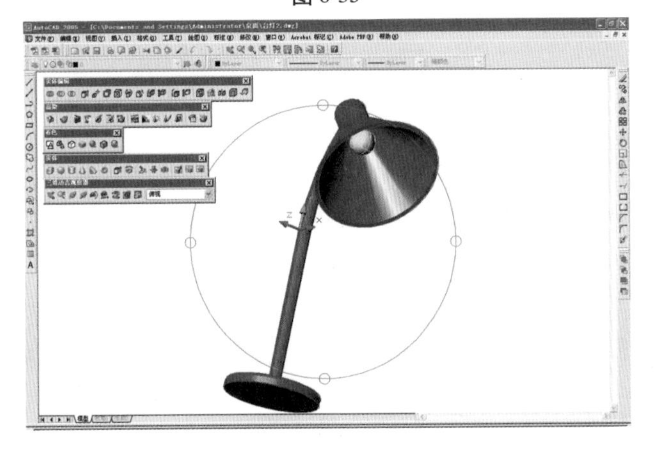

图 6-36

第七章　灯具模型制作实例(三)

该练习用 CAD 完成一盏吊灯的绘制,其基本尺寸如图 7-1 所示。

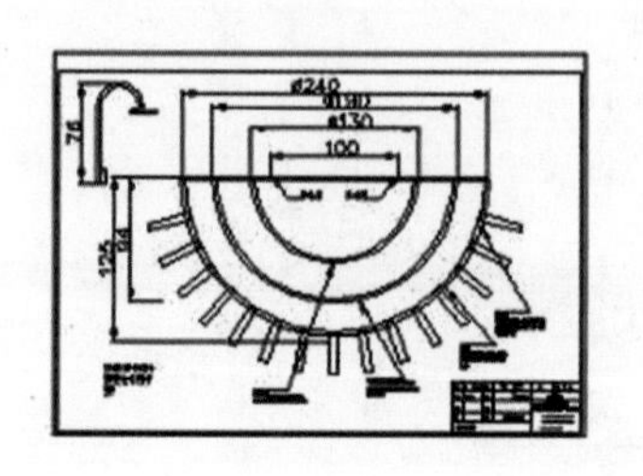

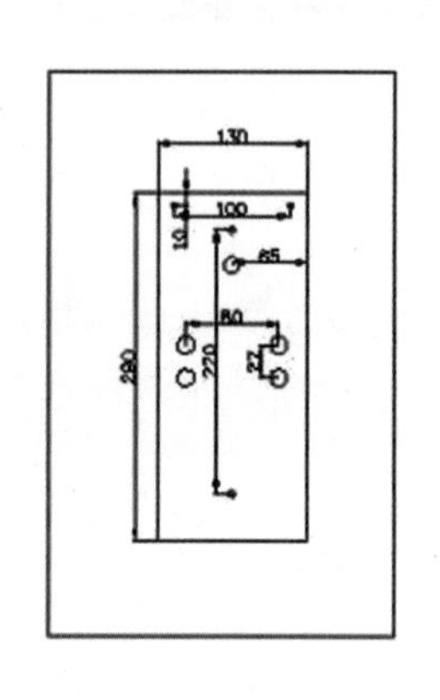

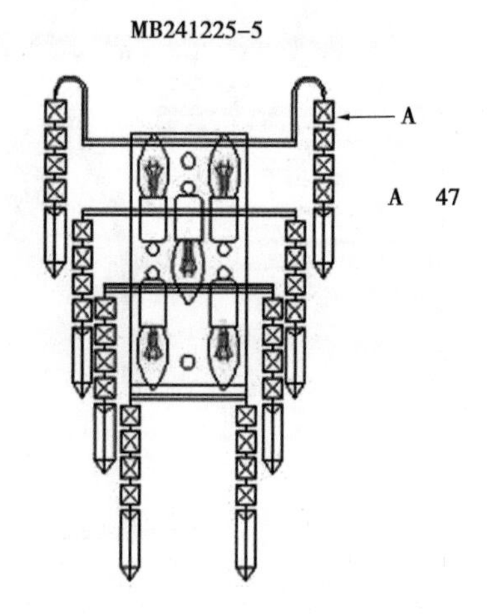

图 7-1

通过此练习可以掌握矩形、圆形、构造线、多段线、样条曲线的绘制与线性,文字的标注,也可以掌握图形的移动、复制、分解、镜像、偏移、修剪等基本功能。

第一步

图 7-2 绘制步骤如下:

单击“ ”按钮,左击任意位置,鼠标移动到此点的正右方在命令行内输入 240,右击确定。

单击“ ”按钮,左击 240 直线的中点为指定圆心,在命令行内输入 117. 5(回车),绘制直径为 235 的半圆。

单击“ ”按钮,左击选择圆,右击选定,修剪掉 240 直线上面的圆。

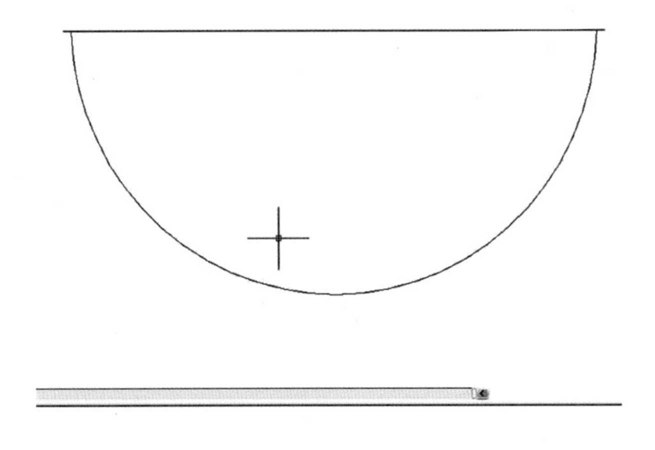

图 7-2

第二步

图 7-3 绘制步骤如下：

单击“  ”按钮，左击直径为 235 半圆，右击选定，在命令行内输入 10（回车），在圆的内侧左击，再右击确定。

单击“  ”按钮，连接两个半圆的对应端点。

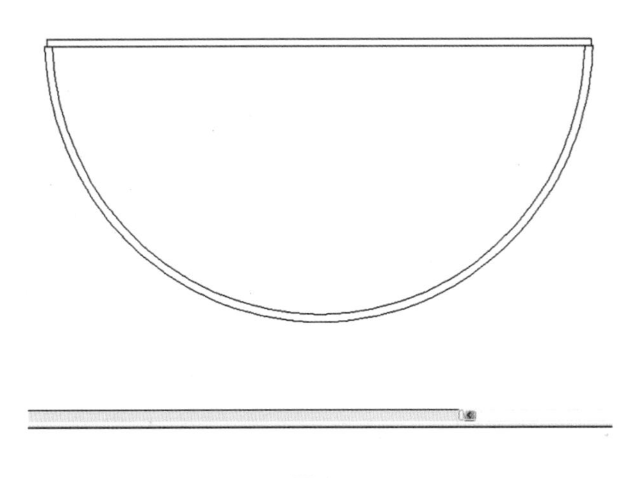

图 7-3

第三步

图 7-4 绘制步骤如下：

单击“ 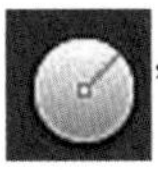 ”按钮，左击 240 直线的中点为指定圆心，在命令行内输入 95（回车），绘制直径为 190 的圆。

单击“  ”按钮，左击直径为 190 的圆，右击选定，在命令行内输入 10（回车），在圆的

内侧左击，再右击确定；右击选择“重复偏移”，左击 240 直线，右击选定，在命令行内输入 4.5（回车），在 240 直线的上方左击，再右击确定。

单击“  ”按钮，连接两 240 直线的对应端点。

单击“  ”按钮，左击选择直径为 190 的圆，右击选定，修剪掉 240 ×4.5 矩形直上面的半圆。

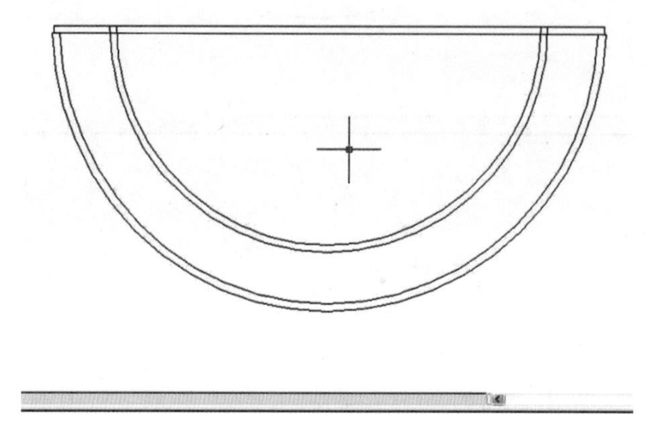

图 7-4

第四步

图 7-5 绘制步骤如下：

单击“  ”按钮，左击 240 直线的中点为指定圆心，在命令行内输入 65（回车），绘制直径为 130 的圆。

单击“  ”按钮，左击直径为 130 的圆，右击选定，在命令行内输入 10（回车），在圆的内侧左击，再右击确定。

单击“  ”按钮，左击选择直径为 130 的圆，右击选定，修剪掉 240 ×4.5 矩形下面边线以上的半圆。

第五步

图 7-6 绘制步骤如下：

选择“  ”按钮，在命令行内按提示依次输入：

命令：_rectang

指定第一个角点或［倒角（C）/标高（E）……］：　　　//左击鼠标

指定另一个角点或［面积（A）/尺寸（D）、旋转（R）］：D

指定矩形的长度：10

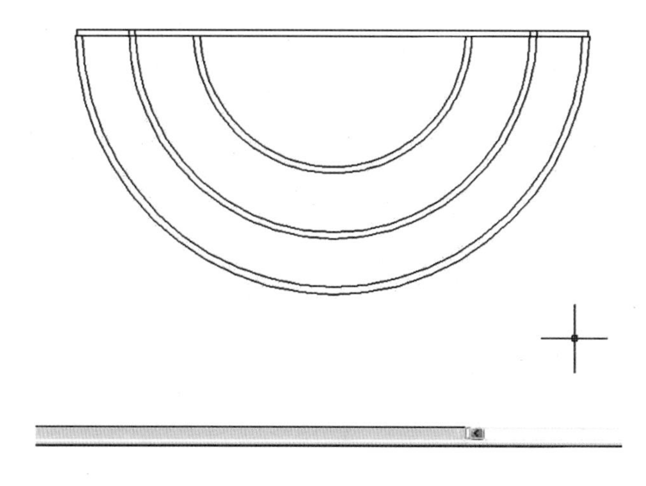

图 7-5

指定矩形的宽度:50

指定另一个角点[......]:　　　//右击确定

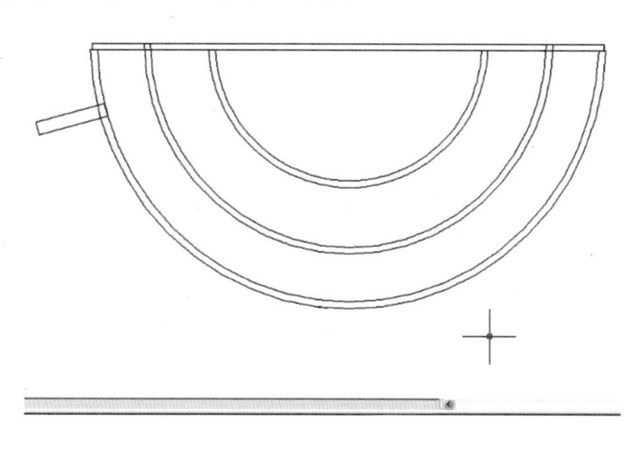

图 7-6

单击“旋转”按钮,左击 10×50 矩形,右击选定,左击 10×50 矩形的右下角,鼠标移动到适当角度左击。

单击“移动”按钮,左击选择 10×50 矩形,右击选定,左击 10×50 矩形的左上角,鼠标移动到直径为 235 的半圆的适当位置上,左击,再右击确定。

单击“ ”按钮,选择 10×50 的矩形,右击。

左击选择 10×50 矩形的上面边线,右击选择“删除”。

第六步

图 7-7 绘制步骤如下:

再单击“ ”按钮,选择缺边的矩形,右击选定,输入需要的项目数,右击确定;再框选多余的部分,右击选择删除。

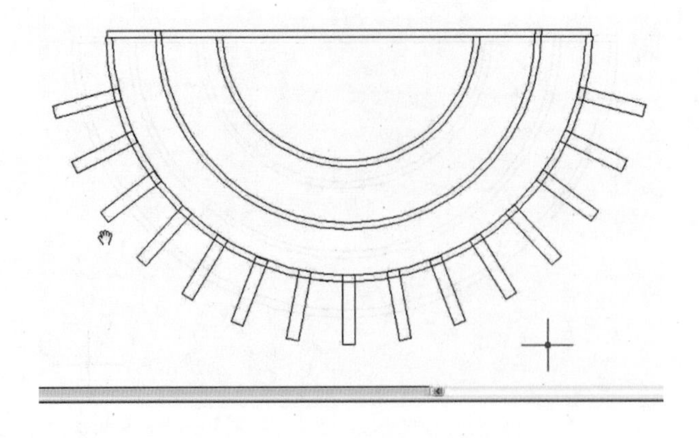

图 7-7

第七步

图 7-8 绘制步骤:

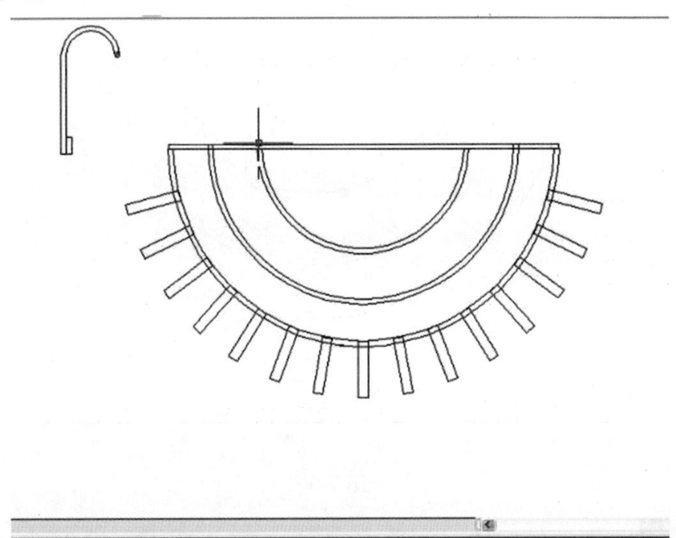

图 7-8

单击“ ”按钮,左击指定圆心,在命令行内输入 16(回车),右击确定,绘制直径为 32 的圆。

单击打开“ ”按钮,并左击右边的三角符号,显示如图 7-9 所示,勾选象限点。

单击“ ”按钮,左击直径为 32 的圆的右边象限点,鼠标移动到此点的正下方在命令行内输入 60,右击确定。

单击“ ”按钮,按命令行提示执行:

命令:_offset

指定偏移距离： 3
选择要偏移的对象：　　　//左击长为 60 直线
指定要偏移的那一侧上的点：　　　//左击长为直线右侧
选择要偏移的对象：　　　//右击确定

右击选择“重复偏移”，继续向内偏移直径为 32 的圆。

单击“ ”按钮，绘制直径为 32 的圆的横向直径。

单击“ ”按钮，按命令提示执行：

命令：_rectang
指定第一个角点：　　　//左击任意位置
指定另一个角点：@3,8　　　//回车

单击“ 移动”按钮，左击选择 3×8 矩形，右击选定，左击 3×8 矩形的左下角，鼠标移动到偏移得到的长为 60 的直线的下端点，左击，再右击确定。

图 7-9

第八步

图 7-10 绘制步骤如下：

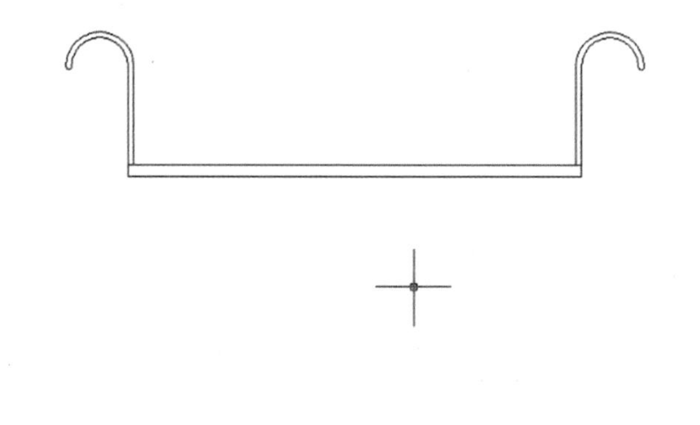

图 7-10

单击“ ”按钮，按命令提示执行：

命令：_rectang
指定第一个角点：　　　//左击任意位置
指定另一个角点：@241,6　　　//回车

单击“ ”按钮，按命令行提示执行：

命令：_xline

指定点或[水平(H)/垂直(V)/角度(A)/二等分(B)/偏移(O)]:
指定通过点:　　　//左击241×6矩形的上面边线的中点
指定通过点:　　　//左击241×6矩形的下面边线的中点

单击"移动"按钮,依次左击选择两条长为60的直线与直径为32以及由其偏移得到的半圆,右击选定,左击偏移得到的长为60的直线的下面端点,鼠标移动到241×6矩形的右上角左击,右击确定。

单击" "按钮,按命令行提示执行:

命令:_mirror
选择对象:　　　//框选两条长为60的直线与直径为32以及由其偏移得到的半圆
选择对象:　　　//右击选定
指定镜像线的第一点:　　　//左击241×6矩形的上面边线的中点
指定镜像线的第二点:　　　//左击241×6矩形的下面边线的中点
要删除源对象吗?[是(Y)/否(N)]<N>:N

第九步

图7-11绘制步骤如下:

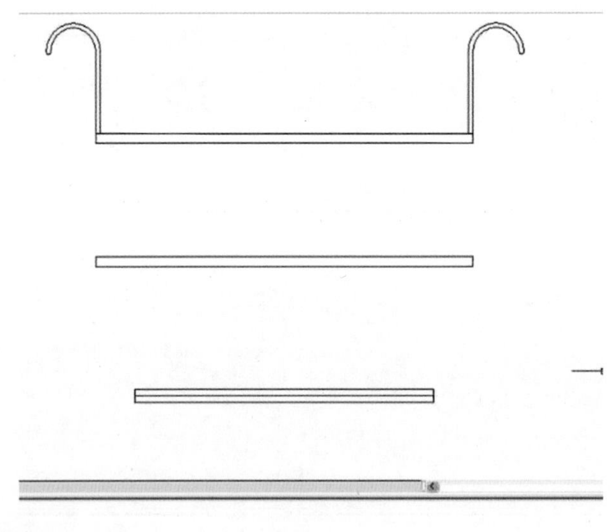

图7-11

单击"复制"按钮,按命令行提示执行:

命令:_copy
选择对象:　　　//左击241×6继续
选择对象:　　　//右击选定
当前设置:　复制模式=多个
指定基点或[位移(D)/模式(O)]<位移>:　　　//左击构造线
指定第二个点或[阵列(A)]<使用第一个点作为位移>:　　　//左击构造线命令一点

指定第二个点或[阵列(A)/退出(E)/放弃(U)] <退出>:　　　//右击确定

单击“ ”按钮,按命令提示执行:

命令:_rectang

指定第一个角点:　　　//左击任意位置

指定另一个角点:@190,8　　　//回车

单击“ ”按钮,按命令提示执行:

命令:_line

指定第一个点:　　　//左击190×8矩形的左面边线的中点

指定下一点或[放弃(U)]:　　　//左击190×8矩形的右面边线的中点

指定下一点或[放弃(U)]:　　　//右击确定

第十步

图7-12绘制步骤如下:

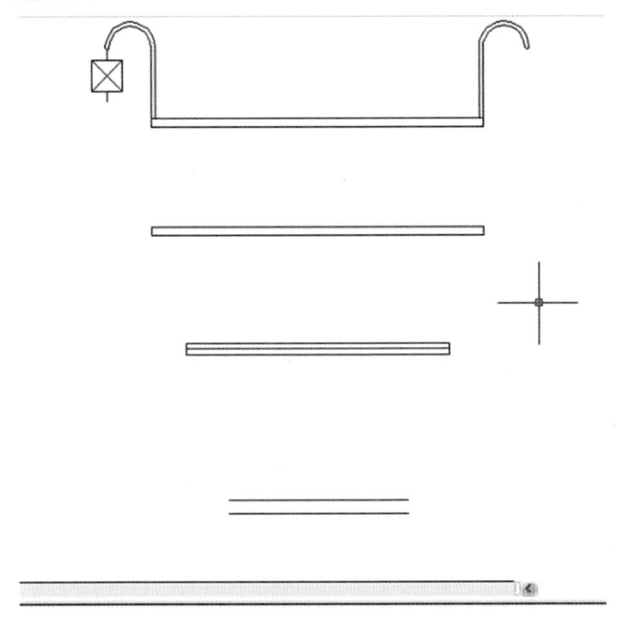

图7-12

单击“ ”按钮,按命令提示执行:

命令:_rectang

指定第一个角点:　　　//左击任意位置

指定另一个角点:@130,10　　　//回车

单击“移动”按钮,按命令行提示执行:

命令:_move

选择对象:　　　//左击130×10矩形

选择对象：　　//右击选定
指定基点或[位移(D)]<位移>：　　//左击130×10矩形的上面边线的中点
指定第二个点或<使用第一个点作为位移>：　　//左击构造线适当位置

单击“”按钮，按命令提示执行：

命令：_line
指定第一个点：　　//左击半圆边线的封口直线的中点
指定下一点或[放弃(U)]：(鼠标向正下方极轴移动)10　　//回车
指定下一点或[放弃(U)]：　　//右击确定

单击“”按钮，按命令提示执行：

命令：_rectang
指定第一个角点：　　//左击任意位置
指定另一个角点：@25,25　　//回车

单击“”按钮，按命令提示执行：

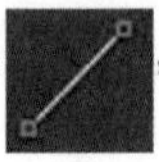

命令：_line
指定第一个点：　　//左击25×25矩形的左上角
指定下一点或[放弃(U)]：　　//左击25×25的右下角
指定下一点或[放弃(U)]：　　//右击确定

单击“”按钮，按命令提示执行：

命令：_line
指定第一个点：　　//左击25×25矩形的左下角
指定下一点或[放弃(U)]：　　//左击25×25的右上角
指定下一点或[放弃(U)]：　　//右击确定

单击“移动”按钮，按命令行提示执行：

命令：_move
选择对象：　　//框选25×25矩形以及其对角线
选择对象：　　//右击选定
指定基点或[位移(D)]<位移>：　　//左击25×25矩形的上面边线的中点
指定第二个点或<使用第一个点作为位移>：　　//左击长为10的直线的上端点

单击“”按钮，按命令提示执行：

命令：_line
指定第一个点：　　//左击25×25矩形的下面边线的中点
指定下一点或[放弃(U)]：(鼠标向正下方极轴移动)10　　//回车

指定下一点或[放弃(U)]:　　　//右击确定

第十一步

图 7-13 绘制步骤如下:

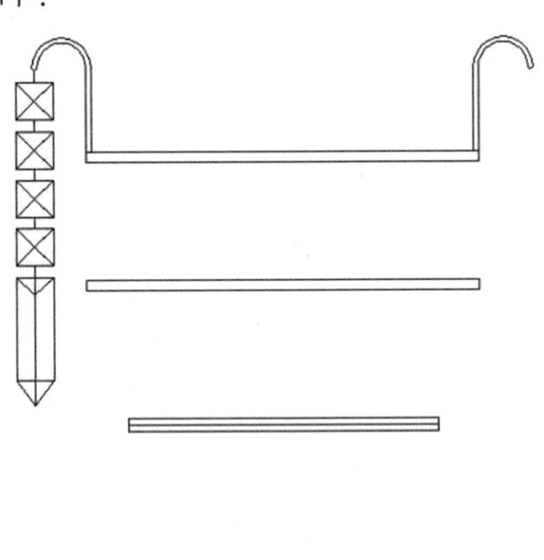

图 7-13

单击“复制”按钮,按命令行提示执行:

命令:_copy

选择对象:　　　//左击 25×25 矩形以及其对角线,下方的长为 10 的直线

选择对象:　　　//右击选定

当前设置:　复制模式 = 多个

指定基点或[位移(D)/模式(O)]<位移>:　　　//左击 25×25 矩形的上面边线的中点

指定第二个点或[阵列(A)]<使用第一个点作为位移>:　　　//左击长为 10 的直线的下端点

指定第二个点或[阵列(A)/退出(E)/放弃(U)]<退出>:　　　//右击确定

重复此步骤两次。

单击“ ”按钮,按命令提示执行:

命令:_rectang

指定第一个角点:　　　//左击任意位置

指定另一个角点:@25,70　　　//回车

单击“移动”按钮,按命令行提示执行:

命令:_move

选择对象：　　//左击 25×70 矩形
选择对象：　　//右击选定
指定基点或[位移(D)]<位移>：　　//左击 25×70 的上面边线的中点
指定第二个点或<使用第一个点作为位移>：　　//左击长为 10 的直线的下端点

单击“”按钮，按命令提示执行：

命令：_line
指定第一个点：　　//左击 25×70 矩形的上面边线的中点
指定下一点或[放弃(U)]：　　//鼠标移动到超过 25×70 矩形的下面边线的中点，左击
指定下一点或[放弃(U)]：　　//右击确定
右击选择“重复直线”，指定第一个点：　　//左击 25×70 矩形的左上角
指定下一点或[放弃(U)]：　　//鼠标向右下方移动(鼠标附近显示 315°)到 25×70 矩形的中轴线，左击
指定下一点或[放弃(U)]：　　//鼠标向右上方移动到 25×70 继续的右上角，左击
指定下一点或[放弃(U)]：　　//右击确定
右击选择“重复直线”，指定第一个点：　　//左击 25×70 矩形的左下角
指定下一点或[放弃(U)]：　　//鼠标向右下方移动(鼠标附近显示 315°)到 25×70 矩形的中轴线，左击
指定下一点或[放弃(U)]：　　//鼠标向右上方移动到 25×70 继续的右下角，左击
指定下一点或[放弃(U)]：　　//右击确定

第十二步

图 7-14 绘制步骤如下。

单击“”按钮，按命令行提示执行：

命令：_mirror
选择对象：　　//框选需要镜像的图形
选择对象：　　//右击选定
指定镜像线的第一点：　　//左击构造线
指定镜像线的第二点：　　//左击构造线另一点
要删除源对象吗？[是(Y)/否(N)]<N>：N

第十三步

图 7-15 绘制步骤如下：

单击“复制”按钮，按命令行提示执行：

命令：_copy

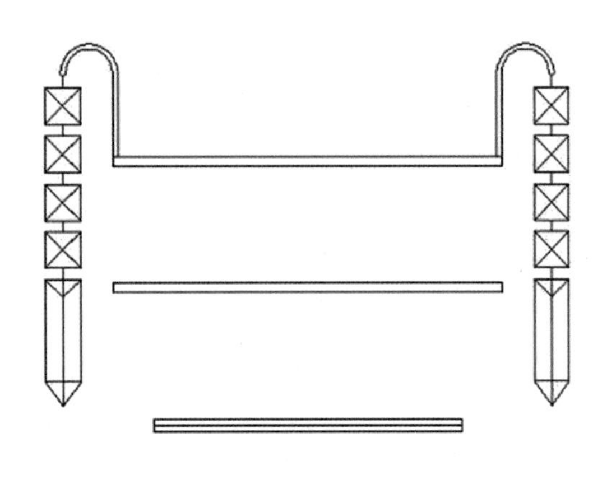

图 7-14

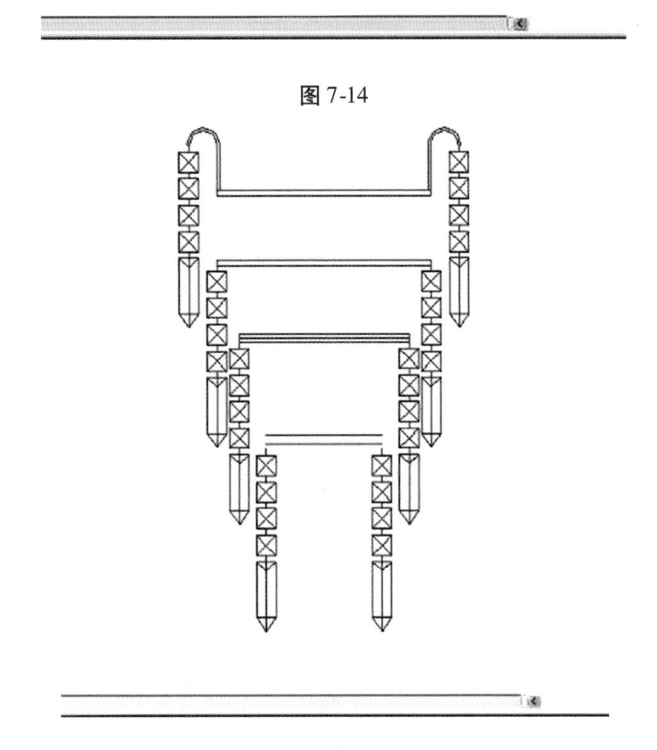

图 7-15

选择对象： //框选吊珠以及连接的直线

选择对象： //右击选定

当前设置： 复制模式 = 多个

指定基点或[位移(D)/模式(O)]<位移>： //左击最上面的长为 10 的直线上端点

指定第二个点或[阵列(A)]<使用第一个点作为位移>： //依次左击各矩形的

左下角

指定第二个点或[阵列(A)/退出(E)/放弃(U)]<退出>:　　//右击确定

单击" "按钮,按命令行提示执行:

命令:_mirror

选择对象:　　//框选需要镜像的图形

选择对象:　　//右击选定

指定镜像线的第一点:　　//左击构造线

指定镜像线的第二点:　　//左击构造线另一点

要删除源对象吗?[是(Y)/否(N)]<N>:N

第十四步

图7-16绘制步骤如下:

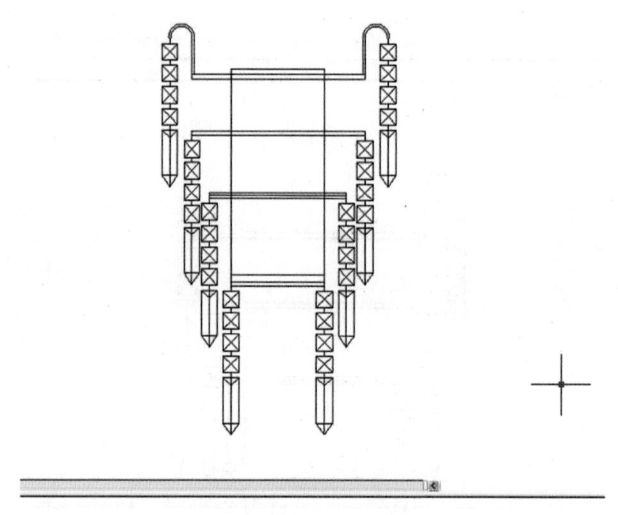

图7-16

单击" "按钮,按命令提示执行:

命令:_rectang

指定第一个角点:　　//左击任意位置

指定另一个角点:@130,290　　//回车

单击"移动"按钮,按命令行提示执行:

命令:_move

选择对象:　　//左击130×290矩形

选择对象:　　//右击选定

指定基点或[位移(D)]<位移>:　　//左击130×290矩形的下面边线的中点

指定第二个点或<使用第一个点作为位移>:　　//左击构造线的适当位置

第十五步

图7-17 绘制步骤如下：

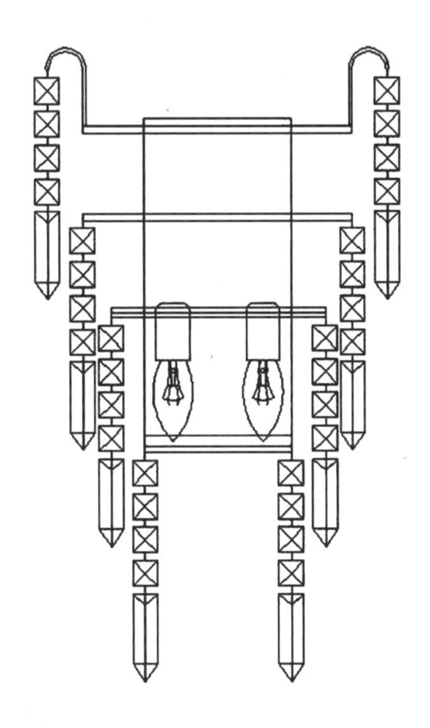

图7-17

单击“ ”按钮，按命令提示执行：

命令：_rectang

指定第一个角点或：　　　//左击任意位置

指定另一个角点或：@30,50

单击“ ”按钮，在命令行内输入R（回车），5（回车），依次左击30×50矩形的左面和上面边线，右击确定；再右击选择“重复圆角”，依次左击30×50矩形的右面和上面边线，右击确定。

单击“ ”按钮，在30×50矩形的下面边线的适当位置左击，在命令行内输入A（回车），在上一步绘制的构造线上适当位置左击，右击确定；再左击选择弧线，在弧线的中间蓝色方点时左击，方点变红色后向左移动鼠标的适当位置，左击；完成灯泡。

单击“镜像”按钮，左击选择弧线，右击选定，前后两次左击上一步绘制的构造线的不同位置，右击确定。

单击“ ”按钮，在灯泡内绘制灯丝，左击选择灯丝，再单击“ByBlock”里面的三角符号，选择红色。

单击"移动"按钮，按命令行提示执行：

命令：_move

选择对象：　　//框选灯泡

选择对象：　　//右击选定

指定基点或[位移(D)] <位移>：　　//左击 30×50 矩形的上面边线的中点

指定第二个点或 <使用第一个点作为位移>：　　//左击适当位置

单击" "按钮，按命令行提示执行；

命令：_mirror

选择对象：　　//框选灯泡

选择对象：　　//右击选定

指定镜像线的第一点：　　//左击构造线

指定镜像线的第二点：　　//左击构造线另一点

要删除源对象吗？[是(Y)/否(N)] <N>：N

第十六步

图 7-18 绘制步骤如下：

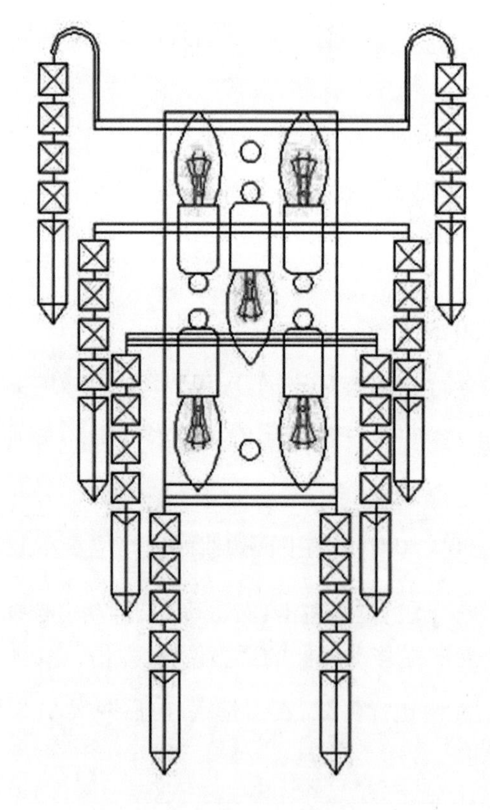

图 7-18

单击“ ”按钮，在 130×290 矩形的左右两条边线的适当位置，绘制一条横向直线，

单击“ ”按钮，按命令行提示执行：

命令：_mirror

选择对象： //框选两个灯泡

选择对象： //右击选定

指定镜像线的第一点： //左击绘制的直线

指定镜像线的第二点： //左击绘制的直线的另一点

要删除源对象吗？［是(Y)/否(N)］<N>：N

单击“ 两点 ”按钮，按命令行提示执行：

命令：_circle

指定圆的圆心或［三点(3P)/两点(2P)/切点、切点、半径(T)］：2p

指定圆直径的第一个端点： //左击第一个灯泡的矩形上面边线的中点

指定圆直径的第二个端点： //左击此点的正上方适当位置

单击“ ”按钮，按命令行提示执行：

命令：_mirror

选择对象： //左击选择两点创建的圆

选择对象： //右击选定

指定镜像线的第一点： //左击构造线

指定镜像线的第二点： //左击构造线的另一点

要删除源对象吗？［是(Y)/否(N)］<N>：N

单击“ ”按钮，按命令行提示执行：

命令：_mirror

选择对象： //左击两个两点创建的圆

选择对象： //右击选定

指定镜像线的第一点： //左击绘制的直线

指定镜像线的第二点： //左击绘制的直线的另一点

要删除源对象吗？［是(Y)/否(N)］<N>：N

单击“ 复制 ”按钮，按命令行提示执行：

命令：_copy

选择对象： //框选第一个灯泡

选择对象： //右击选定

当前设置： 复制模式 = 多个

指定基点或［位移(D)/模式(O)］<位移>： //单击第一个灯泡的矩形上面边线

的中点

指定第二个点或[阵列(A)]<使用第一个点作为位移>：　　//左击构造线上的适当位置

指定第二个点或[阵列(A)/退出(E)/放弃(U)]<退出>：　　//右击确定

右击选择“重复复制”：

选择对象：　　//左击左侧的两个两点创建的圆

选择对象：　　//右击选定

当前设置：复制模式 = 多个

指定基点或[位移(D)/模式(O)]<位移>：　　//左击下面圆的下面的象限点

指定第二个点或[阵列(A)]<使用第一个点作为位移>：　　//左击构造线上的灯泡的矩形的上面边线的中点

指定第二个点或[阵列(A)/退出(E)/放弃(U)]<退出>：　　//右击确定

重复复制一个圆在构造线上。

第十七步

图 7-19 绘制步骤如下：

单击“ ”按钮，按命令行提示执行：

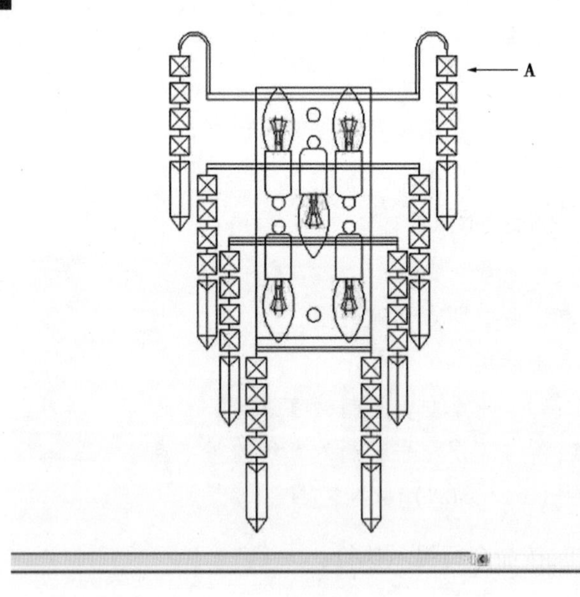

图 7-19

命令：_pline

指定起点：　　//左击水晶吊珠的右侧适当位置

当前线宽为 0.0000

指定下一个点或[圆弧(A)/半宽(H)/长度(L)/放弃(U)/宽度(W)]：w

指定起点宽度 <0.0000 >:0

指定端点宽度 <0.0000 >:5

指定下一个点或[圆弧(A)/半宽(H)/长度(L)/放弃(U)/宽度(W)]:　　　//左击

指定下一点或[圆弧(A)/闭合(C)/半宽(H)/长度(L)/放弃(U)/宽度(W)]:w

指定起点宽度 <5.0000 >:0

指定端点宽度 <0.0000 >:0

指定下一点或[圆弧(A)/闭合(C)/半宽(H)/长度(L)/放弃(U)/宽度(W)]:
//左击

指定下一点或[圆弧(A)/闭合(C)/半宽(H)/长度(L)/放弃(U)/宽度(W)]:
//右击确定

单击“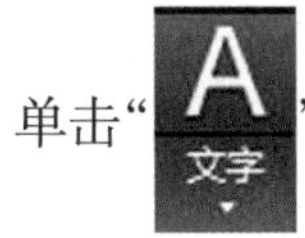

”按钮,依次左击,确定文字输入的位置,再输入文字,完成。

第十八步

图 7-20 绘制步骤如下:

重复图 7-19 绘制步骤,绘制箭头与标注文字。

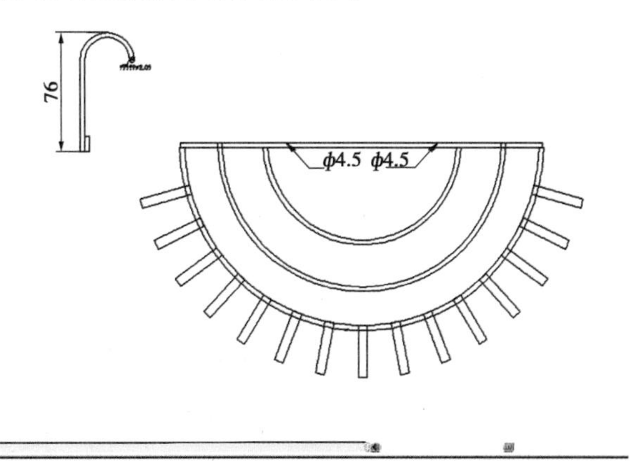

图 7-20

单击“”按钮,按命令行提示执行:

命令:_dimlinear

指定第一个尺寸界线原点或 <选择对象>:　　　//左击直径为 32 的半圆的上面的象限点

指定第二条尺寸界线原点:　　　//左击长为 60 的直线的下端点

指定尺寸线位置或[多行文字(M)/文字(T)/角度(A)/水平(H)/垂直(V)/旋转(R)]:　　　//左击确定

标注文字 =76

第十九步

图 7-21 绘制步骤如下：

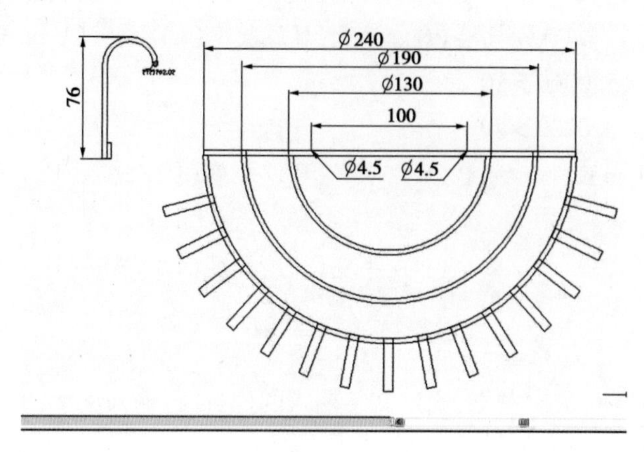

图 7-21

单击“ ”按钮，依次标注，单击“ ”按钮，分解标注线与文字；删除文字。

单击“ ”按钮，标注圆弧，单击“ ”按钮，分解标注线与文字，把圆弧的标注文字移动到线性标注上面。

第二十步

图 7-22 绘制步骤如下：

单击“ ”按钮，一一标注。

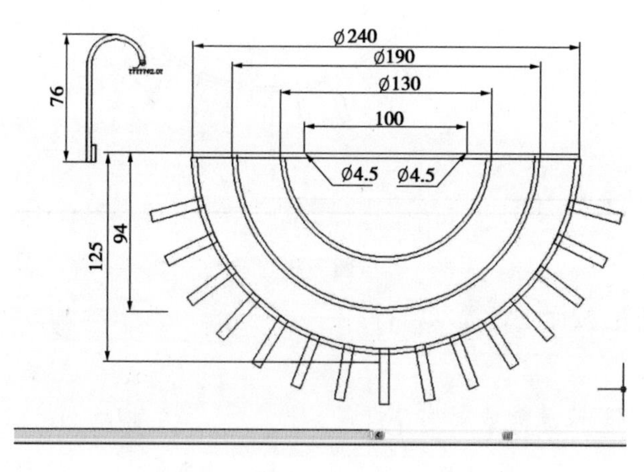

图 7-22

第二十一步

图 7-23 绘制步骤同图 7-19。

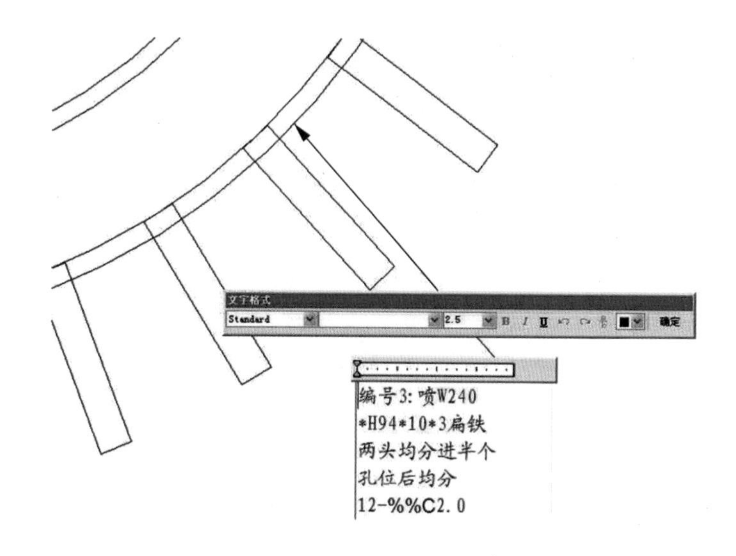

图 7-23

第二十二步

图 7-24 绘制步骤同前。

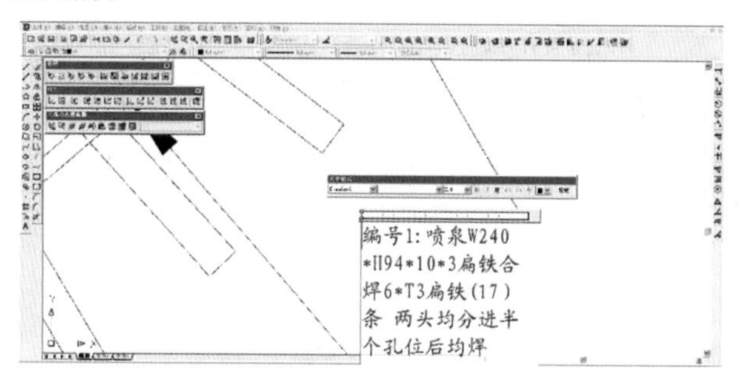

图 7-24

第二十三步

图 7-25 绘制步骤同前。

第二十四步

图 7-26 绘制步骤同前。结果如图 7-27 所示。

第二十五步

图 7-28 绘制步骤如下：

选择 "按钮，绘制适当大小的矩形边框。

单击" "按钮，分解矩形。

单击" "按钮，一一偏移矩形的边线。

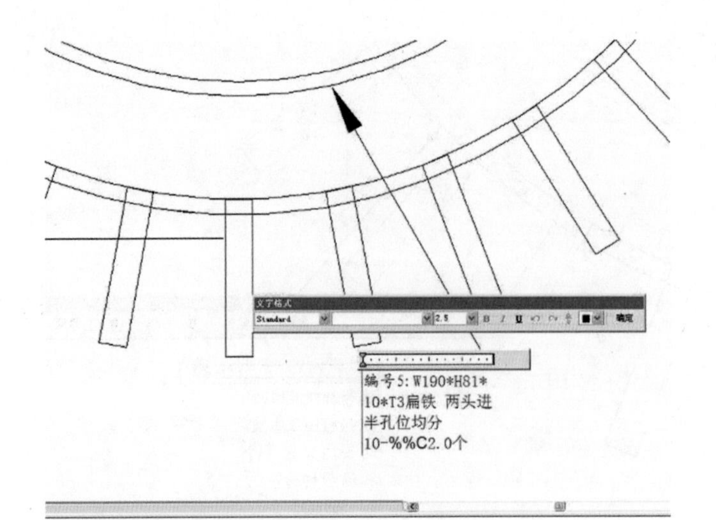

图 7-25

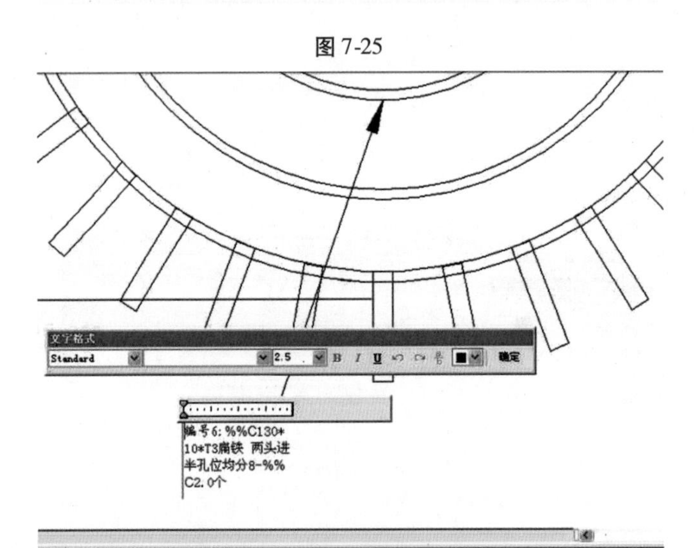

图 7-26

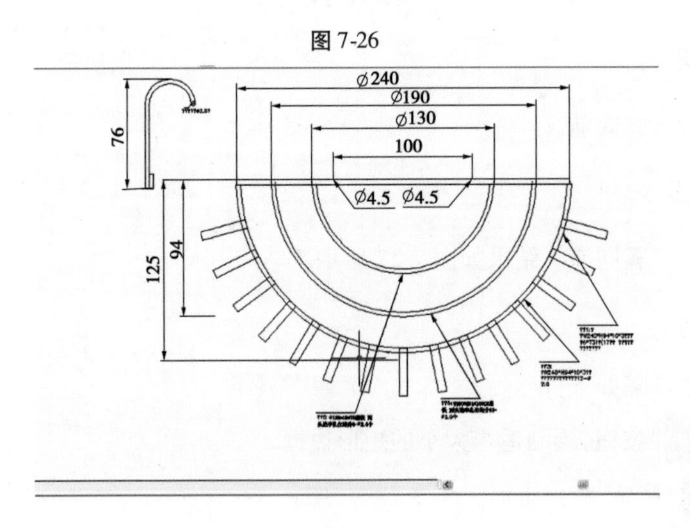

图 7-27

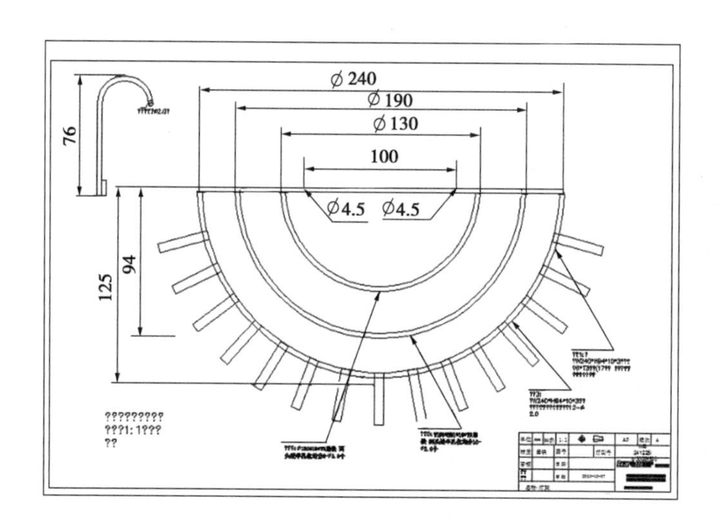

图 7-28

单击" "按钮,修剪掉所有多余的线段。

单击"文字"按钮,两次左击,确定文字输入的位置,再输入文字,完成。

第二十六步

图 7-29 绘制步骤如下:

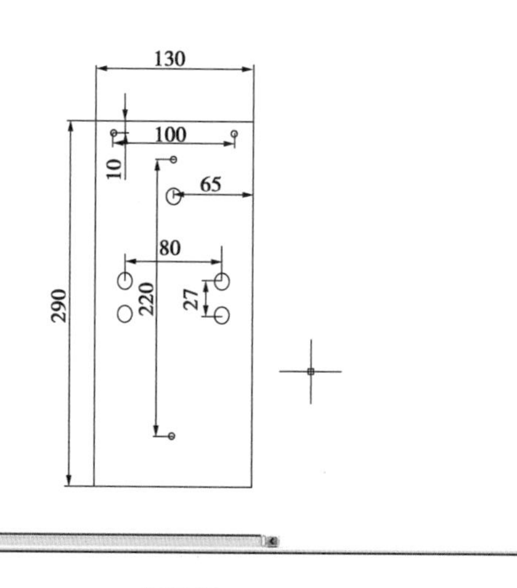

图 7-29

单击" "按钮,按命令提示执行:

命令:_rectang

指定第一个角点:　　　　//左击任意位置

指定另一个角点:@130,290　　　　//回车

单击" "按钮,按命令行提示执行:

命令:_xline

指定点或[水平(H)/垂直(V)/角度(A)/二等分(B)/偏移(O)]:
指定通过点:　　　//左击 130×290 矩形的上面边线的中点
指定通过点:　　　//左击 130×290 矩形的下面边线的中点
单击“ ”按钮,分解矩形。
单击“ ”按钮,按命令提示执行:
命令:_line
指定第一个点:　　　//左击 130×290 矩形的上面边线的中点
指定下一点或[放弃(U)]:　　　//鼠标移动到 130×290 矩形的下面边线的中点,左击
指定下一点或[放弃(U)]:　　　//右击确定
单击“ ”按钮,130×290 矩形的左右两边线均向内偏移 15 和 25,上边线向下偏移 10,上下边线均偏移 35,中线向上和向下偏移 13.5。
单击“ ”按钮,在左上角的偏移了 15 和 10 后得到的直线的交点处,绘制比较小的适当大小的矩形,再单击“ ”按钮,镜像到右边。
在偏移了的中线和偏移了 25 的左右两边线的交点处,绘制适当大小的圆。
单击“复制”按钮,在偏移了 35 后得到的直线(上下)与构造线的交点处,复制比较小的圆;在相应位置,再复制比较大的圆。
删除偏移得到的直线。

第二十七步

图 7-30 绘制步骤如下:
单击“移动”按钮,将各图移动到相应位置。

第二十八步

图 7-31 绘制步骤如下:
单击“ ”按钮,绘制矩形边框。
单击“ ”按钮,分解矩形。
单击“ ”按钮,一一偏移矩形的边线。
单击“ ”按钮,修剪掉所有多余的线段。
单击“复制”按钮,复制相应图形。
单击“ ”按钮,绘制箭头。
单击“A 文字”按钮,两次左击,确定文字输入的位置,再输入文字,完成。

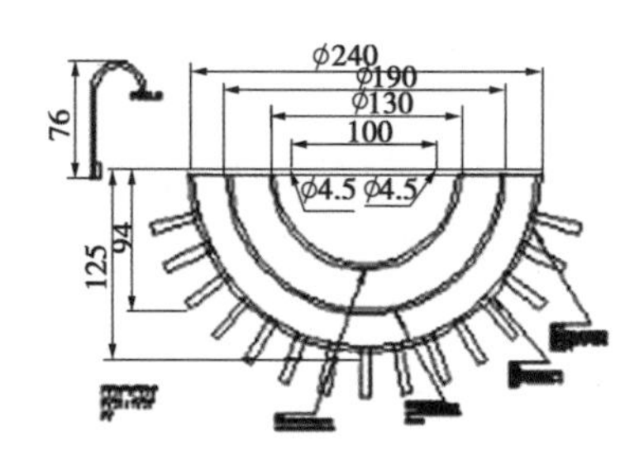

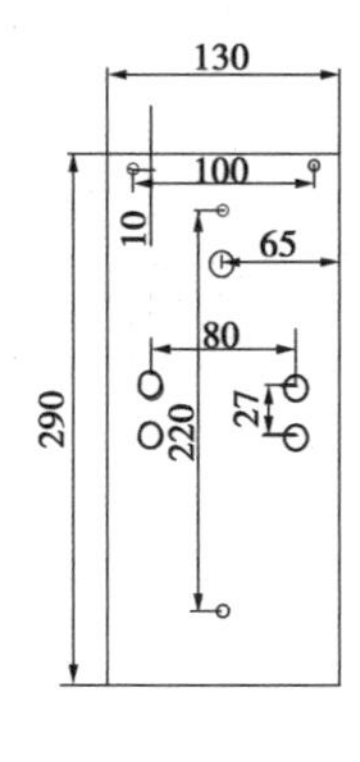

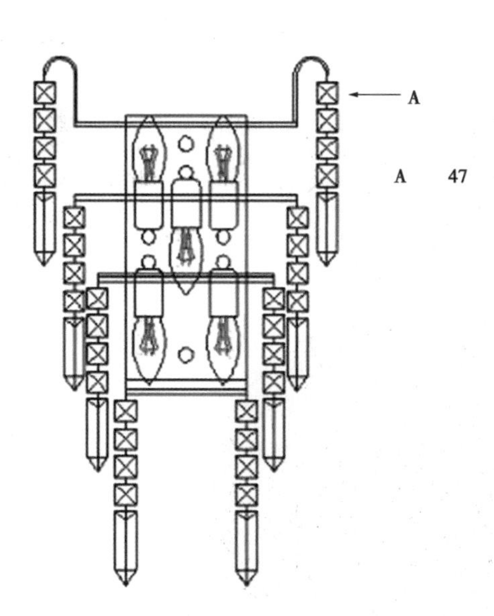

图 7-30

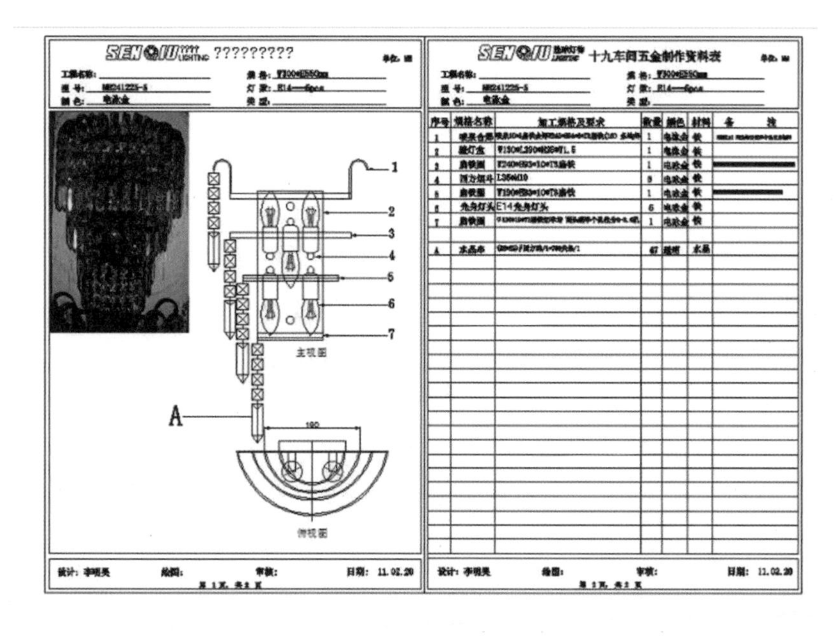

SEN QIU LIGHTING ?????????

单位：[illegible]

规格：W300*H550mm
型号：[illegible]
灯数：E14—6pcs
颜色：电泳金

设计：李明昊　绘图：　审核：　日期：11.02.20

第1页，共2页

SEN QIU LIGHTING 十九车间五金制作资料表

单位：[illegible]

规格：W300*H550mm
型号：[illegible]
灯数：E14—6pcs
颜色：电泳金

序号	规格名称	加工规格及要求	数量	颜色	材料	备注
1	[illegible]	[illegible]	1	电泳金	铁	[illegible]
2	装灯盒	W150*L290*H26*T1.5	1	电泳金	铁	
3	扁铁圈	W240*H93*10*T3扁铁	1	电泳金	铁	
4	四方烟斗	L36*M10	[illegible]	电泳金	铁	
5	扁铁圈	W190*H93*10*T3扁铁	1	电泳金	铁	
6	尖角灯头	E14尖角灯头	6	电泳金	铁	
7	扁铁圈	[illegible]	1	电泳金	铁	
A	水晶串	[illegible]	47	透明	水晶	

设计：李明昊　绘图：　审核：　日期：11.02.20

第1页，共2页

图 7-31

第八章　灯具模型制作实例(四)

该练习用 CAD 完成一盏吊灯的绘制,其基本尺寸如图 8-1 所示。

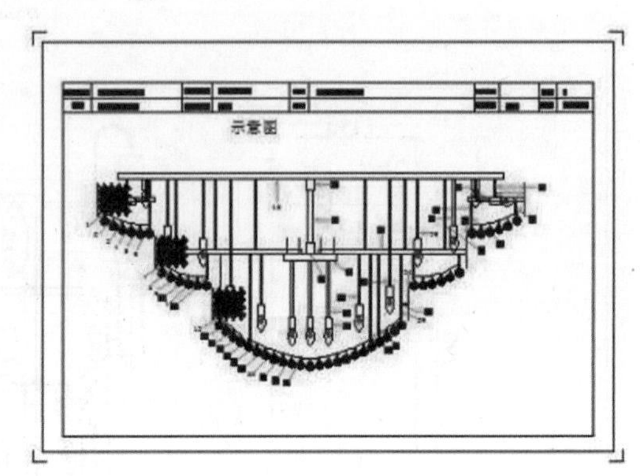

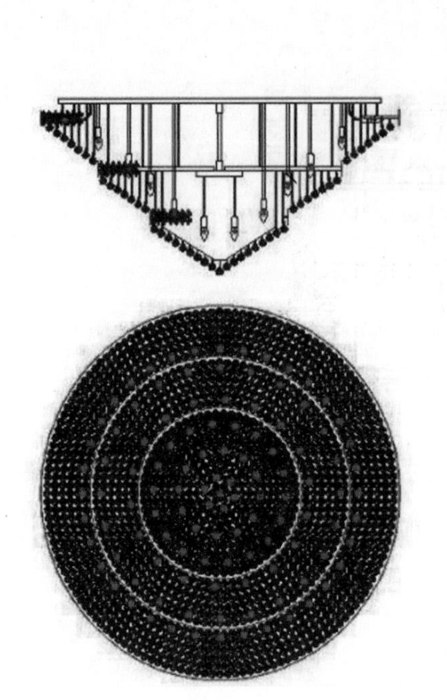

图 8-1

通过此练习可以掌握矩形,圆形,构造线,多段线,样条曲线的绘制与线性,直径、文字的标注,也可以掌握图形的移动、复制、分解、镜像、偏移、修剪、阵列等基本功能。

第一步

图 8-2 绘制步骤如下:

单击“”按钮,按命令提示执行:

命令:_rectang

指定第一个角点:　　　　//左击任意位置

指定另一个角点:@1800,20

第二步

图 8-3 绘制步骤如下:

单击“”按钮:依次左击 1800×20 矩形的上下边线的中点,右击确定;左击选择构造线,再单击“ByBlock”里面的三角符号,选择蓝色,再单击

图 8-2

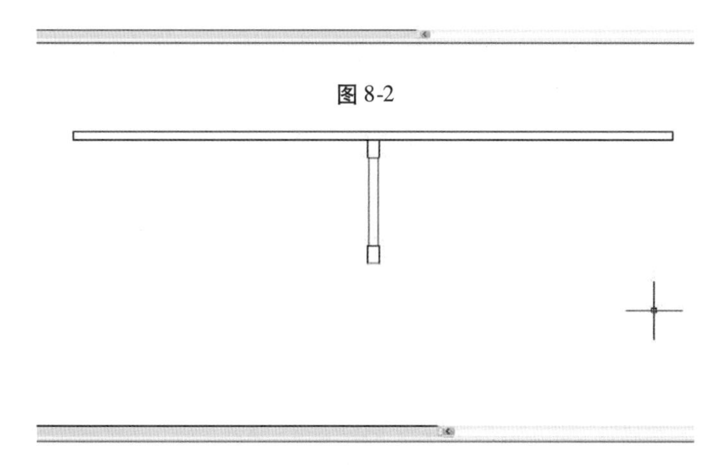

图 8-3

“ByBlock”里面的三角符号，选择点划线线型。

单击“”按钮，按命令提示执行：

命令：_rectang

指定第一个角点或：　　//左击任意位置

指定另一个角点或：@25,40

单击“移动”按钮，左击选择 25×40 矩形，右击确定，左击 25×40 矩形的上面边线的中点，鼠标移动到 1800×20 矩形的下面边线与构造线的交点，左击，再右击确定。

单击“”按钮，按命令提示执行：

命令：_rectang

指定第一个角点或：　　//左击任意位置

指定另一个角点或：@20,250

单击“移动”按钮，左击选择 20×250 矩形，右击确定，左击 20×250 矩形的上面边线的中点，鼠标移动到 25×40 矩形的下面边线与构造线的交点，左击，再右击确定。

单击“复制”按钮，左击选择 25×40 矩形，右击选定，左击 25×40 矩形的上面边线的中点，鼠标移动到 20×250 矩形的下面边线与构造线的交点，左击，再右击确定。

第三步

图 8-4 绘制步骤如下：

单击“”按钮，按命令行提示执行：

命令：_offset

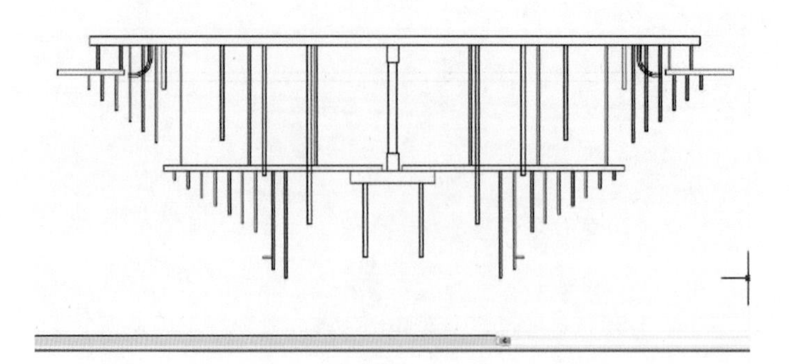

图 8-4

指定偏移距离:250

选择要偏移的对象:　　　//左击构造线

指定要偏移的那一侧上的点:　　　//左击构造线左侧

选择要偏移的对象:　　　//右击确定

单击“ ”按钮,按命令行提示执行:

命令:_offset

指定偏移距离:200

选择要偏移的对象:　　　//左击偏移 250 后的构造线

指定要偏移的那一侧上的点:　　　//左击偏移 250 后的构造线左侧

选择要偏移的对象:　　　//左击偏移 200 后的构造线

指定要偏移的那一侧上的点:　　　//左击偏移 200 后的构造线左侧

选择要偏移的对象:　　　右击确定

单击“ ”按钮,按命令行提示执行:

命令:_offset

指定偏移距离:70

选择要偏移的对象:　　　//左击第二条偏移 200 后的构造线

指定要偏移的那一侧上的点:　　　//左击第二条偏移 200 后的构造线左侧

选择要偏移的对象:　　　//右击确定

单击“ ”按钮,按命令行提示执行:

命令:_offset

指定偏移距离:　35

选择要偏移的对象:　　　//左击偏移 70 后的构造线

指定要偏移的那一侧上的点:　　　//左击偏移 70 后的构造线左侧

选择要偏移的对象:　　　//左击第一条偏移 35 后的构造线

指定要偏移的那一侧上的点:　　　//左击第一条偏移 35 后的构造线左侧,共 7 条相间距离为 35 的构造线

选择要偏移的对象:　　　//右击确定

单击“ ”按钮,按命令提示执行:

命令:_rectang

指定第一个角点或:　　　//左击任意位置

指定另一个角点或:@5,318

单击“复制”按钮,左击选择5×318矩形,右击确定,左击5×318矩形的上面边线的中点,鼠标移动到1800×20矩形的下面边线与各构造线的交点,左击,再右击确定。

单击“ ”按钮,按命令提示执行:

命令:_rectang

指定第一个角点或:　　　//左击任意位置

指定另一个角点或: @670,12

单击“移动”按钮,左击选择670×12矩形,右击确定,左击670×12矩形的右下角,鼠标移动到靠近下面的25×40矩形的左下角左击,再右击确定。

单击打开“ ”按钮,并左击右边的三角符号,显示如下: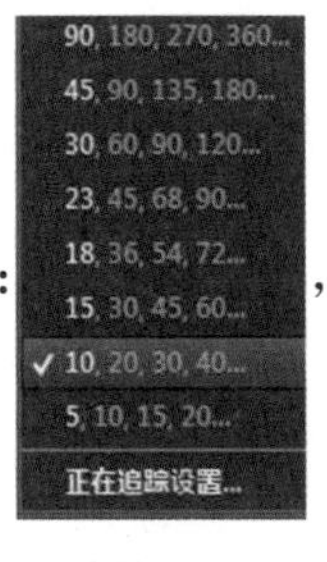

,勾选10°。

单击“ ”按钮,左击从右边数起,第一个相间距离为35的矩形的左面边线的靠下适当位置,鼠标移动到此点的左上方,延伸到最左面的5×318矩形的左面边线(鼠标附近显示150°时)左击。

单击“ ”按钮,左击150°斜线与5×318矩形的左面边线的交点,鼠标移动到5×318矩形的右面边线(鼠标附近显示“垂足”时)左击,右击确定;对所有与斜线相交的5×318矩形重复以上步骤。

单击“ ”按钮,框选所有与斜线相交的5×318矩形(包括斜线),右击选定,依次左击需要修剪的 2×318矩形的线段,最后右击确定。

单击“ ”按钮,按命令提示执行:

命令:_rectang

指定第一个角点或:　　　//左击任意位置

指定另一个角点或: @200,12

单击“移动”按钮,左击选择200×12矩形,右击确定,左击200×12矩形的左面边线的中点,鼠标移动到从右边数起第三到第四个5×318矩形之间的适当位置左击,再右击确定。

单击 “ ”按钮,框选所有与200×12矩形相交的矩形(包括200×12矩形),右击选定,再一一修剪200×12矩形与1800×20矩形之间多余的矩形线段,最后右击确定。

单击“ ”按钮,按命令提示执行:

命令:_rectang

指定第一个角点或:　　　//左击任意位置

指定另一个角点或: @5,150

单击“移动”按钮,左击选择5×150矩形,右击确定,左击5×150矩形的上面边线的中点,鼠标移动 200×12 矩形的上面对应的 1800×20 矩形下面边线的位置时左击,再右击确定。

单击"复制"按钮,左击选择 5×150 矩形,右击确定,左击 5×150 矩形的上面边线的中点,鼠标移动 200×12 矩形的上面对应的 1800×20 矩形下面边线的位置时左击,再右击确定。

单击""按钮,在 200×12 矩形的右面三个矩形间绘制一横一竖的适当长度的线段,再单击""按钮,在命令行内输入 R(回车),35(回车),左击一横一竖两条线段,右击确定。

单击""按钮,按命令行提示执行:

命令:_offset

指定偏移距离:10

选择要偏移的对象:　　　//左击一横一竖两条线段

指定要偏移的那一侧上的点:　　　//左击一横一竖两条线段左侧

选择要偏移的对象:　　　//右击确定

单击"复制"按钮,框选所有被修剪过的 5×318 矩形,左击最左边的矩形的左面边线的适当位置,鼠标移动到 670×12 矩形的下面边线的适当位置左击,右击确定。

单击 ""按钮,框选上一步复制得到的所有矩形与 670×12 矩形,右击选定,再一一修剪 670×12 矩形的下面边线以上的多余的矩形线段,右击确定。

单击""按钮,按命令提示执行:

命令:_rectang

指定第一个角点或:　　　//左击任意位置

指定另一个角点或:@10,125

单击"移动"按钮,左击选择 10×125 矩形,右击确定,左击 10×125 矩形的上面边线的中点,鼠标移动到距离为 70 的两条构造线之间对应的 1800×20 矩形下面边线的适当位置左击,再右击确定。

单击""按钮,按命令提示执行:

命令:_rectang

指定第一个角点或:　　　//左击任意位置

指定另一个角点或:@10,230

单击"移动"按钮,左击选择 10×230 矩形,右击确定,左击 10×230 矩形的上面边线的中点,鼠标移动到左边的距离为 200 的两条构造线之间对应的 1800×20 矩形下面边线的适当位置左击,再右击确定。

单击""按钮,按命令提示执行:

命令:_rectang

指定第一个角点或:　　　//左击任意位置

指定另一个角点或:@10,350

单击"移动"按钮,左击选择 10×350 矩形,右击确定,左击 10×350 矩形的上面边线的中点,鼠标移动到右边的距离为 200 的两条构造线之间对应的 1800×20 矩形下面边线的适当位置左击,再右击确定。

单击"▬"按钮,按命令提示执行:

命令:_rectang

指定第一个角点或:　　　　//左击任意位置

指定另一个角点或:@10,440

单击"移动"按钮,左击选择10×440矩形,右击确定,左击10×440矩形的上面边线的中点,鼠标移动到右边的距离为200的两条构造线之间对应的1800×20矩形下面边线的适当位置左击,再右击确定。

单击"▬"按钮,按命令提示执行:

命令:_rectang

指定第一个角点或:　　　　//左击任意位置

指定另一个角点或:@200,30

单击"移动"按钮,左击选择200×30矩形,右击确定,左击200×30矩形的上面边线的中点,鼠标移动到下面的25×40下面边线的中点,左击,再右击确定。

单击"▬"按钮,按命令提示执行:

命令:_rectang

指定第一个角点或:　　　　//左击任意位置

指定另一个角点或:@5,200

单击"移动"按钮,左击选择5×200矩形,右击确定,左击5×200矩形的上面边线的中点,鼠标移动到200×30矩形的下面边线的适当位置,左击,再右击确定。

单击"▬"按钮,按命令提示执行:

命令:_rectang

指定第一个角点或:　　　　//左击任意位置

指定另一个角点或:@5,220

单击"移动"按钮,左击选择5×220矩形,右击确定,左击5×220矩形的上面边线的中点,鼠标移动到670×12矩形的下面边线的适当位置,左击,再右击确定。

单击"▬"按钮,按命令提示执行:

命令:_rectang

指定第一个角点或:　　　　//左击任意位置

指定另一个角点或:@5,250

单击"移动"按钮,左击选择5×250矩形,右击确定,左击5×250矩形的上面边线的中点,鼠标移动到670×12矩形的下面边线的适当位置,左击,再右击确定。

单击"▬"按钮,按命令提示执行:

命令:_rectang

指定第一个角点或:　　　　//左击任意位置

指定另一个角点或:@25,5

单击"移动"按钮,左击选择25×5矩形,右击确定,左击25×5矩形的右面边线的中点,鼠标移动到5×220矩形的左面边线的靠下的适当位置,左击,再右击确定。

单击"镜像"按钮,框选所有需要镜像的形体,右击选定,前后两次左击第一条构造线的不同位置,右击确定。

第四步

图 8-5 绘制步骤如下:

单击"▭"按钮,按命令提示执行:

命令:_rectang

指定第一个角点或:　　　//左击任意位置

指定另一个角点或:@2,6

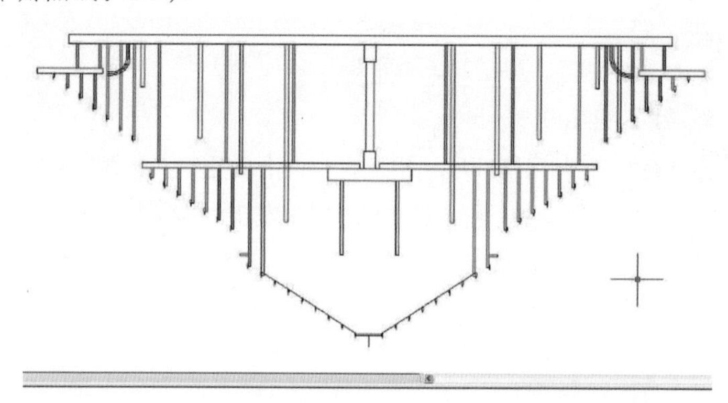

图 8-5

单击"╱"按钮,左击 2×6 矩形的 1 下面边线的中点,鼠标向正下方移动,在命令行内输入 5(回车),右击确定。

单击"复制"按钮,左击选择 2×6 矩形和长为 5 的线段,右击确定,左击 2×6 矩形的右下角,鼠标依次移动到在构造线的左边每一个被修剪过的 5×318 矩形的左下角左击,最后再右击确定。

单击"↗"按钮,在 5×250 矩形的左面边线左击两次,绘制构造线。

单击"⊿"按钮,按命令行提示执行:

命令:_offset

指定偏移距离:45

选择要偏移的对象:　　　//左击上一步绘制的构造线

指定要偏移的那一侧上的点:　　　//左击上一步绘制的构造线右侧,共连续偏移 7 次

选择要偏移的对象:　　　//右击确定

单击"╱"按钮,左击 5×250 矩形左下方 2×6 矩形的右上角,鼠标向此点的右下方移动,直到与上面偏移第七次得到构造线相交(而鼠标附近又显示 330°时)左击,右击确定。

单击"╱"按钮,在任意位置绘制的 2×6 矩形的上面边线左击,鼠标向正上方移动,在命令行内输入 2(回车)。

单击"复制"按钮,左击选择 2×6 矩形、长为 2 的线段和长为 5 的线段,右击选定,左击长为 2 的线段的上端点,鼠标依次移动到在上面绘制和偏移得到的构造线与斜线的交点,左击,最后再右击确定。

单击“ ”按钮，左击偏移第七次得到构造线上的 2 ×6 矩形的右面边线的适当位置，鼠标移动到最初的第一条构造线的适当位置，左击，右击确定，完成矩形绘制。

单击“ ”按钮，左击选择上一步绘制的矩形，右击确定。

单击“镜像”按钮，框选所绘制的形体，右击选定，前后两次左击第一条构造线的不同位置，右击确定。

单击“ ”按钮，在第一条构造线上最下面的矩形的中点左击，鼠标向正下方移动，在命令行内输入 35（回车），右击确定。

第五步

图 8-6 需绘制的图形放大后如下：

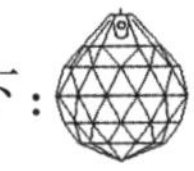

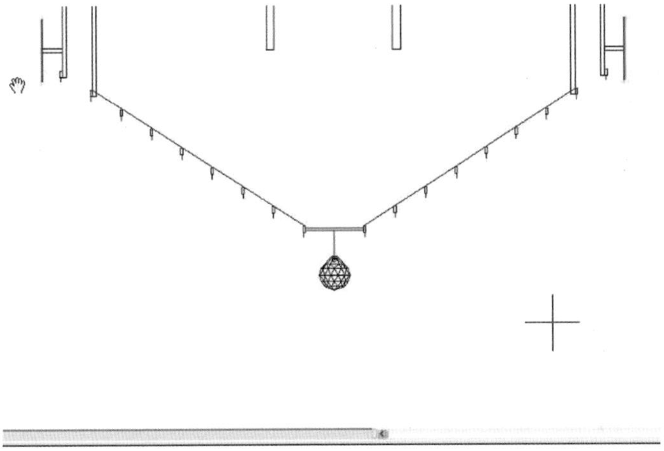

图 8-6

单击“ ”按钮，在任意位置左击，鼠标向正下方移动，在命令行内输入 43（回车），右击确定。

右击选择“重复执行”，在长为 43 线段的中点偏下左击，鼠标向正左方移动，在命令行内输入 15（回车），右击确定。

右击选择“重复执行”，在长为 43 的线段上，在长为 15 线段的上方适当位置左击，鼠标向正左方移动，在命令行内输入 14（回车），右击确定。

右击选择“重复执行”，在长为 43 的线段上，在长为 14 的线段上方适当位置左击，鼠标向正左方移动，在命令行内输入 12（回车），右击确定。

右击选择“重复执行”，在长为 43 线段的上面端点左击，鼠标向正左方移动，在命令行内输入 2. 5（回车），右击确定。

单击“镜像”按钮，左击选择长为 14、12 的线段，右击选定，再依次左击长为 15 的线段的两端，右击确定。

单击“ ”按钮，依次绘制直线把上面绘制的长为 2. 5、12、14、15、14、12 的左端点连接起来，最后把下面的长为 12 线段的左端点与长为 43 线段的下面端点连接起来。

单击"镜像"按钮，左击选择长为2.5、12、14、15、14、12的线段，右击选定，在依次左击长为43线段的两端，右击确定。

单击"╱"按钮，一一绘制水晶体的棱。

单击"◎"按钮，在水晶吊珠上绘制适当大小的圆。

单击"╱"按钮，在第一条构造线的左边，上一步绘制的圆的外围绘制一横一竖的线段，再完成两线段端点圆角。

单击"移动"按钮，框选水晶体，右击选定，左击长为2.5线段的右端点，鼠标移动到在第一条构造线上的最下面的长为35的线段下端点左击，右击确定。

单击"▭"按钮，按命令提示执行：

命令：_rectang

指定第一个角点或：　　　//左击任意位置

指定另一个角点或：@2,80

单击"移动"按钮，左击选择2×80矩形，右击确定，左击2×80矩形的右面边线的中点，鼠标移动到25×5矩形（第一条构造线的左侧）的左面边线的中点左击，再右击确定。

单击"复制"按钮，左击选择2×80矩形，右击确定，左击2×80矩形的左面边线的中点，鼠标移动到25×5矩形（第一条构造线右侧）的左面边线的中点左击，再右击确定。

第六步

图8-7绘制步骤如下：

单击"复制"按钮，左击框选水晶吊珠，右击选定，左击长为2.5的线段的右端点，鼠标依次移动到在上面绘制和偏移得到的构造线与斜线的交点左击，最后再右击确定。

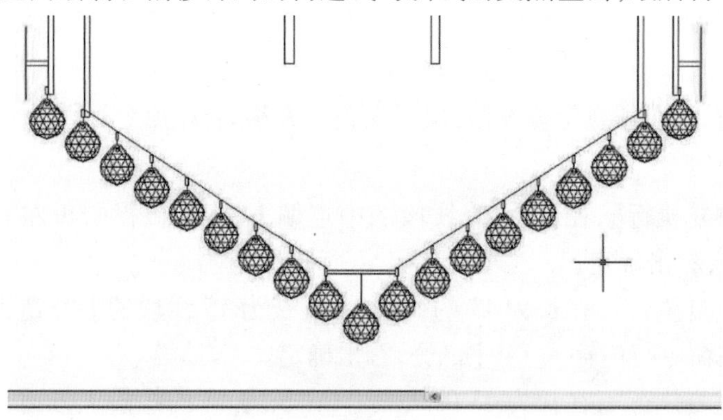

图8-7

第七步

图8-8绘制步骤如下：

单击"复制"按钮，左击框选水晶吊珠，右击选定，左击长为2.5的线段的右端点，鼠标依次移动到各2×6矩形下面的长为5的线段下端点左击，最后右击确定。

单击"复制"按钮，左击选择2×80矩形（红色），右击选定，左击2×80矩形右面边线

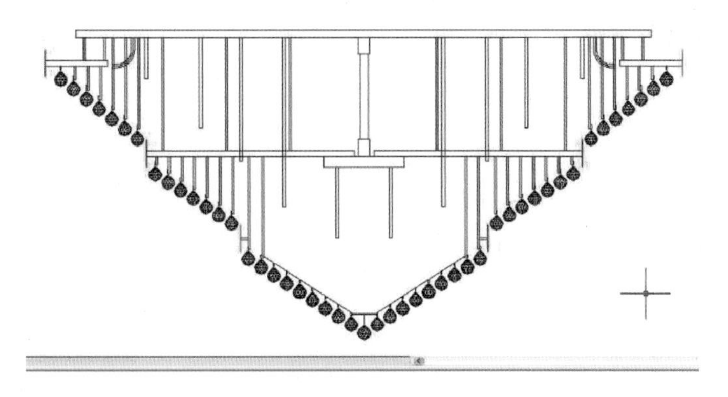

图 8-8

的中点,鼠标依次移动到各 670 ×12 矩形和 200 ×12 矩形(第一条构造线左边)的左面边线的中点左击,最后再右击确定。

单击“复制”按钮,左击选择 2 ×80 矩形(红色),右击选定,左击 2 ×80 矩形左面边线的中点,鼠标依次移动到各 670 ×12 矩形和 200 ×12 矩形(第一条构造线右边)的左面边线的中点左击,最后右击确定。

第八步

图 8-9 绘制步骤如下:

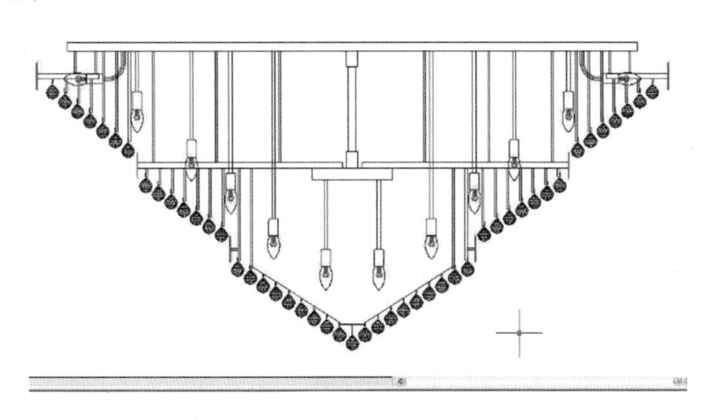

图 8-9

单击“ ”按钮,按命令提示执行:

命令:_rectang

指定第一个角点或:　　　//左击任意位置

指定另一个角点或:@30,50

单击“ ”按钮,在命令行内输入 R(回车),5(回车),依次左击 30 ×50 矩形的左面和上面边线,右击确定;再右击选择“重复圆角”,依次左击 30 ×50 矩形的右面和上面边线,右击确定。

单击“ ”按钮,依次左击 30 ×50 矩形的上下边线的中点;右击确定,左击选择构造线,再单击“ByBlock”里面的三角符号,选择蓝色,再单击

“ByBlock”里面的三角符号，选择点划线线型。

单击“”按钮，在 30×50 矩形的下面边线的适当位置左击，在命令行内输入 A（回车），在上一步绘制的构造线上适当位置左击，右击确定；再左击选择弧线，在弧线的中间蓝色方点处左击，方点变红色后向左移动鼠标的适当位置左击，完成灯泡。

单击“镜像”按钮，左击选择弧线，右击选定，前后两次左击上一步绘制的构造线的不同位置，右击确定。

单击“”按钮，在灯泡内绘制灯丝，左击选择灯丝，再单击“ByBlock”里面的三角符号，选择红色。

单击“复制”按钮，左击选择 30×50 圆角矩形、灯丝灯泡，右击选定，左击 30×50 矩形上面边线的中点，鼠标依次移动到各 10×120、10×230、10×350、10×440 矩形的下面边线的中点左击，最后右击确定。

单击“旋转”按钮，选择灯丝、灯泡、灯头，旋转 90°。

单击“复制”按钮，左击框选灯丝、灯泡、灯头，右击选定，鼠标移动到 200×10 矩形（构造线左面）的右边的弯曲圆管的左端管口左击，最后右击确定。

单击“旋转”按钮，选择灯丝、灯泡、灯头，旋转 180°。

单击“复制”按钮，左击框选灯丝、灯泡、灯头，右击选定，鼠标移动到 200×10 矩形（构造线右面）的右边的弯曲圆管的右端管口左击，最后右击确定。

第九步

图 8-10 绘制步骤如下：

绘制出一个，然后阵列出来就可以了。

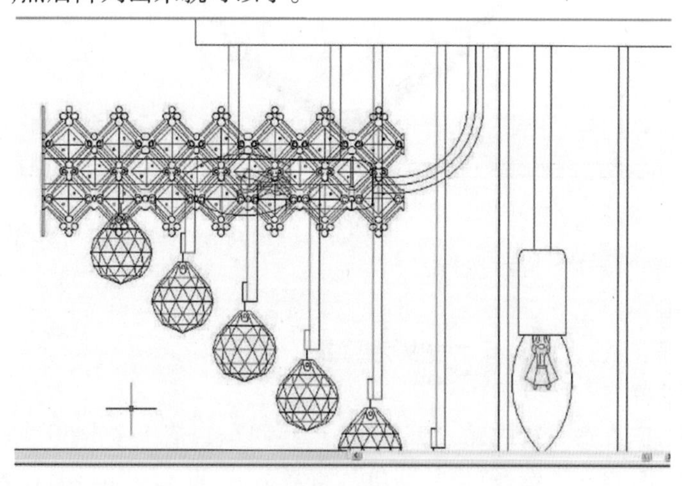

图 8-10

第十步

图 8-11 绘制步骤如下：

单击“复制”按钮，左击选择阵列得出的图形，右击选定，左击阵列图形的左面的小圆与小圆的圆心在极轴上的交点，鼠标依次移动到 2×80 矩形的左面边线的中点，左击，最后右击确定。

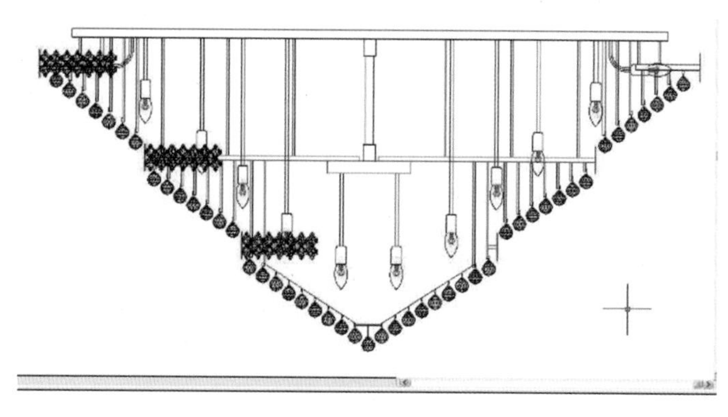

图 8-11

第十一步

图 8-12 绘制步骤如下：

单击“”按钮，依次左击水晶吊珠的上面边线和下端点的中点（对每个（第一条构造线的左边）水晶吊珠和灯泡重复此步骤）。

单击“复制”按钮，左击选择一条构造线，右击选定，鼠标移动到 200×12 矩形的左面边线左击（继续在 2×80 矩形（第一条构造线左边的三个）的左面边线左击），右击确定。

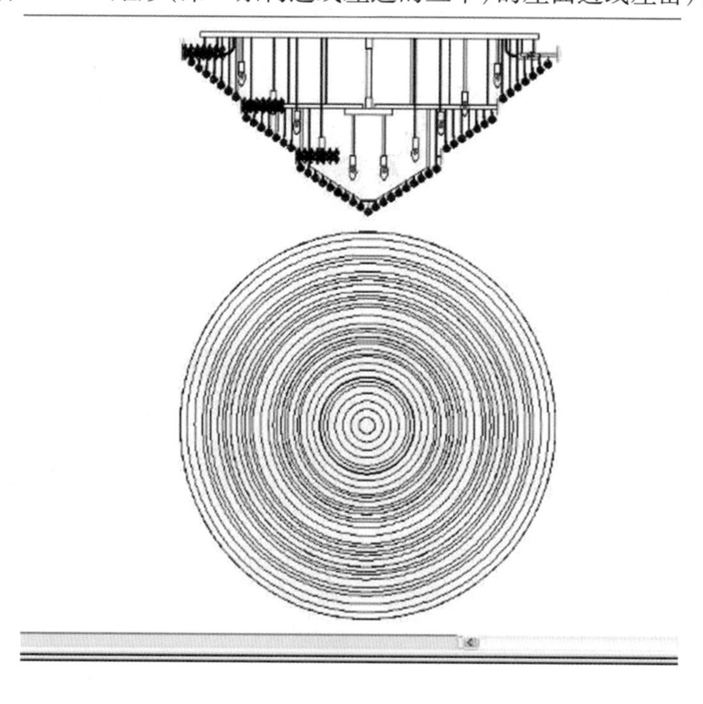

图 8-12

框选所有构造线，再单击“ByBlock”里面的三角符号，选择蓝色，再单击“ByBlock”里面的三角符号，选择点划线线型。

单击“”按钮，左击第一条构造线作为指定的圆心，鼠标向正左方向移动到上一步所绘制的任意一条构造线左击，完成圆（对上一步所绘制的所有构造线重复此操作）。

第十二步

图 8-13 绘制步骤如下：

绘制一个灯泡的仰视图，单击“移动”按钮，左击选择灯泡的仰视图，右击选定，鼠标移动到与上面绘制的属于灯泡构造线相交切的圆适当位置左击，再右击确定，完成移动；再单击“”按钮，框选灯泡的仰视图，右击选定，输入需要的项目数，右击确定。

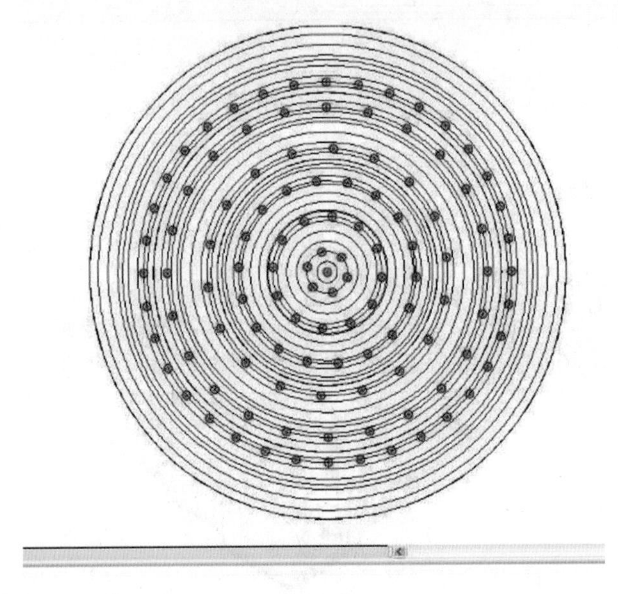

图 8-13

第十三步

绘制一个水晶吊珠的仰视图（见图 8-14），单击“移动”按钮，左击选择水晶吊珠的仰视图，右击选定，鼠标移动到与上面绘制的属于水晶吊珠的构造线相交切的圆适当位置左击，再右击确定，完成移动。再单击“”按钮，框选灯泡的仰视图，右击选定，输入需要的项目数，右击确定。

第十四步

图 8-15 绘制步骤如下：

单击“”按钮，在第一条构造线上左击指定圆心，在命令行内输入 900（回车），右击确定。

单击“复制”按钮，左击选择一条构造线，右击选定，鼠标移动到在 1800 × 20 矩形的

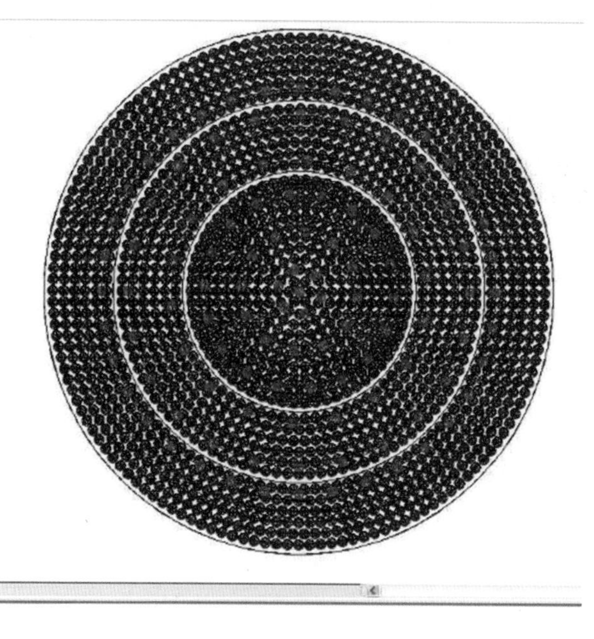

图 8-14

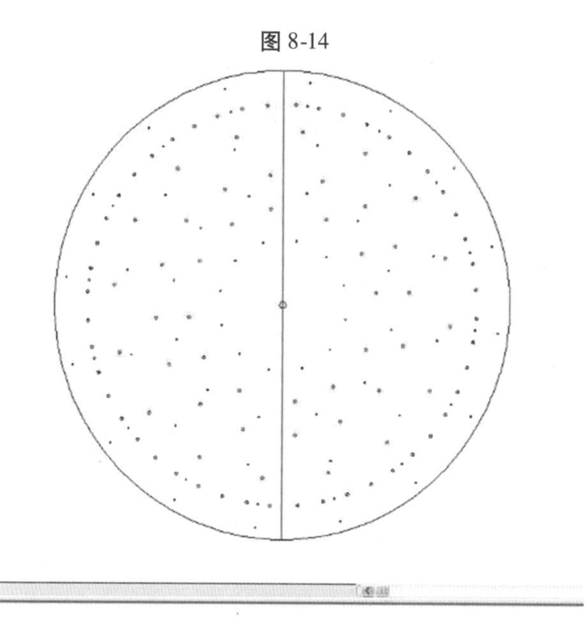

图 8-15

下面边线的所有矩形上面边线的中点左击，右击确定。

框选所有构造线，再单击“ ByBlock ”里面的三角符号，选择蓝色，再单击“ ByBlock ”里面的三角符号，选择点划线线型。

单击“ ”按钮，左击第一条构造线作为指定的圆心，鼠标向正左方向移动到上一步所绘制的任意一条构造线左击，完成圆（对上一步所绘制的所有构造线重复此操作）。

单击“ ”按钮，绘制好连接 1800 × 20 矩形的下面边线的所有圆管的俯视图，单击“ 移动”按钮，左击选择圆管的俯视图，移动到与该圆管的构造线相切的圆的适当位置，再单击“ ”按钮，框选圆管的仰视图，右击选定，输入需要的项目数，右击确定；一一完成各圆管俯视图的移动、阵列。

单击“ ”按钮，在直径为1800的圆中绘制一条纵向的直径，左击选择绘制的直径，再单击“ ByBlock ”里面的三角符号，选择红色。

第十五步

图8-16绘制步骤如下：

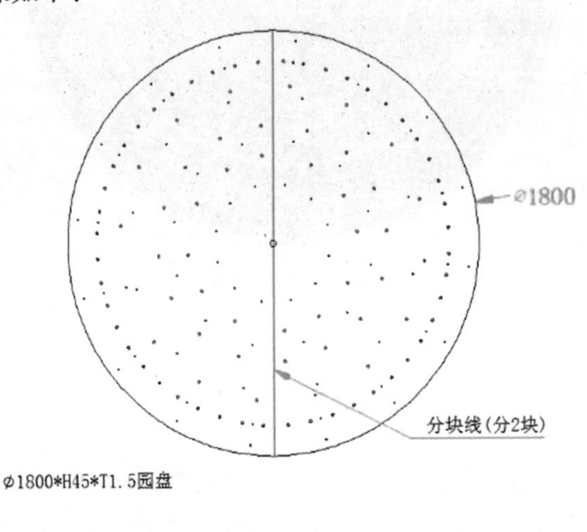

图8-16

单击“ ”按钮，按命令行提示执行：

命令：_pline

指定起点：　　//左击1800圆，当前线宽为0

指定下一个点或[圆弧(A)/半宽(H)/长度(L)/放弃(U)/宽度(W)]：w

指定起点宽度 <0.0000>：0

指定端点宽度 <0.0000>：50

指定下一个点或[圆弧(A)/半宽(H)/长度(L)/放弃(U)/宽度(W)]：　　//左击

指定下一点或[圆弧(A)/闭合(C)/半宽(H)/长度(L)/放弃(U)/宽度(W)]：w

指定起点宽度 <50.0000>：0

指定端点宽度 <0.0000>：0

指定下一点或[圆弧(A)/闭合(C)/半宽(H)/长度(L)/放弃(U)/宽度(W)]：
//左击

指定下一点或[圆弧(A)/闭合(C)/半宽(H)/长度(L)/放弃(U)/宽度(W)]：
//右击确定

在直径上重复以上步骤，单击“A 文字”按钮，依次左击，确定文字输入的位置，再输入文字，完成。

第十六步

图 8-17 绘制步骤如下：

单击“”按钮，连续绘制相互垂直的线段，单击“”按钮，对绘制的直线执行圆角，单击“”按钮，连续偏移绘制的线段和圆角；左击选择第一次偏移得到的线段，再单击“ByBlock”里面的三角符号，选择红色，再单击“ByBlock”里面的三角符号，选择虚线线型。

单击“”按钮，给弯管封口，单击“”按钮，连续偏移封口的线段。

单击“”按钮，绘制箭头，单击“A 文字”按钮，依次左击，确定文字输入的位置，再输入文字，完成。

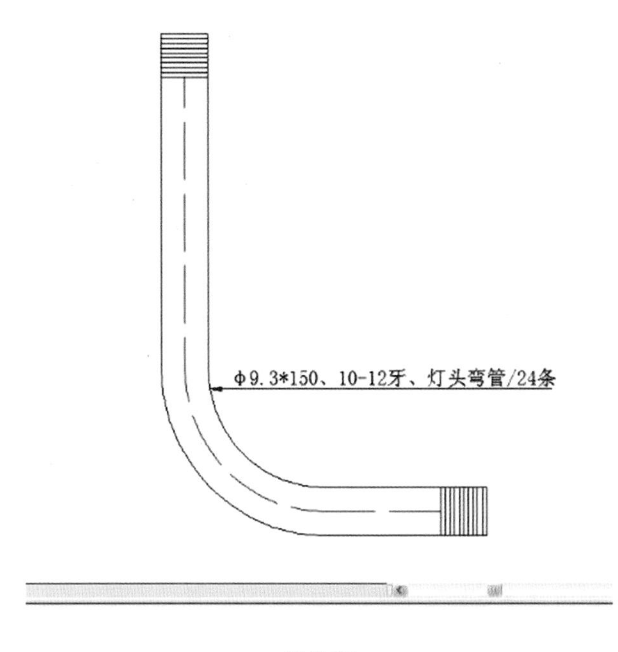

图 8-17

第十七步

图 8-18 绘制步骤如下：

单击“”按钮，绘制矩形，单击“”按钮，绘制直线，再单击“”按钮，偏移。

单击“”按钮，左击需要测量的两点之间，右击确定，一一测量完成。

单击“”按钮，绘制箭头，单击“A 文字”按钮，依次左击，确定文字输入的位置，再输入文字，完成。

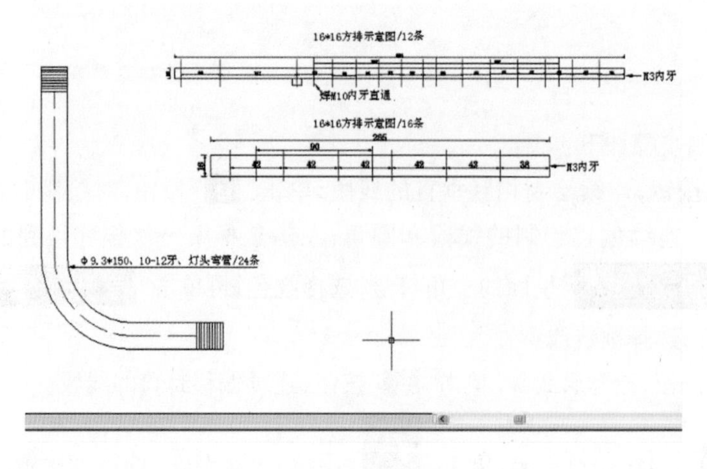

图 8-18

第十八步

图 8-19 绘制步骤如下：

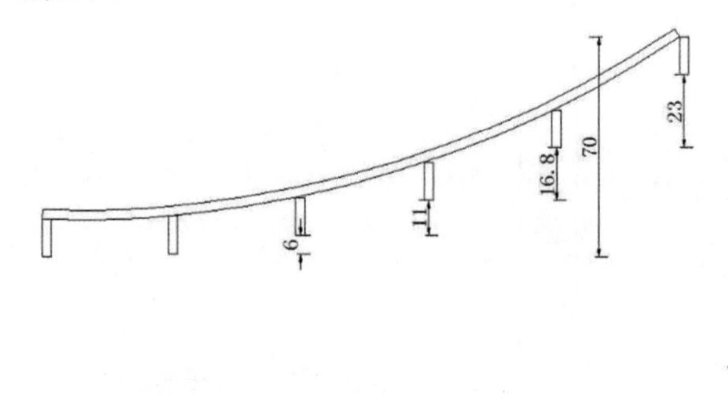

图 8-19

单击“”按钮，绘制两条相交的构造线。

单击“”按钮，在两条构造线交点处左击，鼠标向正上方移动，在命令行内输入 70，左击，绘制直线，右击确定。

单击“”按钮，偏移纵向构造线 5 条。

单击“”按钮，绘制 2×6 矩形，单击“复制”按钮，左击选择 2×6 矩形，指定基点为 2×6 矩形的右上角，左击长为 70 线段的上端点，右击确定。

单击“复制”按钮，左击选择 2×6 矩形，指定基点为 2×6 矩形的下面边线的中点，左击最后偏移得到的构造线与横向构造线的交点，右击确定。

单击“”按钮，绘制最后偏移得到的构造线和横向构造线的交点长为 70 线段的上端点之间的弧线，单击“复制”按钮，左击选择 2×6 矩形，指定基点为 2×6 矩形的左上角，左击各偏移构造线与弧线的交点，右击确定。

框选所有构造线和长为 70 的线段，右击选择删除。

单击""按钮，左击需要测量的两点之间，右击确定，一一测量完成。

第十九步

图 8-20 绘制步骤如下：

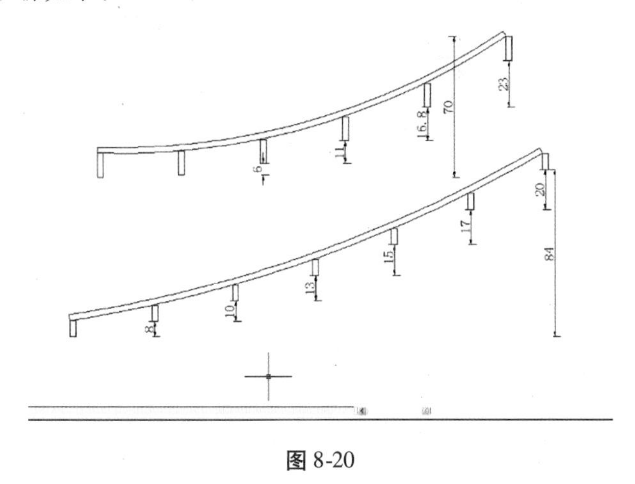

图 8-20

同图 8-19 一样，设定需要的尺寸就好。

第二十步

图 8-21 绘制步骤如下：

单击"复制"按钮，选择复制图 8-11 中需要的形体，右击确定；复制、绘制添加了的形体。

单击""按钮，一一绘制箭头，单击"A 文字"按钮，一一依次左击，确定文字输入的位置，再输入文字，完成。

左击选择所有箭头，再单击"ByBlock"里面的三角符号，选择绿色，右击选择"全部不选"。

第二十一步

图 8-22 绘制步骤如下：

单击""按钮，绘制图 8-22 的矩形边框。

单击""按钮，分解矩形。

单击""按钮，一一偏移矩形的边线，其中，下面和右面边线多次偏移。

单击""按钮，修剪掉所有多余的线段。

单击"A 文字"按钮，两次左击，确定文字输入的位置，再输入文字，完成。

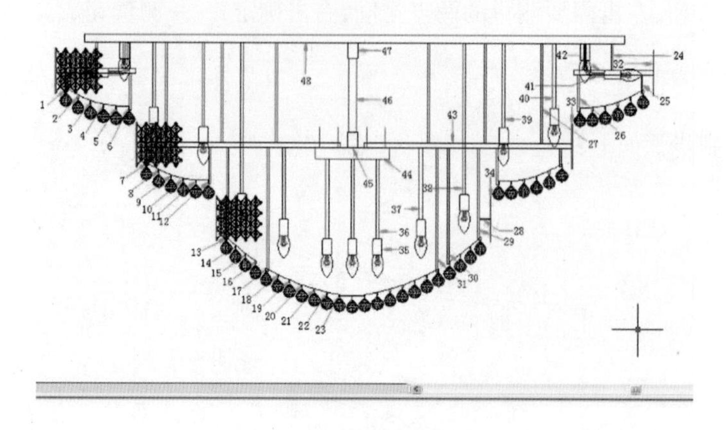

图 8-21

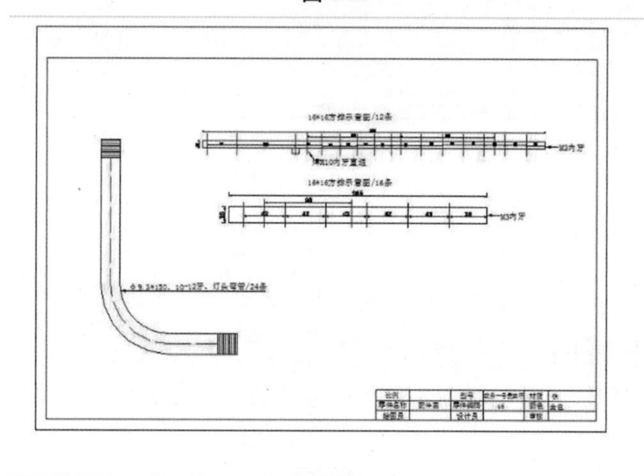

图 8-22

第二十二步

图 8-23 绘制步骤与图 8-22 的绘制步骤一样。

第二十三步

图 8-24 绘制步骤与图 8-22 的绘制步骤一样。

第二十四步

图 8-25 绘制步骤如下：

单击“”按钮，绘制图 8-25 的矩形边框。

单击“”按钮，分解矩形。

单击“”按钮，一一偏移矩形的边线，其中，上面边线两次偏移。

单击“”按钮，修剪掉所有多余的线段。

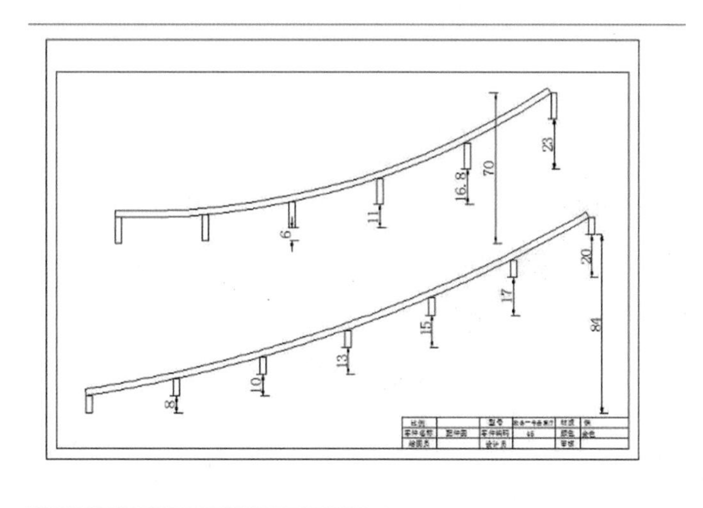

图 8-23

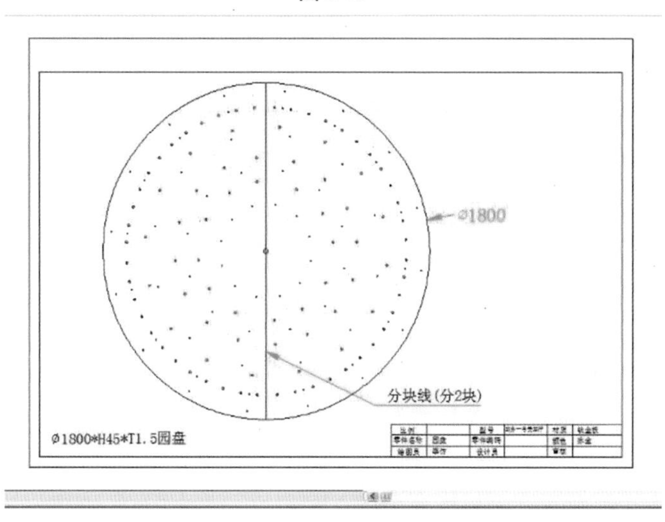

图 8-24

单击“文字”按钮,两次左击,确定文字输入的位置,再输入文字,完成。

第二十五步

图 8-26 绘制步骤如下:

单击“”按钮,绘制 130 × 290 矩形。

单击“”按钮,在适当位置,绘制适当大小的矩形。

单击“”按钮,左击需要测量的两点之间,右击确定,一一测量完成。双击标注,修改标注的文字。

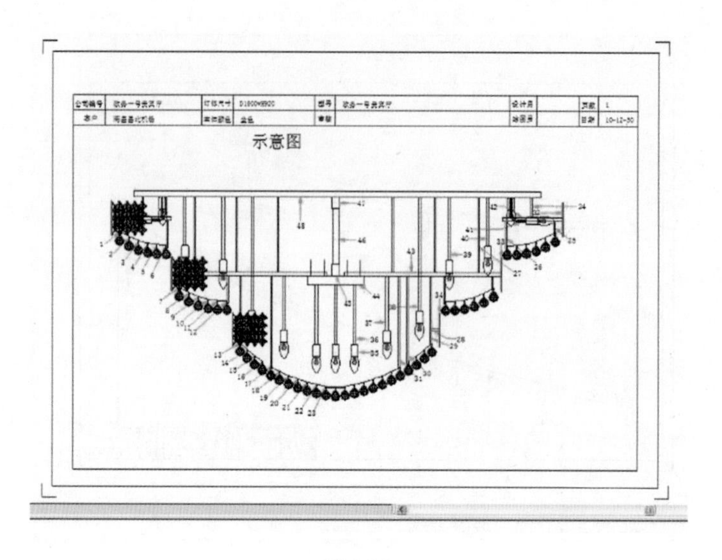

图 8-25

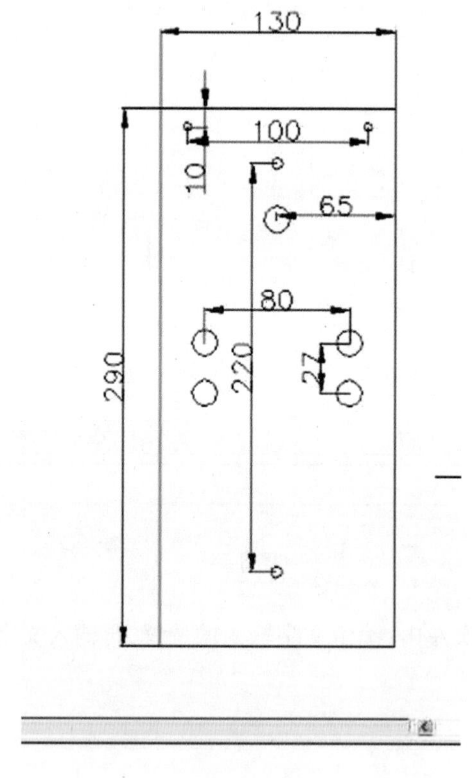

图 8-26

第二十六步

图 8-27 绘制步骤如下：

单击“移动”按钮，把图 8-14、图 8-21 移动到相应位置。

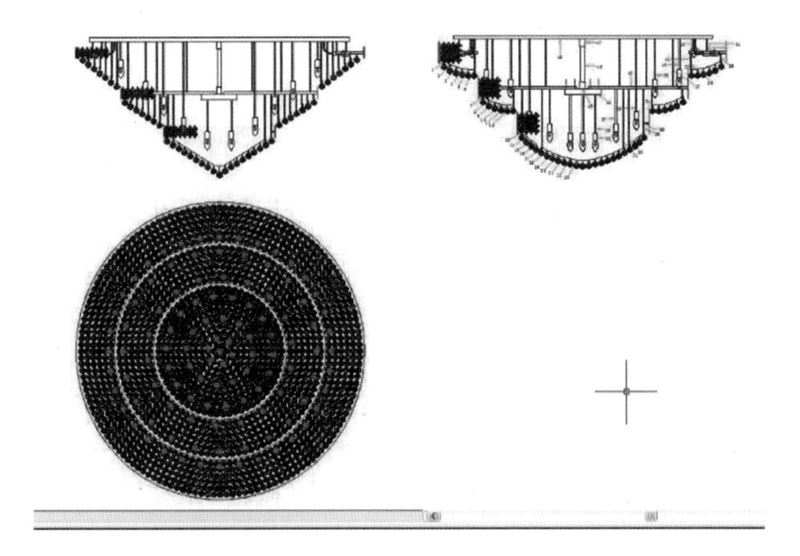

图 8-27

第二十七步

图 8-28 绘制步骤如下：

单击“”按钮，绘制矩形边框。

单击“”按钮，分解矩形。

单击“”按钮，一一偏移矩形的边线，其中，上面和左面边线多次偏移。

单击“”按钮，修剪掉所有多余的线段。

单击“A 文字”按钮，两次左击，确定文字输入的位置，再输入文字，完成。

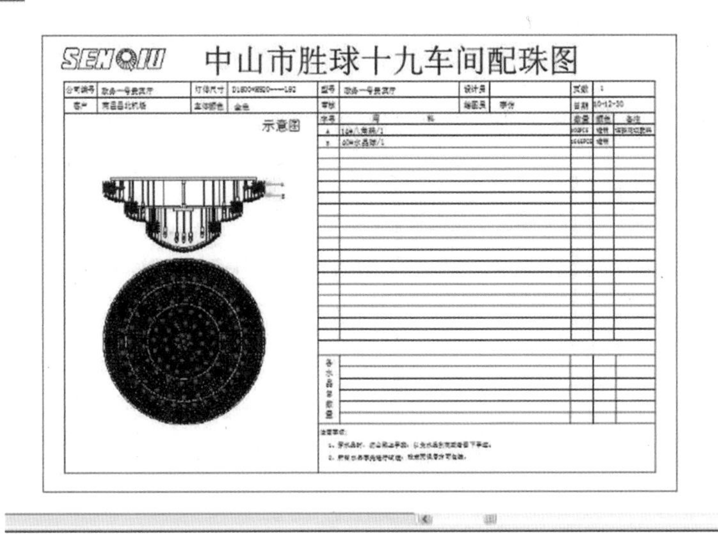

图 8-28

第九章　电气照明平面图绘制

在电气施工图中，有时图样标注和反映是不齐全的，看图时要熟悉有关的技术资料和施工验收规范，如开关高度距地 1.3 ~ 1.4 m，距门框 0.15 ~ 0.20 m。

综合掌握 CAD 的二维绘图工具，特别是相关的编辑命令的应用，能较快绘制平面图。

本章应掌握绘制电气照明平面图的含义及其表达的内容。

一、电气照明平面图概述

（1）基本概念。电气照明平面图是在建筑平面图的基础上设计绘制的，它是电气照明工程图中最主要的图纸，表示了电气线路的布置以及灯具、开关插座、配电箱、表盘等电气设备，并标注位置、标高及其他安装要求（注意：相关标注有时是没有标注的，因此要熟悉相关规范）。

（2）电气照明平面图表达的内容：配电箱的型号、数量、安装位置、标高及配电箱的电气系统等；线路的配电方式，敷设位置，线路的走向，导线的型号、规格、根数，以及导线的连接方法等；灯具的类型、功率、安装位置、安装方式及其标高等；开关的类型、安装位置、离地高度及控制方式等；插座及其他电器的类型、容量、安装位置、安装高度等。

二、绘制步骤与方法指导

（1）绘制住宅平面图（基本方法与建筑平面图相同，重点指导相关技巧）。

设置绘图环境—绘制轴线—绘制建筑构件—各种细部绘制—绘制照明设备（灯具、开关、线路、插座、照明箱、进线标识等）—相关标注—添加图框和标题—打印输出。

（2）设置图层及文字、标注样式（符合国家建筑规范），图层的设置可一次性完成，也可逐步完成，如图 9-1 所示。

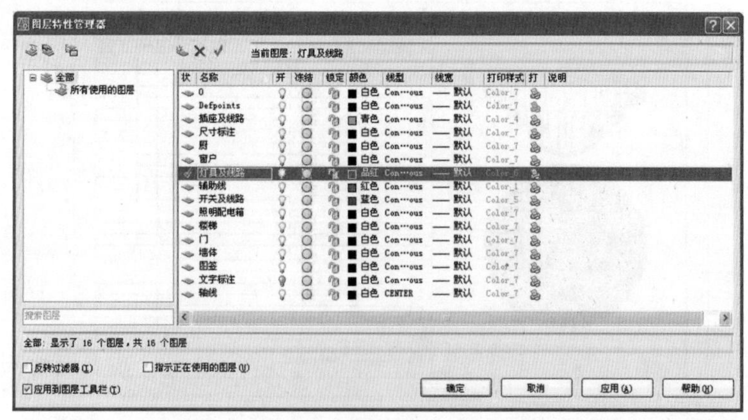

图 9-1　电气照明图的图层设置示例（不同电器设备有颜色区别）

（3）绘制平面图。轴线绘制与修剪，如图 9-2 ~ 图 9-6 所示。

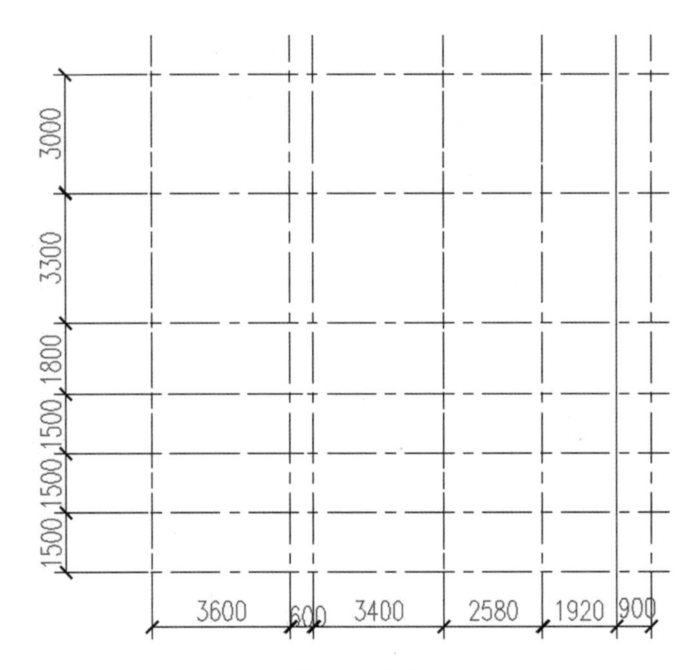

图 9-2　参照图上尺寸进行轴线绘制(教材中的尺寸是按 1∶100 绘制的)

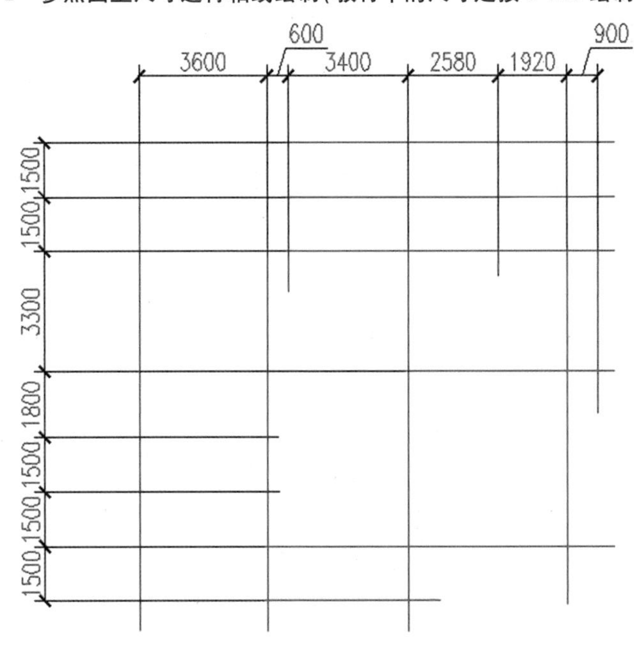

图 9-3　修剪的结果

三、电气照明平面图及其设备绘制

灯具一般布置在房间的屋顶中央,定位时可设置辅助线确定,各类灯具的尺寸有多种,应视房间大小而选择,本案的圆形吸顶灯 $R=200$(11 盏),走廊筒灯 $R=100$(8 个),大厅吊灯 500×500(1 盏)。

开关在本案例中有 9 个,基本尺寸取 600×200(这是对实际尺寸的放大处理,便于绘制

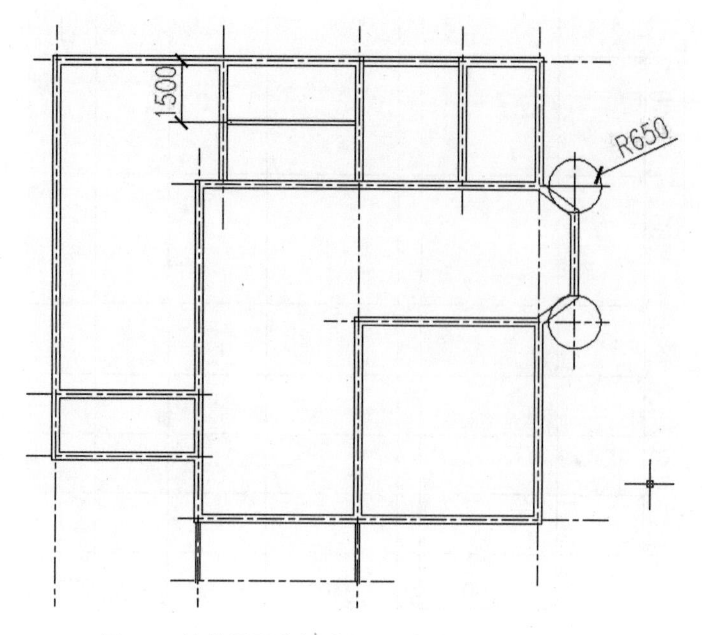

图 9-4　墙体及飘窗的绘制（图中的圆是定位用的）

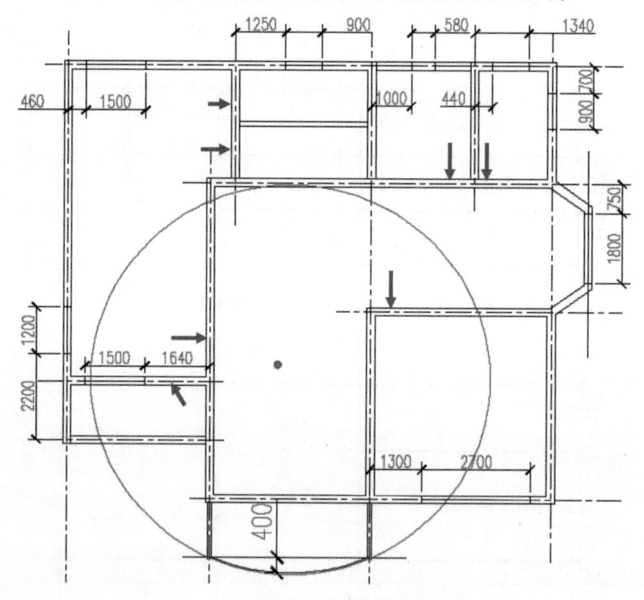

图 9-5　住宅平面图框架（图中的圆用来定位弧形阳台的外廓，因为用偏移命令有缝隙）

与显示，施工时按业主要求选择）。

各种线路布置以经济、美观、需要为基准，不一定按照教材中模式进行（实际房间装修是以暗线形式）。

照明配电箱尺寸示例见图 9-7，进线图形可参照图 9-8，也可估计绘制。

（半圆形）单相二、三极插座绘制，本案例中共 23 个，其尺寸如图 9-9 所示，距门和距地的尺寸可参照相关验收规范（合适即可）。

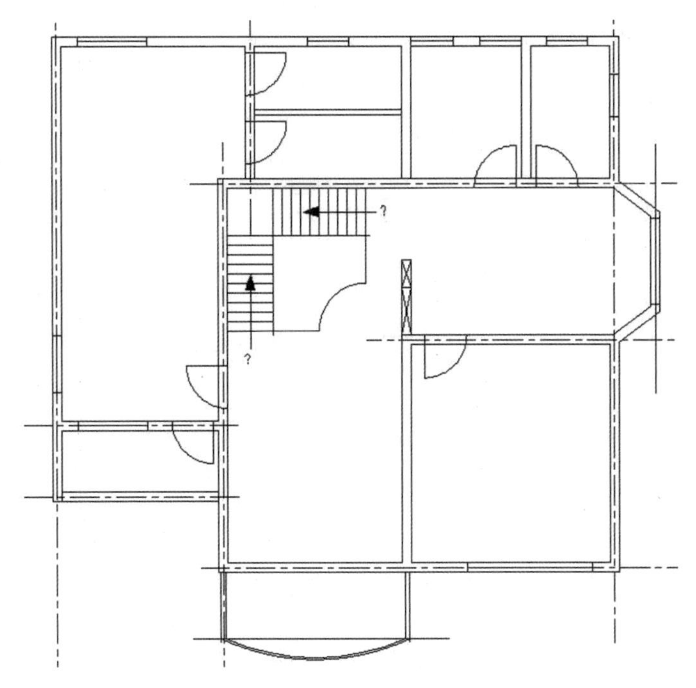

图 9-6　住宅平面图绘制结果(楼梯与扶手的绘制,间距为 200,台阶长为 1000,阶数为 11;扶手的方形外框为 1000,展示厨柜尺寸,分别为 200×600 和 200×1000)

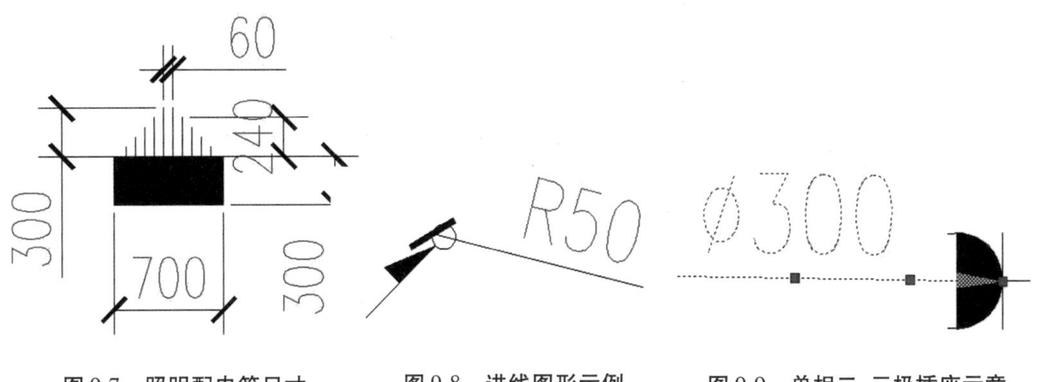

图 9-7　照明配电箱尺寸　　图 9-8　进线图形示例　　图 9-9　单相二、三极插座示意

注意:如果是自己的计算机主机,则应有意识地建立相关强弱电、灯具等图例库,并生成图块,以便将来调用。

四、电气照明设备定位及其布置指导

(1)灯具布置的定位辅助线示例(见图 9-10),接着进行开关、灯具、配电箱的布置及线路连接(线路连接以经济、美观、需要为准),如图 9-11 所示。

(2)插座的布置、进线标识与线路布置示例见图 9-12,进线标识常放在楼梯休息平台上方。

(3)综合成图如图 9-13 所示。

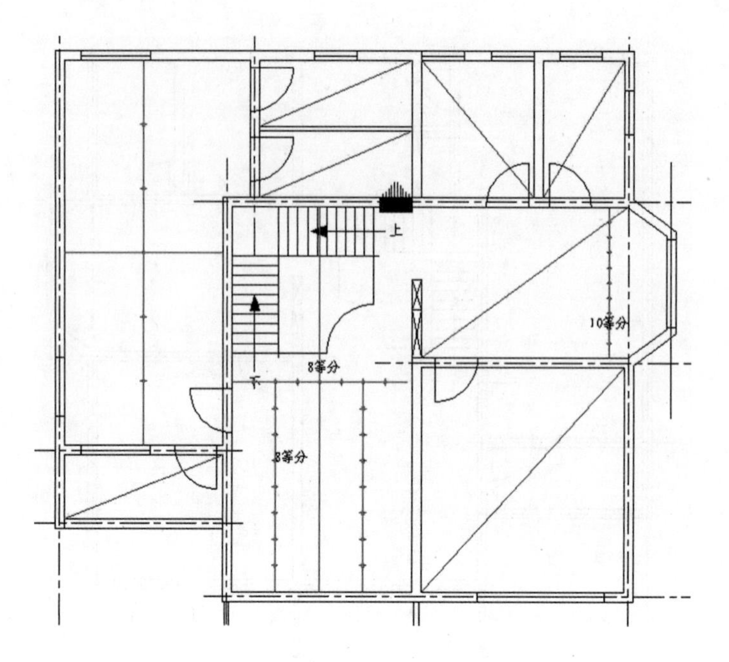

图 9-10　住宅房间灯具布置定位(没有定位显示均以中点为准)

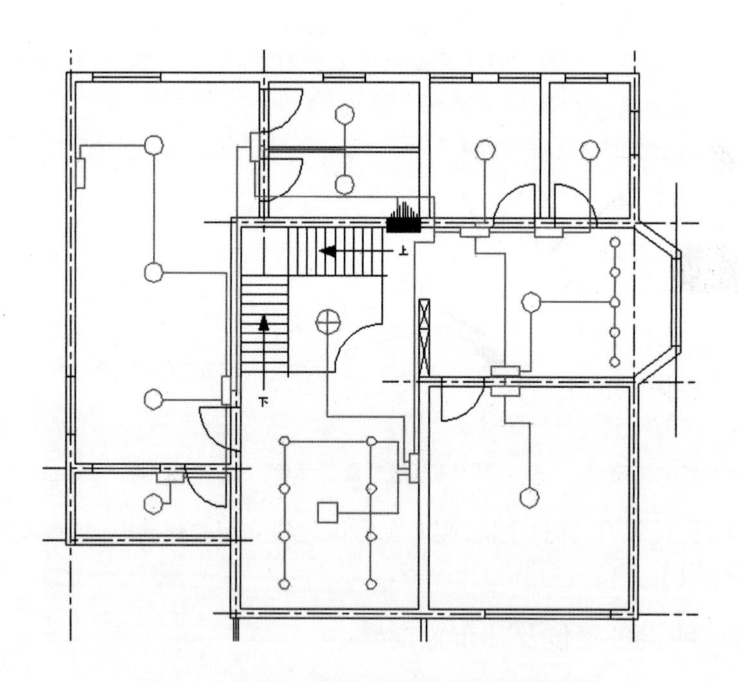

图 9-11　住宅平面图灯具与配电箱布置示例图

五、总结电气照明平面图的标注

(1)标注(注意设置样式,同时如开关、插座的距地高度则参考相关规范或验收规范),应参照前文所述进行标注。标注内容(见图 9-14)如下所示:

照明配电箱的型号、数量、安装位置、安装标高及配电箱的电气系统等。

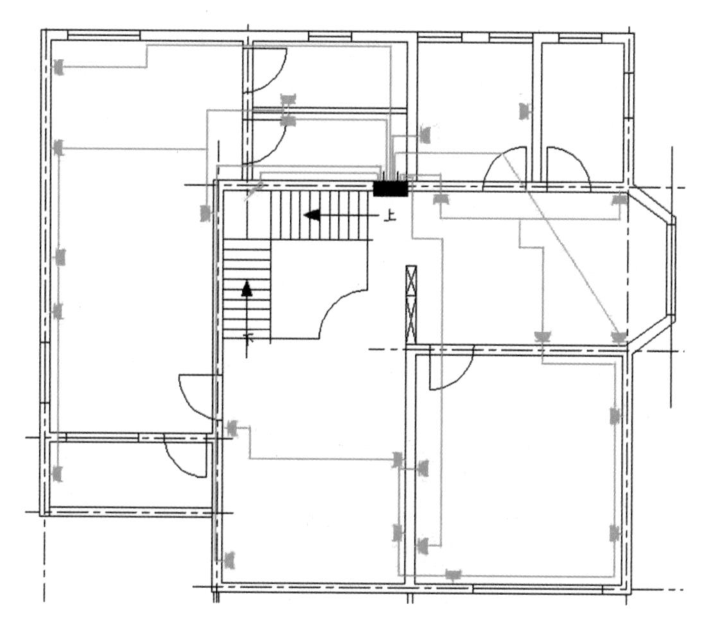

图 9-12　住宅房间插座、进线标识及线路布置示例

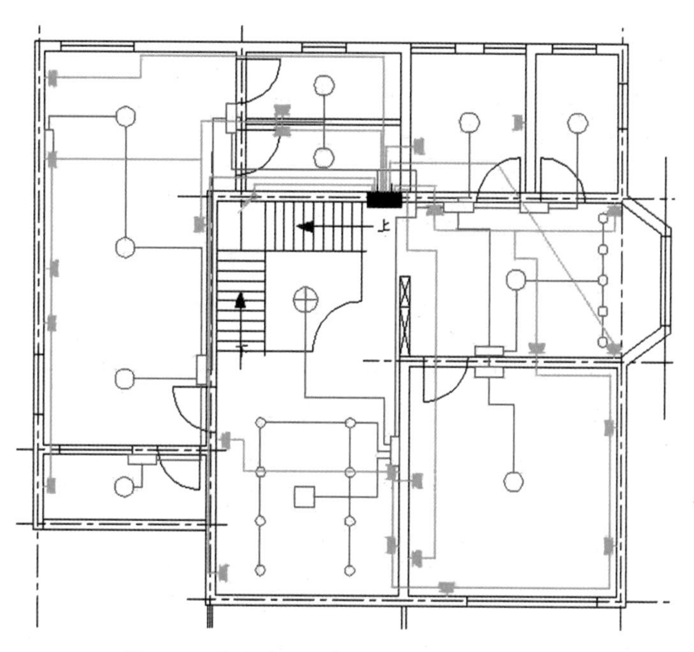

图 9-13　住宅房间电气设备布置示例(结果)

照明线路的配电方式、敷设位置、线路的走向、导线的型号、规格、根数以及导线的连接方法等。

灯具的类型、功率、安装位置、安装方式及安装标高等。

开关的类型、安装位置、离地高度及控制方式等。

插座及其他电器的类型、容量、安装位置、安装高度等。

(2)小结。

绘制平面图的程序基本与建筑平面图相似,但要有所提升。

具体绘图遵循快捷方便,不要拘泥于某种固定的方法。

布置设备时可参照有关规范或有关生活习惯,其中线路布置以美观、经济、需要、适用为准。

要求大家会读电气照明图,了解有关电气设备布置的国家或地方验收规范。

学生可利用本章所学完成 9-15 所示电气照明布置。

学生可利用所学方法进行图 9-16 所示电气照明配制,最后记得加上 A3 图幅框及比例尺。

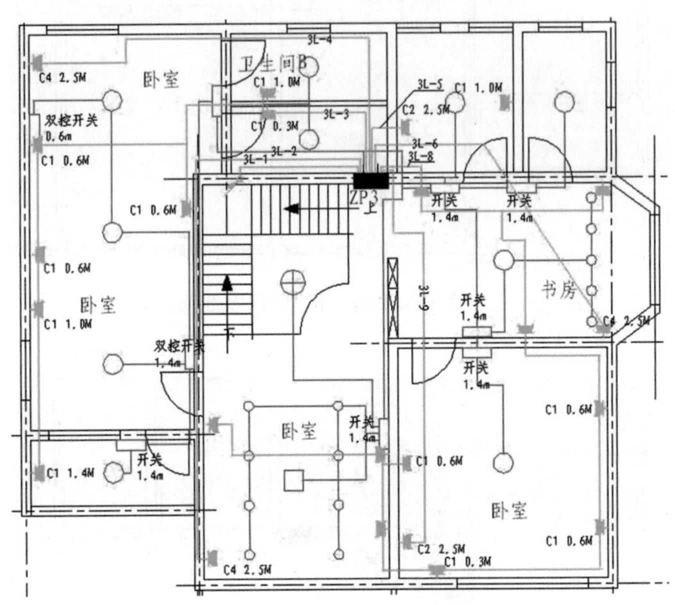

图 9-14　住宅电气平面图的标注示例

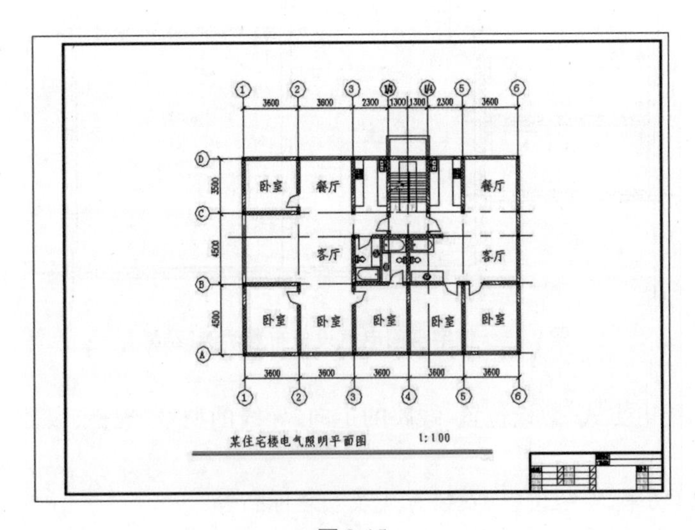

图 9-15

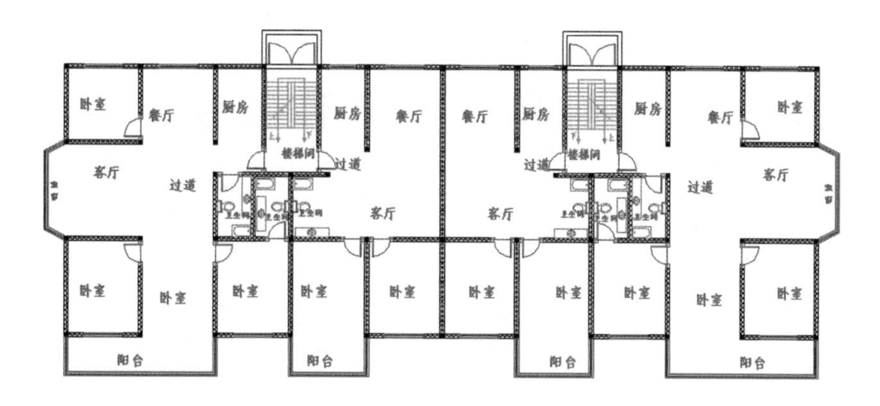
卧室
餐厅
厨房
楼梯间
厨房
餐厅
餐厅
厨房
楼梯间
厨房
餐厅
卧室
客厅
过道
过道
过道
过道
客厅
客厅
客厅
卧室
卧室
卧室
卧室
卧室
卧室
卧室
卧室
卧室
卧室
阳台
阳台
阳台
阳台

图 9-16

第十章　灯具模型制作实例(五)

此练习使用 CAD 作图完成灯具的绘制,其基本尺寸如图 10-1 所示。

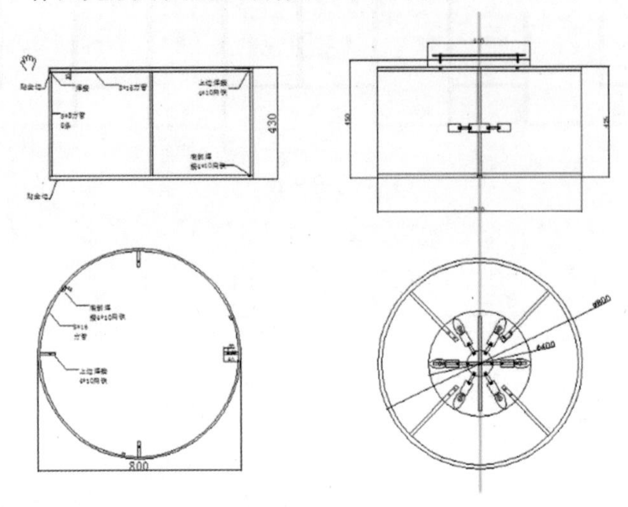

图 10-1

通过此练习可以掌握矩形、圆心、构造线、多段线、样条曲线的绘制与线性、对齐、直径、文字的标注,也可以掌握图形的移动、复制、拉伸、分解、镜像、偏移、修剪、阵列等基本功能。

第一步

图 10-2 绘制步骤如下:

选择“ ”按钮,在命令行内按提示依次输入:

命令:_rectang

指定第一个角点或[倒角(C)/标高(E)......]:　　　　//左击鼠标

指定另一个角点或[面积(A)/尺寸(D)、旋转(R)]:D

指定矩形的长度:800

指定矩形的宽度:20

指定另一个角点[......]:　　　　//左击鼠标

第二步

图 10-3 绘制步骤如下:

选择“ ”按钮,在图 10-2 的图形上找到上下矩形边的中点,分别左击,绘制出构造线作为辅佐线。

选择“ ”按钮,在图 10-2 矩形的大概 1/3 的位置绘制一个小矩形。

选择“ ”按钮,在小矩形的大概 1/3 的位置画一条线。

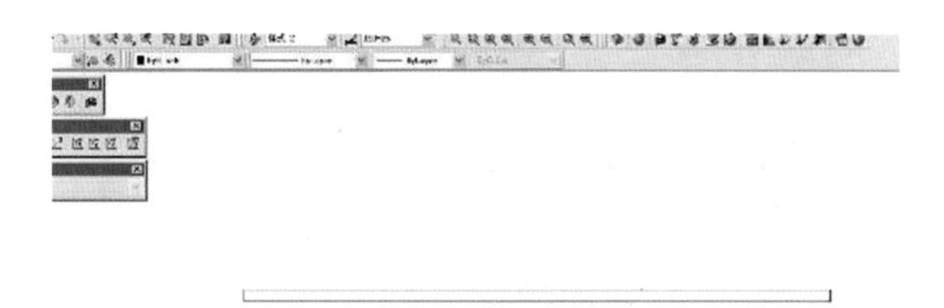

图 10-2

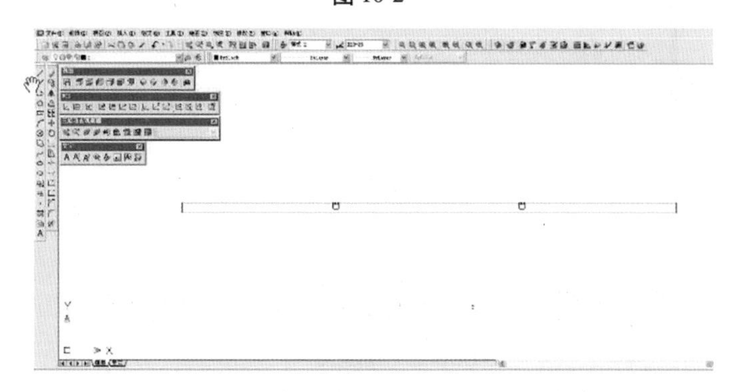

图 10-3

选择“”按钮，选择小矩形（左击），然后右击以分解小矩形。

选择“”按钮，按命令行提示依次输入：

拾取内部点或[选择对象……设置(T)]:T　　　　//输入后按回车键

弹出图 10-4 所示界面。

单击样例图标，如图 10-5 所示。

第三步

选择“PLAST”后，单击下面的“确定”按钮，再设置角度和比例为：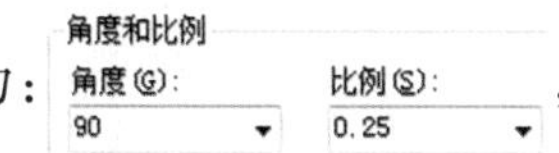
，

再左击“添加:拾取点(K)”按钮，在小矩形和里面绘制的那条线之间小的那一边左击一下，然后右击，确认，填充完毕。

选择“”按钮，在命令行内按提示依次输入：

命令:_fillet

选择第一个对象或[……半径(R)…]:r　　　　//按回车键

指定圆角半径[……]:1　　　　//按回车键

依次选择小矩形左下角的相邻两条边，右击确认；再右击，点击重复“FILLET(R)”，然

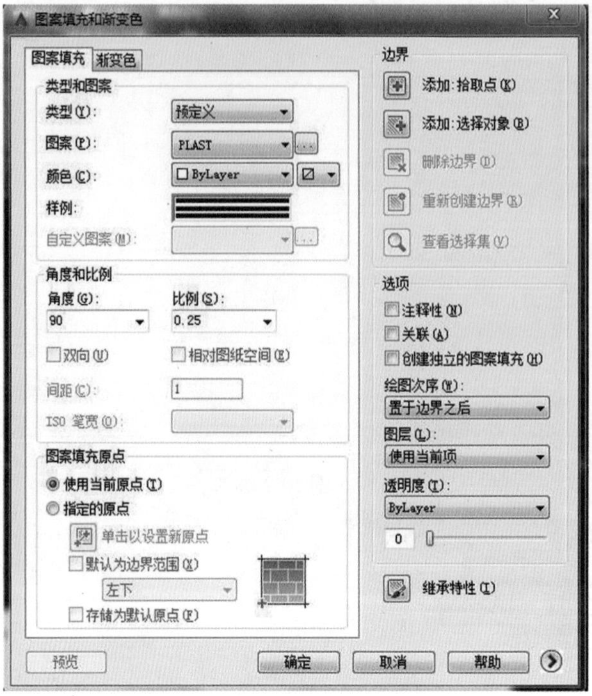

图案填充和渐变色

图案填充 渐变色

类型和图案

类型(Y): 预定义

图案(P): PLAST

颜色(C): ByLayer

样例:

自定义图案(M):

角度和比例

角度(G): 90

比例(S): 0.25

双向(U)

相对图纸空间(E)

间距(C): 1

ISO 笔宽(O):

图案填充原点

使用当前原点(T)

指定的原点

单击以设置新原点

默认为边界范围(X)

左下

存储为默认原点(F)

边界

添加:拾取点(K)

添加:选择对象(B)

删除边界(D)

重新创建边界(R)

查看选择集(V)

选项

注释性(N)

关联(A)

创建独立的图案填充(H)

绘图次序(W):

置于边界之后

图层(L):

使用当前项

透明度(T):

ByLayer

0

继承特性(I)

预览 确定 取消 帮助

图 10-4

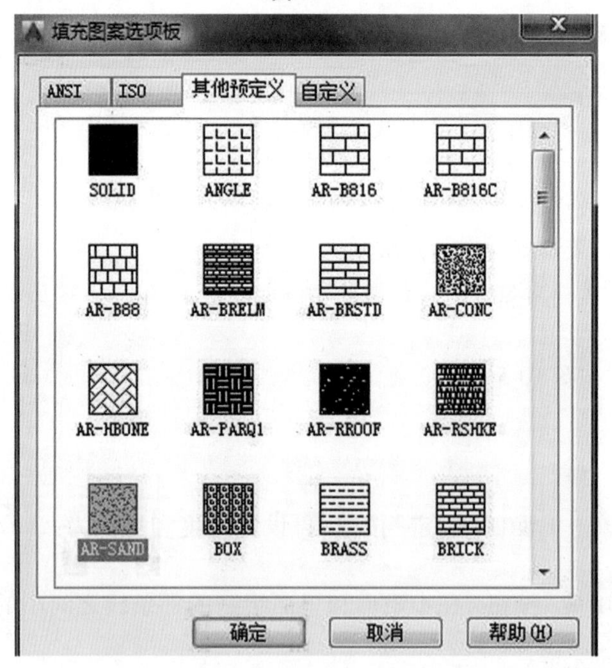

图 10-5

后依次选择小矩形右下角的相邻两条边,再右击确认,完成圆角。

单击"镜像"按钮,选择小矩形及小矩形内所有的内容,右击确认,在构造线上选择。

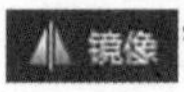

图 10-6 绘制步骤如下:

选择" "按钮,在适当位置单击鼠标作为矩形的左上角,移动到构造线和图 10-2

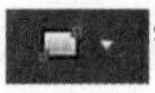

所绘制矩形的上面那一条边的交点，左击，然后镜像所绘制的矩形，再分解原来矩形和镜像出来的矩形，最后删除构造线上的那两条矩形的边，完成图 10-6。

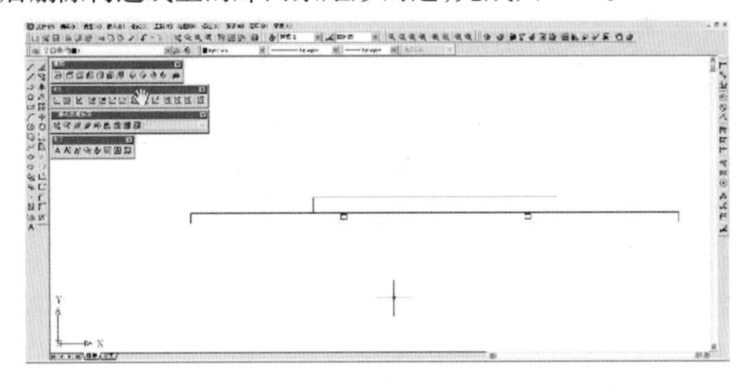

图 10-6

第四步

图 10-7 绘制步骤如下：

在作了圆角的小矩形中间画一条纵向的构造线，在构造线的左边画一个矩形，镜像之后一起分解，再把在构造线的矩形边线删除，同时填充两个矩形。

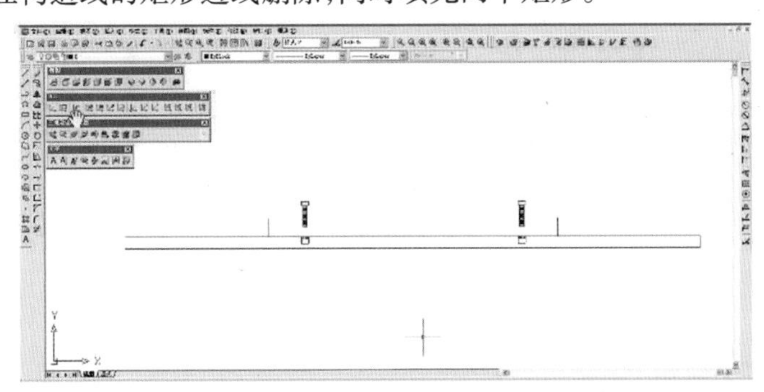

图 10-7

鼠标移动到作了圆角的小矩形的左（右）两条边，左击选择，点击直线最上面的蓝色四边形，变成红色后向上移动延长到适当距离，左击。

单击“  ”按钮，绘制最上面的矩形，画完后，把“ 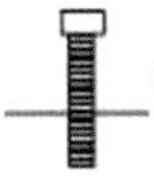 ”以第一条构造线为指定镜像线执行镜像，得到图 10-7。

把图 10-7 局部放大后如图 10-8 所示。

第五步

图 10-9 绘制步骤如下：

绘制矩形，以第一条构造线为指定镜像线执行镜像，分解两个矩形后，删除在构造线上的两条矩形边线，完成。

图 10-9 局部放大后如图 10-10 所示。

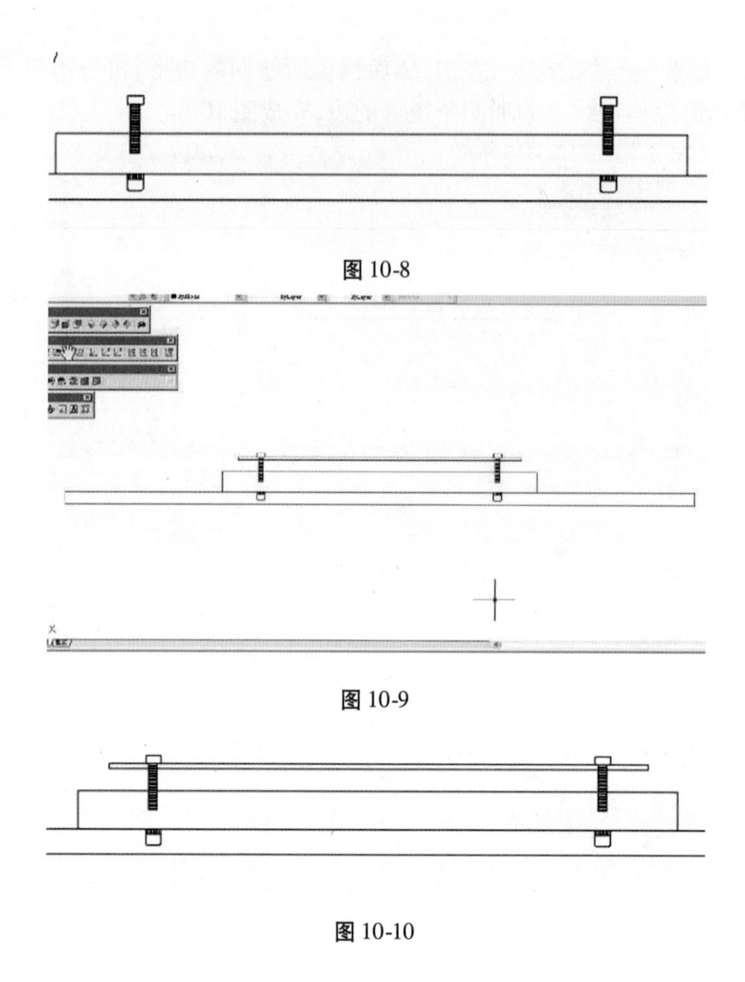

图 10-8

图 10-9

图 10-10

第六步

图 10-11 绘制步骤如下：

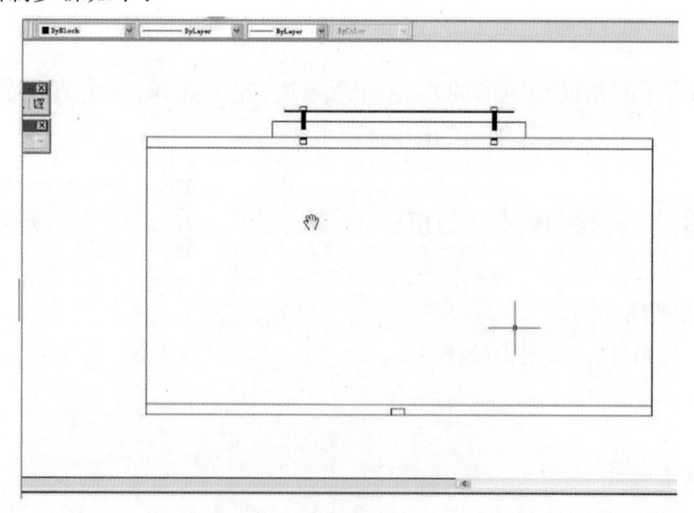

图 10-11

单击“■”按钮，左击图 10-2 矩形的左上角，在命令行内输入：d（回车），800（回车），

425(回车),右击确认。

单击“ ”按钮,选择刚绘制的矩形,右击。

单击“ ”按钮,在命令行内输入:20(回车),选择矩形下面那一条边线,在矩形内部左击,然后右击确认。

单击“ ”按钮,在第一条构造线的左侧绘制适当大小的小矩形,单击“ ”按钮,以第一条构造线为镜像线,对小矩形执行镜像。

单击“ ”按钮,分解两个小矩形,删除在构造线上的两条矩形的边线。

第七步

图 10-12 绘制步骤如下:

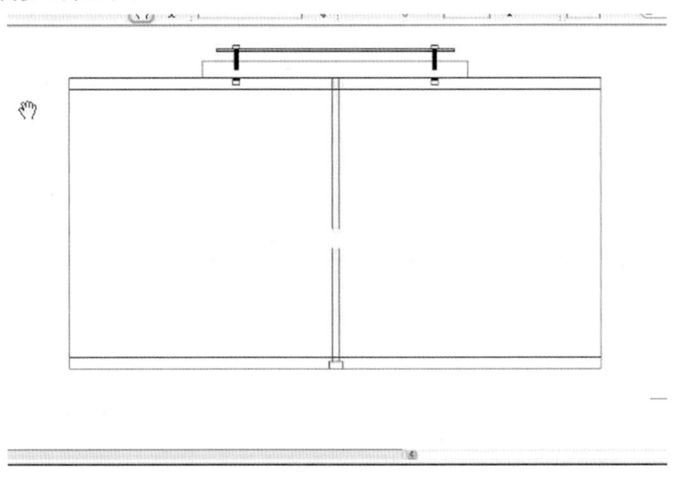

图 10-12

单击“直线”按钮,沿构造线绘制直线;单击“ ”按钮,分别向左、右两边偏移 5 个单位。

选择偏移后得到的两条直线,单击“237,31,36”右边的三角图标,选择红色。

单击“直线”按钮,在两根红线的适当位置绘制两条直线。

单击“ ”按钮,选择红线和所绘制的两根直线及构造线,选择要修剪的线,修不了的删除,完成图 10-12。

第八步

图 10-13 绘制步骤如下:

单击“ ”按钮,在第一条构造线的左边绘制三个适当大小的矩形。

单击“ ”按钮,填充矩形相交的面积。

单击“镜像”按钮,选择三个小矩形和填充的内容,以第一条构造线为镜像线执行镜像。

单击“”按钮，选择靠近第一条构造线的两个矩形，右击分解；删除在构造线上的两条矩形边线。

单击“直线”按钮，在分解了的矩形内适当位置绘制一条直线。

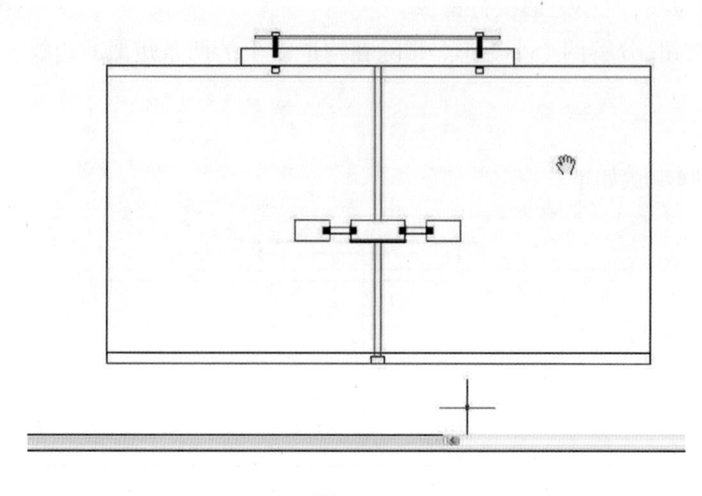

图 10-13

第九步

图 10-14 绘制步骤如下：

单击“”按钮，在需要做标注的线段两端左击，移动鼠标，把标注线外移，如需要把标注的数字放大，可以先单击“”按钮，把数字与标注线分解，再选择数字，单击“缩放”按钮，放大数字，完成图 10-14。

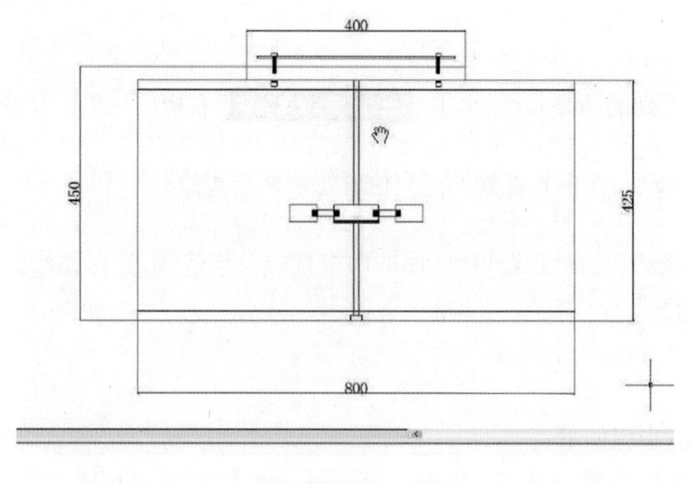

图 10-14

第十步

图 10-15 绘制步骤如下：

单击" "按钮，在第一条构造线上左击（作为圆心），在命令行内按提示输入（指定圆的半径为:400）400，单击回车键以确定。

单击" "按钮，在命令行内按提示输入（指定偏移距离:20）20，单击回车键，选择绘制好的圆，左击圆的内部以向内偏移，右击，确认完成。

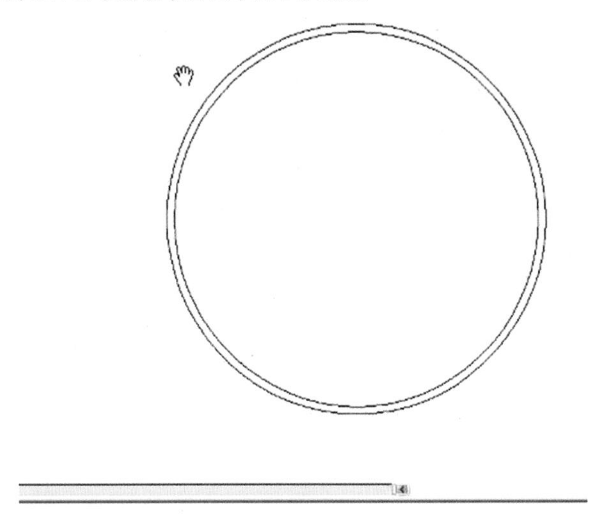

图 10-15

第十一步

图 10-16 绘制步骤如下：

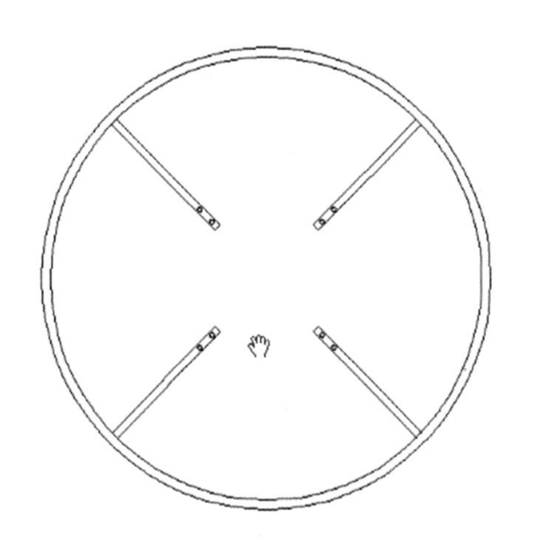

图 10-16

单击“ ”按钮,选择45°,单击“ 直线 ”按钮,从圆心到里面的圆绘制一条直线。

单击“ ”按钮,左右偏移10个单位,删除原来的直线,单击“ 直线 ”按钮,在适当位置,绘制与偏移的那两条直线垂直的直线,单击“ ”选择所有直线,修剪多余的线段。

单击“ ”按钮,在线框内绘制两个半径为6的小圆形。

单击“ ”按钮,选择刚刚绘制的直线和小圆形,指定阵列的中心点为图10-15的大圆的圆心,项目数为4,行数为1,右击确认完成。

第十二步

图10-17绘制步骤如下:

单击“ ”按钮,以图10-15的大圆圆心为圆心,绘制半径为200个单位的圆,完成。

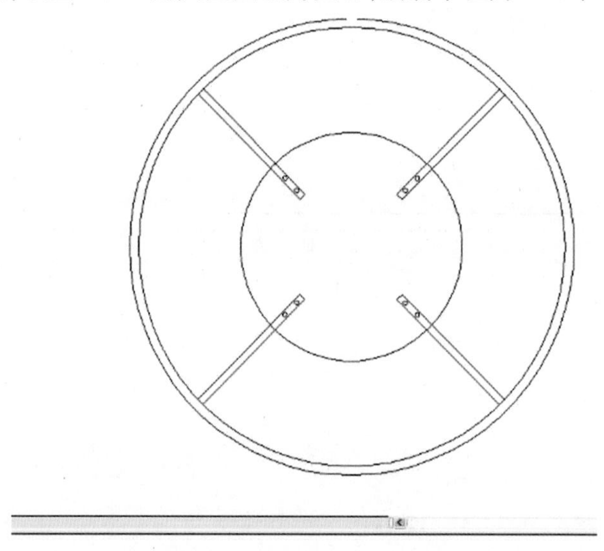

图10-17

第十三步

图10-18绘制步骤如下:

单击“ ”按钮,以图10-15的大圆圆心为圆心,绘制适当大小的小圆,完成。

第十四步

图10-19放大后如图10-20所示。

图10-20绘制步骤如下:

给半径为400的大圆在右边画一条横向的半径,作为辅助线,单击“ ”按钮,在辅助线绘制适当大小的小矩形,单击“ ”按钮,选择“ LINE ”图案,填充矩形两端。

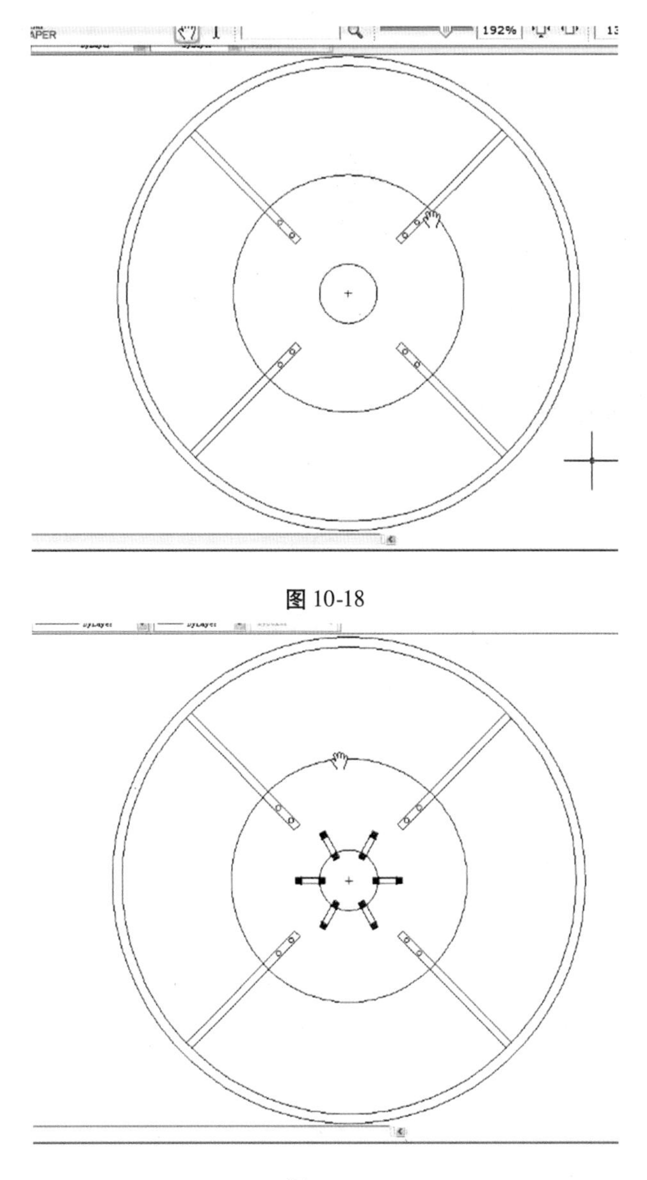

图 10-18

图 10-19

单击“”按钮，在没有填充的两端绘制两个小矩形，完成。

第十五步

图 10-21 绘制步骤如下：

单击“”按钮，在构造线的一边绘制一个矩形，单击“”按钮，以第一条构造线为镜像线对矩形执行镜像。

单击“”按钮，分解两个矩形，再删除在构造线上的两条矩形边线，单击“复制”按钮，选择两个矩形删除后的那部分进行复制。

单击“”按钮，选择复制的矩形，旋转 90°完成。

第十六步

图 10-22 绘制步骤如下：

单击“”按钮，选择灯丝，单击“

”按钮，给中间的圆绘制横向直径作为辅助线，单击“”按钮，绘制矩形，再镜像。

单击“”按钮，打断某些点，以删除多余的线段。

单击“”按钮，画出灯泡，灯丝的形状。

单击“红”改变灯丝的颜色，点灯泡，矩形，执行阵列，完成。

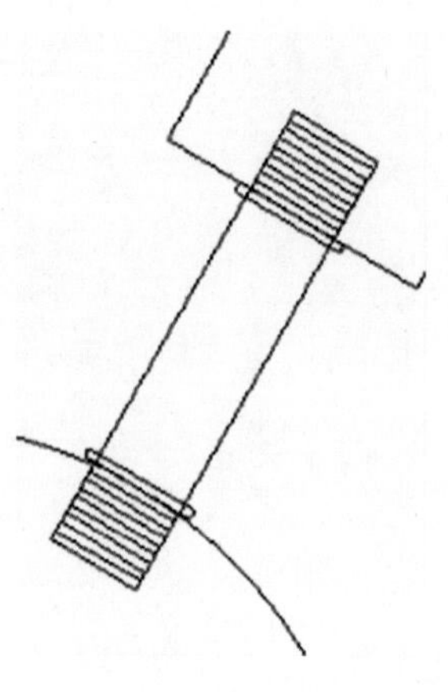

图 10-20

放大后局部如图 10-23 所示。

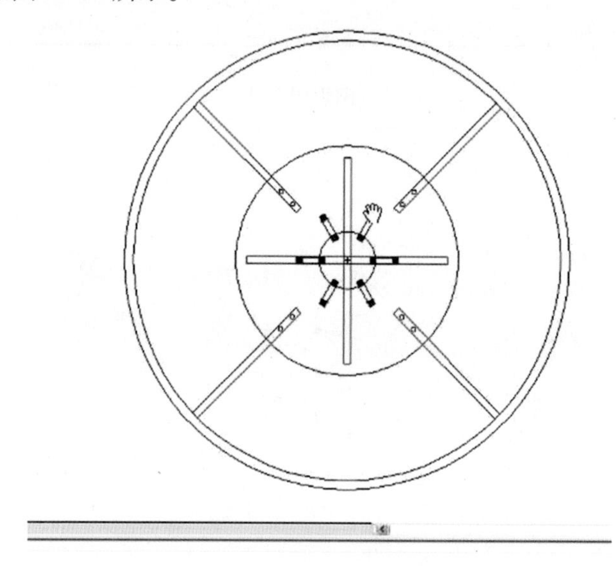

图 10-21

图 10-24 绘制步骤如下：

单击“对齐”按钮，左击要标注的那段距离的端点，在命令行内输入 t(回车)，再输入标注文字(回车)，依次标注两个圆的圆心与矩形边线的距离，完成。

第十七步

图 10-25 绘制步骤如下：

单击“直径”按钮，选择 800 直径的圆，执行标注，再选择 400 直径的圆，执行标注，完成。

第十八步

图 10-26 绘制步骤如下：

选择”按钮，在命令行内按提示依次输入：

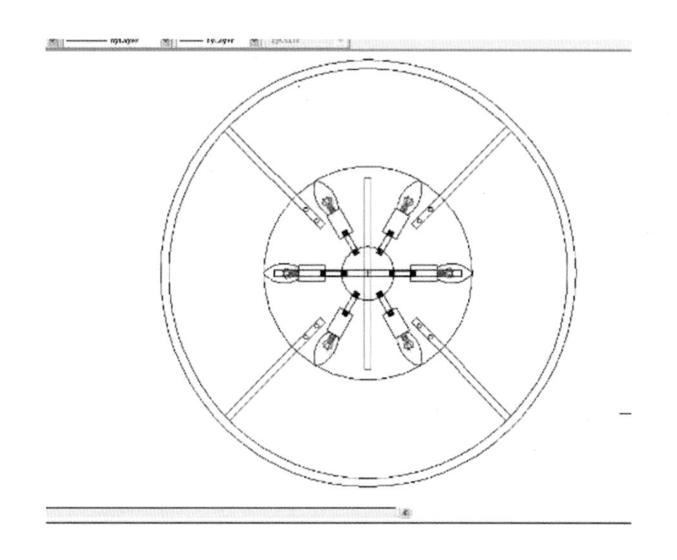

图 10-22

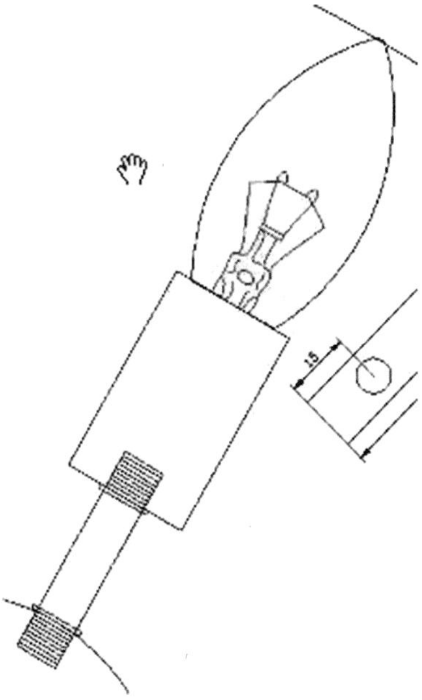

图 10-23

命令:_rectang

指定第一个角点或[倒角(C)/标高(E)......]:　　　//左击鼠标

指定另一个角点或[面积(A)/尺寸(D)、旋转(R)]:D

指定矩形的长度:800

指定矩形的宽度:430

指定另一个角点[......]:　　　//左击鼠标

单击“”分解矩形,单击“”按钮,把矩形的上下边线各向内偏移16,左右边线各偏移8。

单击“”按钮,修剪多余线段。

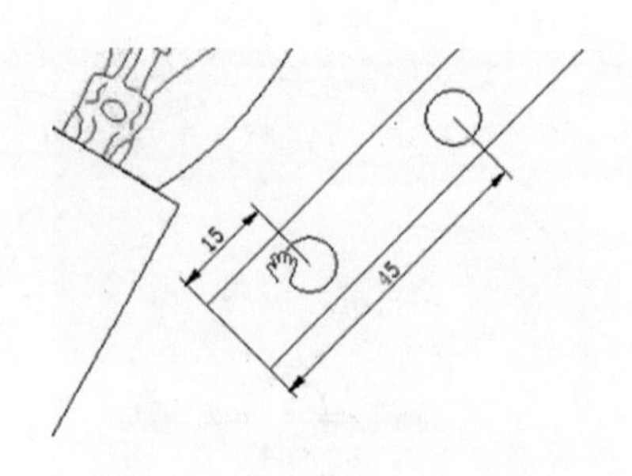

图 10-24

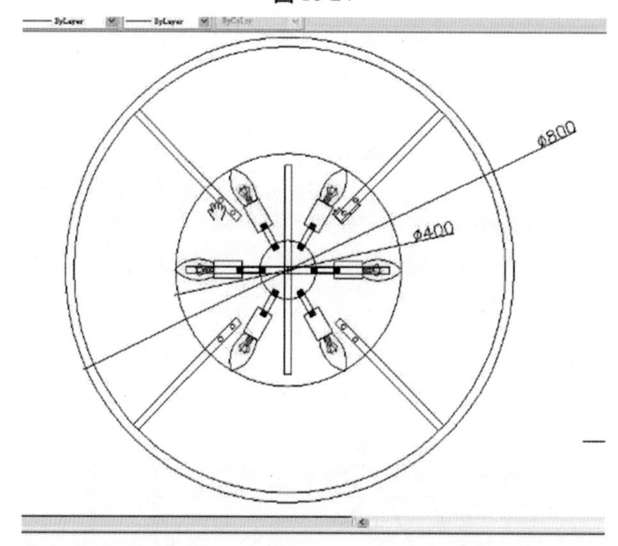

图 10-25

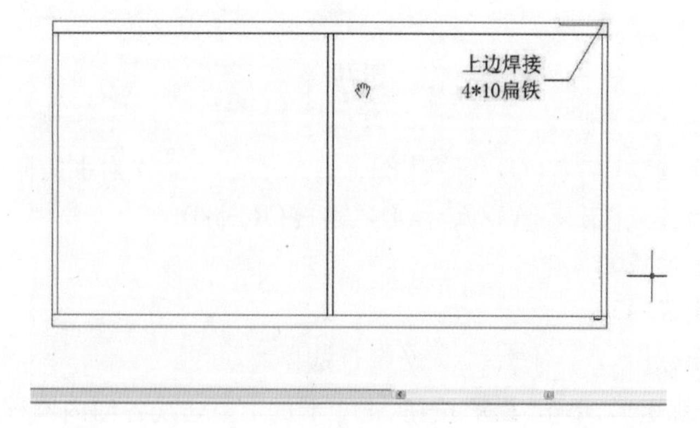

图 10-26

单击“ ”按钮，在矩形上下边线找到中点，绘制直线，单击“ ”按钮，选择绘制的直线，左右各偏移4，删除原来的直线。

单击“ ”按钮，绘制扁铁形状。

单击“ ”按钮，绘制指示线。

单击“A 文字”按钮，依次左击，确定文字输入的位置，再输入：上边焊接4×10扁铁，完成。

第十九步

图10-27绘制步骤如下：

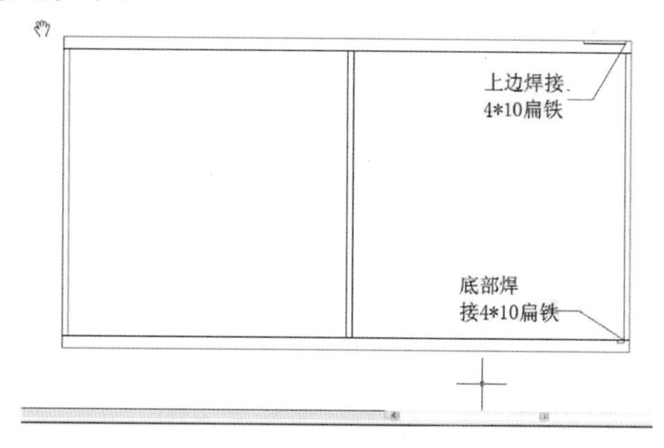

图10-27

单击“ ”按钮，绘制指示线。

单击“A 文字”按钮，依次左击，确定文字输入的位置，再输入：底部焊接4×10扁铁，完成。

第二十步

图10-28绘制步骤如下：

单击“ ”按钮，绘制指示线。

单击“A 文字”按钮，依次左击，确定文字输入的位置，再输入：贴金边。

再重复一次上述步骤，完成。

第二十一步

图10-29绘制步骤如下：

单击“ ”按钮，绘制指示线。

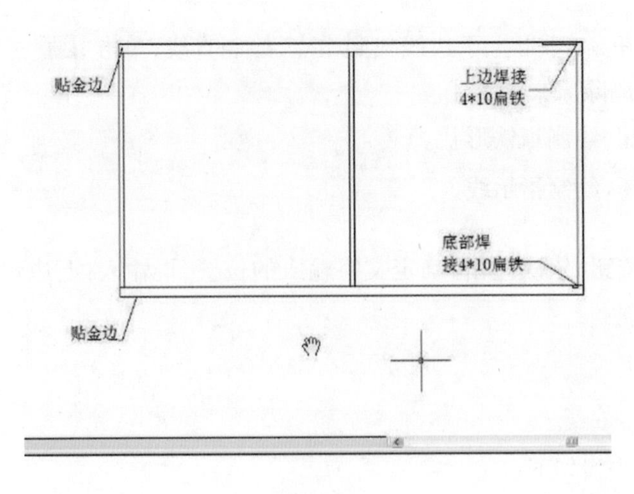

图 10-28

单击“ 文字 ”按钮,依次左击,确定文字输入的位置,再输入:8 × 16 方管。

重复一次上述步骤,输入:8 × 16 方管 8 条。

单击“ 线性 ”按钮,为方管标注,完成。

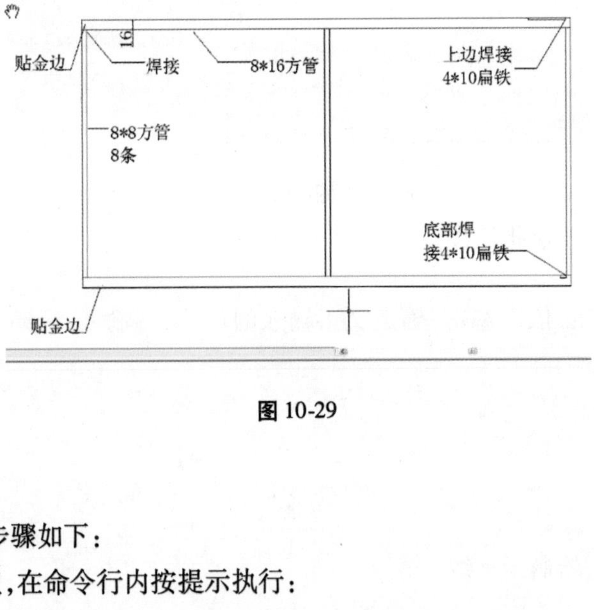

图 10-29

第二十二步

图 10-30 绘制步骤如下:

单击“ ”按钮,在命令行内按提示执行:

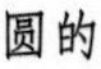

命令:_circle

指定圆的圆心或 [三点(3P)/两点(2P)/切点、切点、半径(T)]:　　//左击以指定圆心

指定圆的半径或 [直径(D)] <60.0000>: 400

单击 “ ”按钮,在命令行内按提示执行:

命令:_offset

当前设置: 删除源 = 否　图层 = 源　OFFSETGAPTYPE = 0

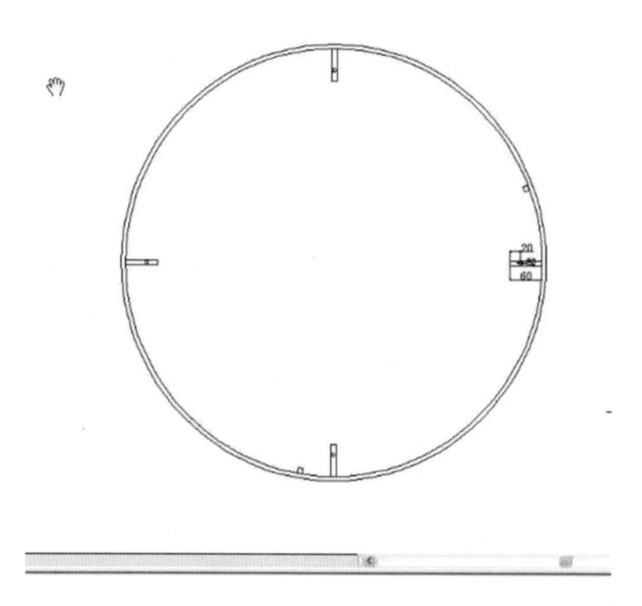

图 10-30

指定偏移距离或［通过(T)/删除(E)/图层(L)］<10.0000>： 20

选择要偏移的对象，或［退出(E)/放弃(U)］<退出>： //上面绘制的直径为400的圆

指定要偏移的那一侧上的点，或［退出(E)/多个(M)/放弃(U)］<退出>： //圆内侧

选择要偏移的对象，或［退出(E)/放弃(U)］<退出>： //左击确定

单击“”按钮，给直径为800的圆绘制构造线，作为辅助线。

单击“”按钮，在命令行按提示执行：

命令：_line

指定第一个点： //在构造线左侧偏移后的圆上单击，鼠标往正下方向移动

指定下一点或［放弃(U)］:60

指定下一点或［放弃(U)］： //右击确定

单击“”按钮，以构造线为镜像线，镜像上面绘制长为60的直线。

单击“”按钮，连接两条直线的下端口；左击，重复直线，在下端口直线的中点左击，鼠标向正上方移动，输入20，右击确定。

单击“”按钮，在长为20的直线的上端左击确定圆心的位置，指定圆的半径为3。

单击“”按钮，在命令行按提示执行：

命令：_arrag

选择对象：指定对角点： //找到5个(绘制的线段和圆)

选择对象： //右击确定

类型 = 极轴　关联 = 是

指定阵列的中心点或［基点(B)/旋转轴(A)］： //直径为800的圆的圆心

在“项目数: 6”按钮单击数字，输入4，右击确定。

单击“![icon]”按钮，绘制两个在内圆里面的小形状。

第二十三步

图 10-31 绘制步骤如下：

单击“直径”按钮，左击选择小圆，右击确定。

单击“线性”按钮，依次标注距离。

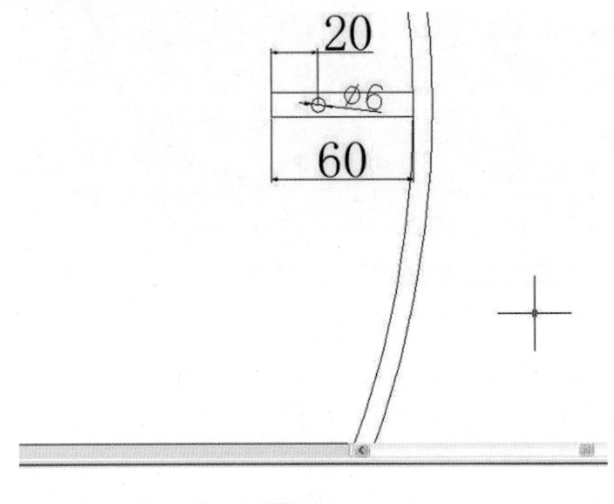

图 10-31

第二十四步

图 10-32 绘制步骤如下：

单击“”按钮，绘制字体引线；单击“A 文字”按钮，在命令行按要求输入：

命令：_mtext

当前文字样式："Standard"　文字高度：20　注释性：否

指定第一角点：　　//左击

指定对角点或[高度(H)/对正(J)/行距(L)/旋转(R)/样式(S)/宽度(W)/栏(C)]：
　//左击

输入文字，左击，完成。

第二十五步

图 10-33 绘制步骤如下：

单击“”按钮，绘制小形状，单击“线性”按钮，依次标注距离后，再重复图 10-25 的绘制步骤，写上文字，完成。

第二十六步

图 10-34 绘制步骤如下：

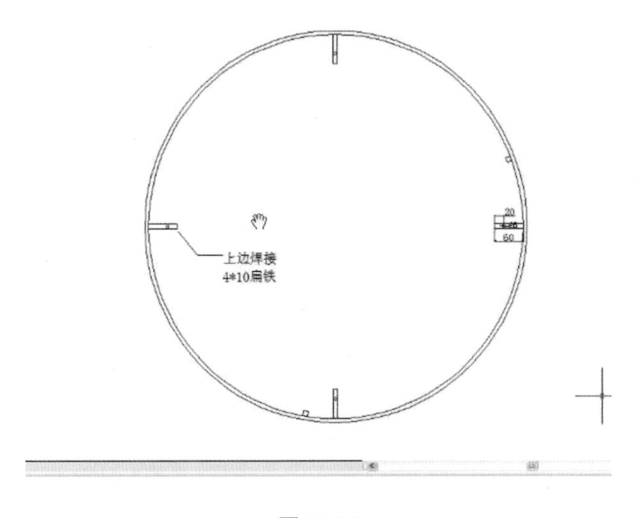

图 10-32

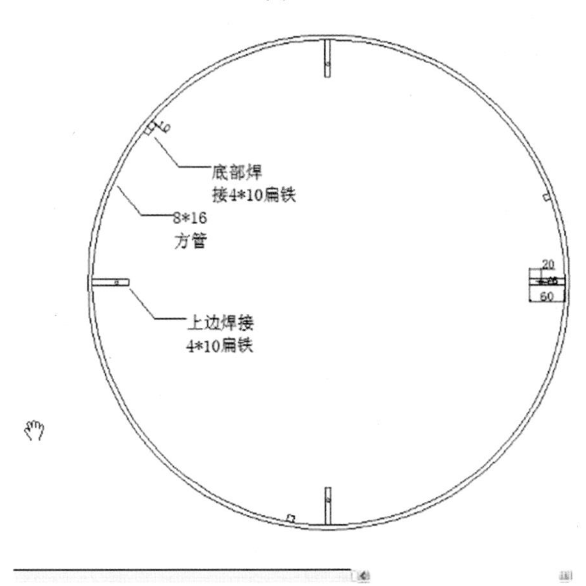

图 10-33

单击“线性”按钮，标注大圆的半径，再将上面所画的四个图移动到相应位置，完成。

第二十七步

图 10-35 绘制步骤如下：

选择“”按钮，绘制图纸，单击“”按钮，分解矩形。

单击“”按钮，指定适当的偏移距离来偏移矩形边框，绘制表格。

单击“”按钮，修剪多余的线段。

单击“复制”按钮，复制图 10-13。

单击“”按钮，绘制文字引线。

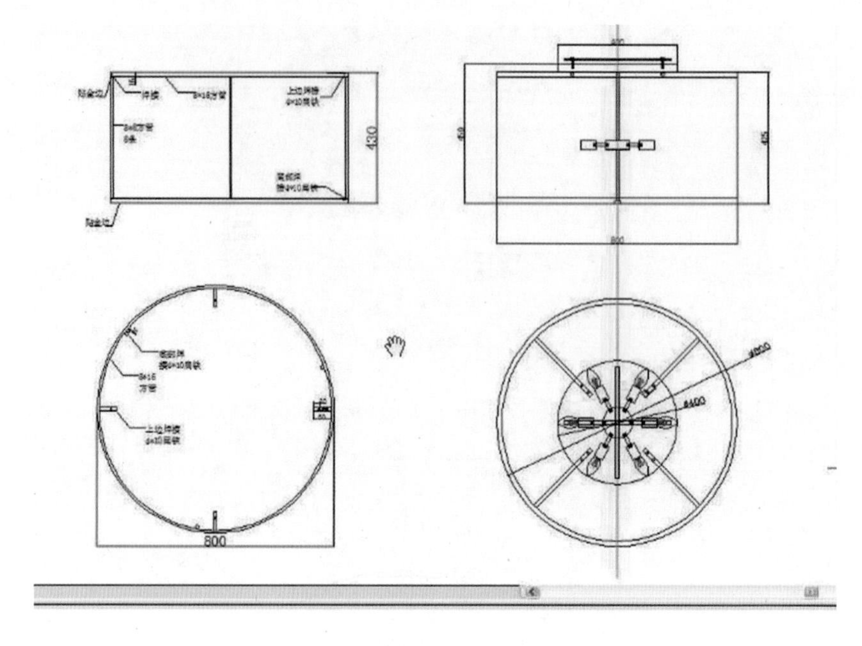

图 10-34

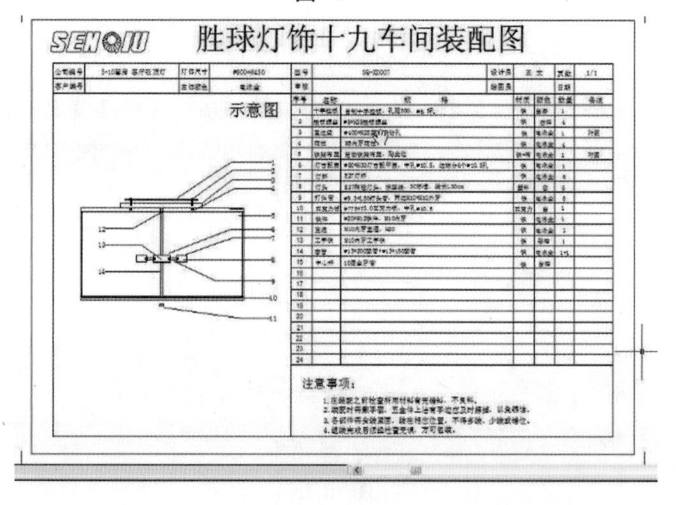

图 10-35

单击“A 文字”按钮，写上文字，完成。

第十一章　灯具模型制作实例(六)

此练习使用 CAD 作图完成灯具的绘制,其灯具实物如图 11-1 所示。

图 11-1

通过练习可以掌握矩形、圆形、构造线、多段线的绘制与线性、对齐、直径、弧线、文字的标注,也可以掌握图形的移动、复制、拉伸、分解、镜像、偏移、修剪、阵列等基本功能。

第一步

灯具的基本尺寸如图 11-2 所示。

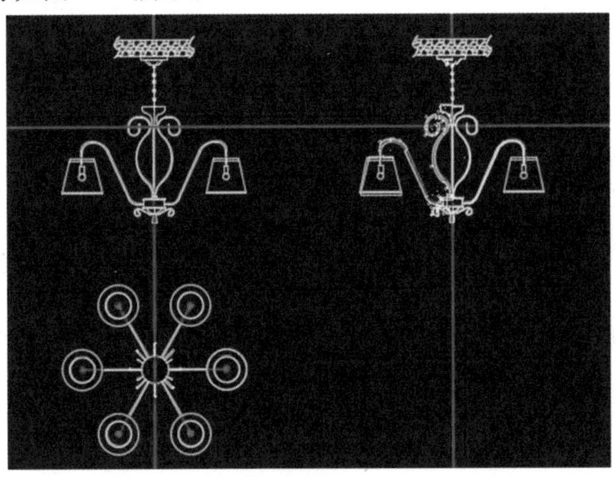

图 11-2

第二步

图 11-3 绘制步骤如下：

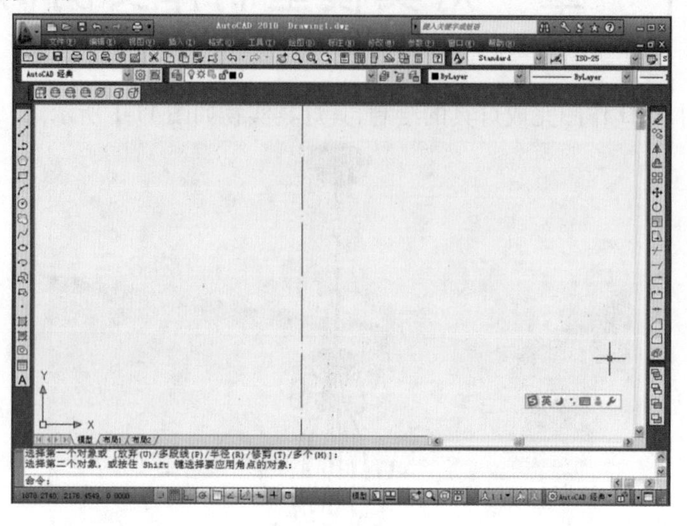

图 11-3

单击“”按钮，按命令行提示执行：

命令：_xline

指定点或［水平(H)/垂直(V)/角度(A)/二等分(B)/偏移(O)］：　　//左击

指定通过点：　　//左击

指定通过点：　　//右击确定

单击“”按钮，弹出界面如图 11-4 所示。

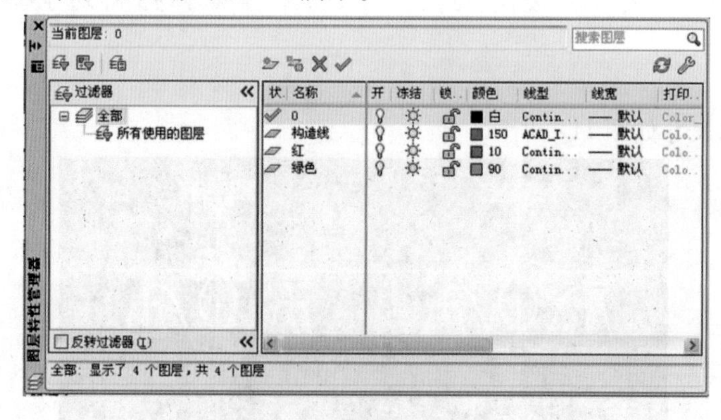

图 11-4

单击“”按钮，命名为构造线，再分别单击构造线的“■ 150”、“ACAD_I...”把颜色更改为蓝色，线型改为点划线的线型。

左击绘制的构造线，单击图 11-5 的“”按钮，选择见图 11-5。

第三步

图 11-6 绘制步骤如下：

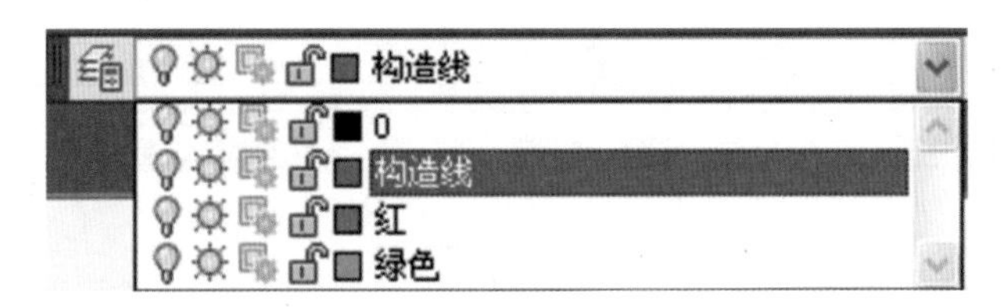

图 11-5

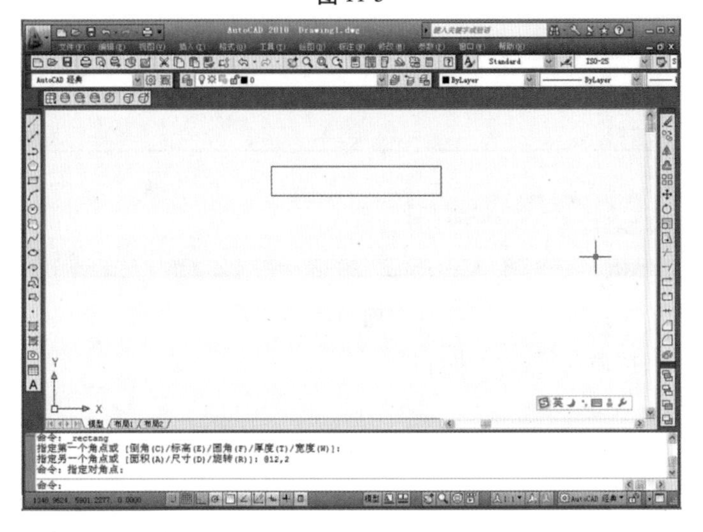

图 11-6

单击“▭”按钮，按命令行提示执行：

命令：_rectang

指定第一个角点或［倒角(C)/标高(E)/圆角(F)/厚度(T)/宽度(W)］：
//左击

指定另一个角点或［面积(A)/尺寸(D)/旋转(R)］：@120,20　　　//回车

命令：指定对角点：右击确定

单击“✥”按钮，按命令行提示执行：

命令：_move

选择对象：找到 1 个　　　//左击 120×20 矩形

选择对象：　　　//右击选定

指定基点或［位移(D)］＜位移＞：　　　//左击 120×20 矩形的上面边线的中点

指定第二个点或 ＜使用第一个点作为位移＞：　　　//左击构造线

第四步

图 11-7 绘制步骤如下：

单击“▭”按钮，按命令行提示执行：

命令：_rectang

指定第一个角点或［倒角(C)/标高(E)/圆角(F)/厚度(T)/宽度(W)］：　　　//左击

指定另一个角点或［面积(A)/尺寸(D)/旋转(R)］：@80,20

指定对角点：　　　//右击确定

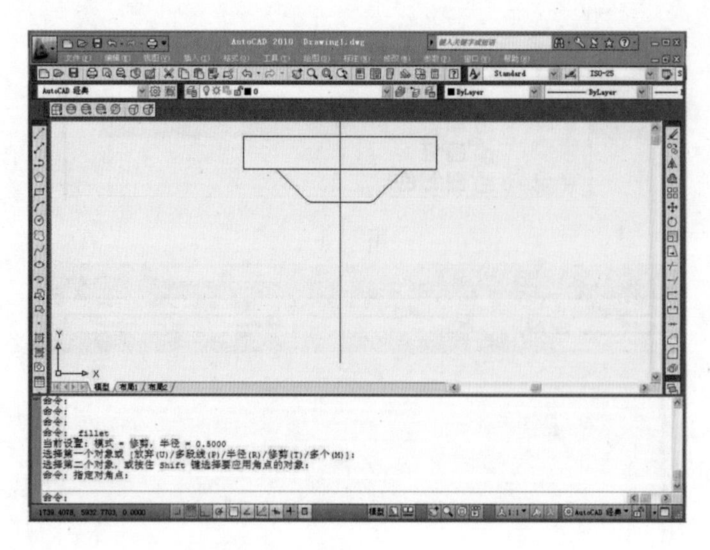

图 11-7

单击"✥"按钮,按命令行提示执行:

命令: _move

选择对象:　　　//找到 1 个(左击 80 ×20 矩形)

选择对象:　　　//右击选定

指定基点或[位移(D)] <位移>:　　　//左击 80 ×20 矩形的上面边线的中点

指定第二个点或 <使用第一个点作为位移>:　　　//左击 120 ×20 矩形的下面边线的中点与构造线的交点

单击"◎"按钮,选择 45°角。

单击"⟋"按钮,按命令行提示执行:

命令: _line

指定第一点:　　　//左击 80 ×20 矩形的左上角

指定下一点或[放弃(U)]:　　　//鼠标向右下方移动(超过 80 ×20 矩形的下面边线),鼠标附近显示 45°时左击

指定下一点或[放弃(U)]:　　　//右击确定

单击"⟋"按钮,按命令行提示执行:

命令: _line

指定第一点:　　　//左击 80 ×20 矩形的右上角

指定下一点或[放弃(U)]:　　　//鼠标向左下方移动(超过 80 ×20 矩形的下面边线),鼠标附近显示 135°时左击

指定下一点或[放弃(U)]:　　　//右击确定

单击"-/--"按钮,按命令行提示执行:

命令: _trim

当前设置:投影 = UCS,边 = 无

选择剪切边...

选择对象或 <全部选择>:指定对角点:　　　//框选 80 ×20 矩形与绘制的 45°、135°

的直线

选择对象:　　　　//右击选定

选择要修剪的对象,或按住 Shift 键选择要延伸的对象,或[栏选(F)/窗交(C)/投影(P)/边(E)/删除(R)/放弃(U)]:　　　//一一左击要修剪的线段

命令:右击确定

单击“”按钮,按命令行提示执行:

命令: _fillet

当前设置: 模式 = 修剪,半径 = 0.0000

选择第一个对象或[放弃(U)/多段线(P)/半径(R)/修剪(T)/多个(M)]: r //回车

指定圆角半径 <0.0000>: 5　　　//回车

选择第一个对象或[放弃(U)/多段线(P)/半径(R)/修剪(T)/多个(M)]: //分别左击45°的斜线和 80×20 矩形的下面边线

选择第二个对象,或按住 Shift 键选择要应用角点的对象:右击确定

再右击,选择重复圆角

选择第一个对象或[放弃(U)/多段线(P)/半径(R)/修剪(T)/多个(M)]: //分别左击135°的斜线和 80×20 矩形的下面边线

选择第二个对象,或按住 Shift 键选择要应用角点的对象:　　　//右击确定

第五步

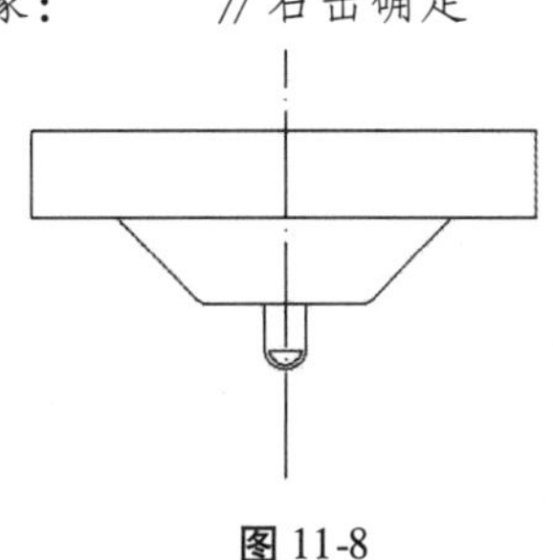

图 11-8

图 11-8 绘制步骤如下:

单击“”按钮,按命令行提示执行:

命令: _rectang

指定第一个角点或[倒角(C)/标高(E)/圆角(F)/厚度(T)/宽度(W)]:　　　//左击任意位置

指定另一个角点或[面积(A)/尺寸(D)/旋转(R)]: @10,15　　　//回车

单击“”按钮,按命令行提示执行:

命令: _fillet

当前设置: 模式 = 修剪,半径 = 0.5000

选择第一个对象或[放弃(U)/多段线(P)/半径(R)/修剪(T)/多个(M)]: r //回车

指定圆角半径 <0.5000>: 5　　　//回车

选择第一个对象或[放弃(U)/多段线(P)/半径(R)/修剪(T)/多个(M)]: //左击矩形下面边线

选择第二个对象,或按住 Shift 键选择要应用角点的对象:　　　//左击矩形左面边线

右击重复圆角,选择第一个对象或[放弃(U)/多段线(P)/半径(R)/修剪(T)/多个(M)]:　　　//左击矩形下面边线

选择第一个对象或[放弃(U)/多段线(P)/半径(R)/修剪(T)/多个(M)]: //左击矩形右面边线

单击“ ”按钮，按命令行提示执行：

命令：_offset

当前设置：删除源 = 否　图层 = 源　OFFSETGAPTYPE = 0

指定偏移距离或［通过(T)/删除(E)/图层(L)］<1.0000>:1　　　　//回车

选择要偏移的对象，或［退出(E)/放弃(U)］<退出>：　　　　//左击做了圆角的10×15矩形

指定要偏移的那一侧上的点，或［退出(E)/多个(M)/放弃(U)］<退出>：//左击做了圆角的10×15矩形的内侧

选择要偏移的对象，或［退出(E)/放弃(U)］<退出>：　　　　//右击确定

单击“ ”按钮，连接圆角的上面两个端点。

单击“ ”按钮，框选上面绘制的图形，右击选定，一一左击修剪掉直线上面的偏移得到的矩形。

单击“ ”按钮，按命令行提示执行。

命令：_move

选择对象：　　　　//框选绘制好的图形

选择对象：　　　　//右击选定

指定基点或［位移(D)］<位移>：　　　　//左击绘制好的图形的上面边线的中点

指定第二个点或 <使用第一个点作为位移>：　　　　//左击80×20矩形的下面边线的中点与构造线的交点

第六步

图11-9绘制步骤如下：

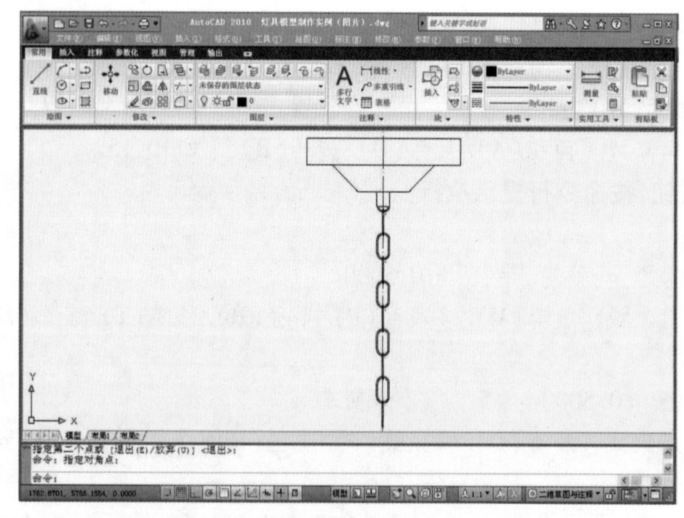

图11-9

单击“ ”按钮，按命令行提示执行：

命令：_rectang

指定第一个角点或［倒角(C)/标高(E)/圆角(F)/厚度(T)/宽度(W)］：　　　　//左击

指定另一个角点或［面积(A)/尺寸(D)/旋转(R)］: @1,20

单击“”按钮,按命令行提示执行:

命令: _fillet

当前设置: 模式 = 修剪,半径 = 0.0000

选择第一个对象或［放弃(U)/多段线(P)/半径(R)/修剪(T)/多个(M)］: r
//回车

指定圆角半径 <0.0000 >:0.5　　　//回车

选择第一个对象或［放弃(U)/多段线(P)/半径(R)/修剪(T)/多个(M)］:
//左击矩形下面边线

选择第二个对象,或按住 Shift 键选择要应用角点的对象:　　　//左击矩形左面边线

对 1×20 矩形其余的三个角重复以上步骤。

单击“”按钮,在上下圆角处各绘制同心圆。

单击“”按钮,按命令行提示执行:

命令: _move

选择对象:　　　//框选绘制好的做了圆角的 1×20 矩形和两个圆

选择对象:　　　//右击选定

指定基点或［位移(D)］<位移>:　　　//左击上面的同心圆的下面象限点

指定第二个点或 <使用第一个点作为位移>:　　　//左击由做了圆角的 10×15 矩形偏移得到的弧线的象限点

单击“”按钮,按命令行提示执行:

命令: _rectang

指定第一个角点或［倒角(C)/标高(E)/圆角(F)/厚度(T)/宽度(W)］:　　　//左击

指定另一个角点或［面积(A)/尺寸(D)/旋转(R)］: @10,20

单击“”按钮,按命令行提示执行:

命令: _fillet

当前设置: 模式 = 修剪,半径 = 0.5000

选择第一个对象或［放弃(U)/多段线(P)/半径(R)/修剪(T)/多个(M)］: r
//回车

指定圆角半径 <0.0500 >:5　　　//回车

选择第一个对象或［放弃(U)/多段线(P)/半径(R)/修剪(T)/多个(M)］:
//左击矩形下面边线

选择第二个对象,或按住 Shift 键选择要应用角点的对象:　　　//左击矩形左面边线

对 10×20 矩形其余的三个角重复以上步骤。

单击“”按钮,按命令行提示执行:

命令: _offset

当前设置: 删除源 = 否　图层 = 源　OFFSETGAPTYPE = 0

指定偏移距离或［通过(T)/删除(E)/图层(L)］<1.0000 >:1　　　//回车

选择要偏移的对象,或［退出(E)/放弃(U)］<退出>:　　　//左击做了圆角的 10×20矩形

指定要偏移的那一侧上的点，或［退出(E)/多个(M)/放弃(U)］<退出>：
//左击做了圆角的 10×20 矩形的内侧

选择要偏移的对象，或［退出(E)/放弃(U)］<退出>：　　//右击确定

单击“”按钮，按命令行提示执行：

命令：_move

选择对象：　　//框选绘制好的做了圆角的 10×20 矩形

选择对象：　　//右击选定

指定基点或［位移(D)］<位移>：　　//左击由做了圆角的 10×20 矩形偏移得到的弧线的象限点

指定第二个点或 <使用第一个点作为位移>：　　//左击下面小圆的上面的象限点

单击“”按钮，依次复制吊环。

第七步

图 11-10 绘制步骤如下：

单击“”按钮，复制一个吊环；单击“”按钮，在吊环的中间绘制一条直线；单击“”按钮，框选吊环以及直线，右击选定，一一左击修剪掉直线下面的半个吊环。

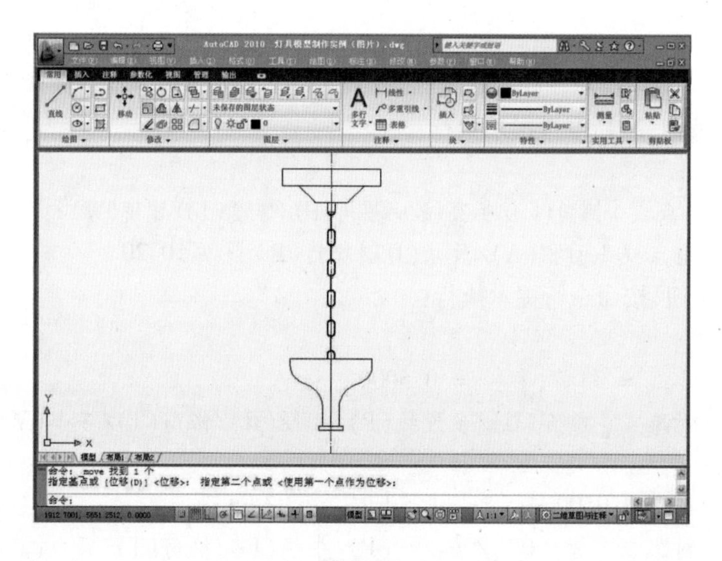

图 11-10

单击“”按钮，左击上面绘制的直线与构造线的交点，鼠标向正左方移动，在命令行内输入 50(回车)；鼠标向正下方移动，在命令行内输入 30(回车)。

右击选择“重复直线”，左击上面绘制的直线与构造线的交点，鼠标向正下方移动，在命令行内输入 80(回车)。

右击选择“重复直线”，左击上面绘制的直线的下端点，鼠标向正左方移动，在命令行内输入 10(回车)；鼠标向正上方移动，在命令行内输入 40(回车)；鼠标移动到长为 30 的线段的下端点左击，右击确定。

单击“”按钮，按命令行提示执行：

命令：_fillet
当前设置：模式 = 修剪，半径 = 5.0000
选择第一个对象或［放弃(U)/多段线(P)/半径(R)/修剪(T)/多个(M)］：r
//回车
指定圆角半径 <5.0000>：20　　　//回车
选择第一个对象或［放弃(U)/多段线(P)/半径(R)/修剪(T)/多个(M)］：
//左击长为30的直线
选择第二个对象，或按住 Shift 键选择要应用角点的对象：　　　//左击斜线，右击确定
右击选择“重复圆角”
选择第一个对象或［放弃(U)/多段线(P)/半径(R)/修剪(T)/多个(M)］：r
//回车
指定圆角半径 <20.0000>：25　　　//回车
选择第一个对象或［放弃(U)/多段线(P)/半径(R)/修剪(T)/多个(M)］：
//左击长为40的直线
选择第二个对象，或按住 Shift 键选择要应用角点的对象：　　　//左击斜线，右击确定
单击“”按钮，按命令行提示执行：
命令：_mirror
选择对象：　　　//框选上面绘制的直线、弧线
选择对象：　　　//右击选定
指定镜像线的第一点：　　　//左击长为80的直线的上端点
指定镜像线的第二点：　　　//左击长为80的直线的下端点
要删除源对象吗？［是(Y)/否(N)］<N>：N
单击“”按钮，按命令行提示执行：
命令：_rectang
指定第一个角点或［倒角(C)/标高(E)/圆角(F)/厚度(T)/宽度(W)］：　　　//左击
指定另一个角点或［面积(A)/尺寸(D)/旋转(R)］：@30,5
单击“”按钮，按命令行提示执行：
命令：_move
选择对象：　　　//左击30×5矩形
选择对象：　　　//右击选定
指定基点或［位移(D)］<位移>：　　　//左击10×20矩形的上面边线的中点
指定第二个点或 <使用第一个点作为位移>：　　　//左击长为10的线段的右端点

第八步

图 11-11 绘制步骤如下：
单击“”按钮，按命令行提示执行：
命令：_line
指定第一点：　　　//左击30×5矩形的下面边线的中点
指定下一点或［放弃(U)］：300

指定下一点或［放弃(U)］：　　　//右击确定

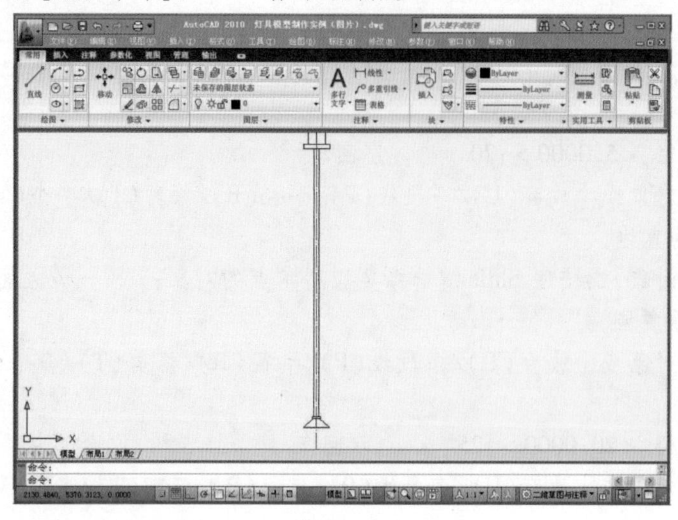

图 11-11

单击"[offset button]"按钮,按命令行提示执行：

命令：_offset

当前设置：删除源 = 否　图层 = 源　OFFSETGAPTYPE = 0

指定偏移距离或［通过(T)/删除(E)/图层(L)］<通过>：3

选择要偏移的对象,或［退出(E)/放弃(U)］<退出>：　　　//左击长为 300 的直线

指定要偏移的那一侧上的点,或［退出(E)/多个(M)/放弃(U)］<退出>：
//左击长为300 的直线左侧

选择要偏移的对象,或［退出(E)/放弃(U)］<退出>：　　　//左击在构造线上长为 300 的直线

指定要偏移的那一侧上的点,或［退出(E)/多个(M)/放弃(U)］<退出>：
//左击在构造线上长为 300 的直线的内侧

选择要偏移的对象,或［退出(E)/放弃(U)］<退出>：　　　//右击确定

左击选择在构造线上的长为 300 的直线,右击选择删除。

单击"[line button]"按钮,连接长为 300 的直线的下面两个端点。

单击"[rectangle button]"按钮,按命令行提示执行：

命令：_rectang

指定第一个角点或［倒角(C)/标高(E)/圆角(F)/厚度(T)/宽度(W)］：　　　//左击

指定另一个角点或［面积(A)/尺寸(D)/旋转(R)］：@20,2

单击"[move button]"按钮,按命令行提示执行：

命令：_move

选择对象：　　　//左击 10×2 矩形

选择对象：　　　//右击选定

指定基点或［位移(D)］<位移>：　　　//左击 10×2 矩形的上面边线的中点

指定第二个点或 <使用第一个点作为位移>：　　　//左击连接长为 300 的直线的下面两个端点的中点

单击“”按钮,按命令行提示执行:

命令: _line

指定第一点: //左击 10×2 矩形的下面边线的中点(鼠标移动到此点的正下方)

指定下一点或[放弃(U)]: 10 //鼠标移动到此点的正左方

指定下一点或[放弃(U)]: 15

指定下一点或[闭合(C)/放弃(U)]: //鼠标移动到 10×2 矩形的下面边线的适当位置左击

指定下一点或[闭合(C)/放弃(U)]: //右击确定

单击“”按钮,按命令行提示执行:

命令: _mirror

选择对象: //框选上面绘制的直线

选择对象: //右击选定

指定镜像线的第一点: //左击长为 10 的直线的上端点

指定镜像线的第二点: //左击长为 10 的直线的下端点

要删除源对象吗?[是(Y)/否(N)] <N>: N

第九步

图 11-12 绘制步骤如下:

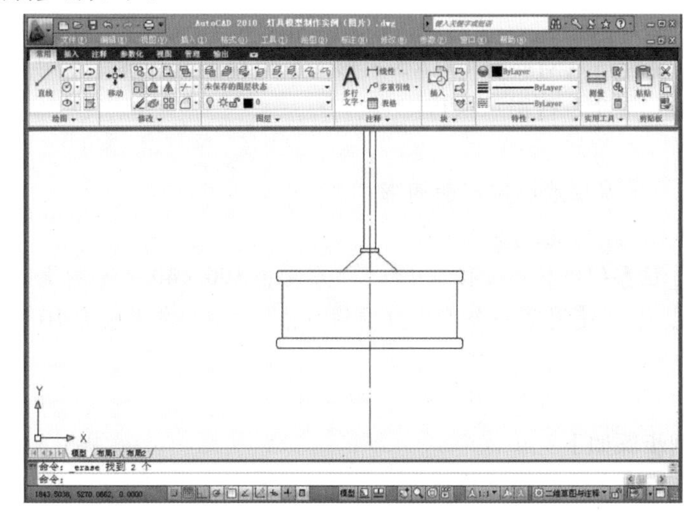

图 11-12

单击“”按钮,按命令行提示执行:

命令:_rectang

指定第一个角点或[倒角(C)/标高(E)/圆角(F)/厚度(T)/宽度(W)]: //左击

指定另一个角点或[面积(A)/尺寸(D)/旋转(R)]: @100,40

单击“”按钮,左击 100×40 矩形,右击分解。

单击“”按钮,按命令行提示执行:

命令: _offset

当前设置：删除源 = 否　图层 = 源　OFFSETGAPTYPE = 0

指定偏移距离或［通过(T)/删除(E)/图层(L)］<通过>：5

选择要偏移的对象，或［退出(E)/放弃(U)］<退出>：　　//左击 100×40 矩形的上面边线

指定要偏移的那一侧上的点，或［退出(E)/多个(M)/放弃(U)］<退出>：//左击 100×40 矩形的上面边线的下面空白处

右击确定，对 100×40 矩形的下面边线重复此步骤，对 100×40 矩形的左右两条边线向内偏移 3

单击“ ”按钮，左击修剪偏移后多余的线段。

单击“ ”按钮，按命令行提示执行：

命令：_fillet

当前设置：模式 = 修剪，半径 = 5.0000

选择第一个对象或［放弃(U)/多段线(P)/半径(R)/修剪(T)/多个(M)］：r //回车

指定圆角半径 <5.0000>：1　　//回车

选择第一个对象或［放弃(U)/多段线(P)/半径(R)/修剪(T)/多个(M)］：//左击 100×5 矩形的上面边线

选择第二个对象，或按住 Shift 键选择要应用角点的对象：　　//左击 100×5 矩形的左面边线，右击确定

右击选择“重复圆角”，对所有 100×5 矩形的直角重复此步骤。

单击“ ”按钮，按命令行提示执行：

命令：_move

选择对象：　　//框选绘制好的图形

选择对象：　　//右击选定

指定基点或［位移(D)］<位移>：　　//左击 100×40 矩形的上面边线的中点

指定第二个点或 <使用第一个点作为位移>：　　//左击长为 10 的直线的下端点

第十步

图 11-13 绘制步骤如下：

单击“ ”按钮，按命令行提示执行：

命令：_line

指定第一点：　　//左击 100×40 矩形的下面边线的中点（鼠标移动到此点的正下方）

指定下一点或［放弃(U)］：20　　//鼠标移动到此点的正左方

指定下一点或［闭合(C)/放弃(U)］：　　//右击确定

单击“ ”按钮，按命令行提示执行：

命令：_pline

指定起点：　　//左击举行底面边线的适当位置

当前线宽为 0.0000

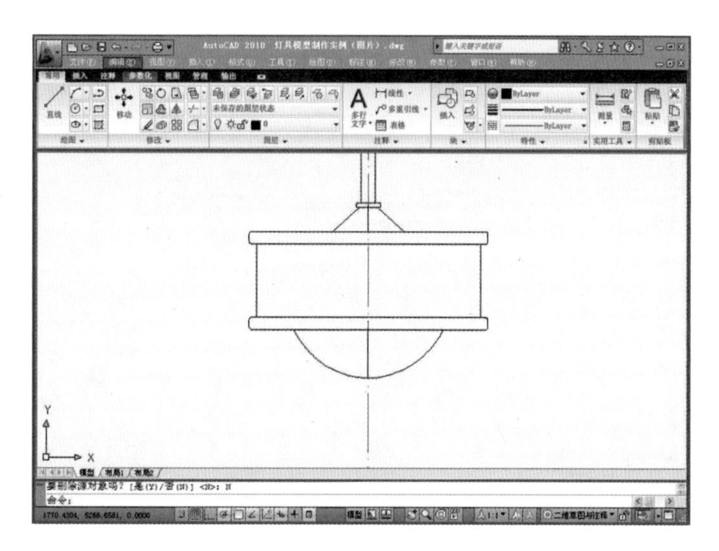

图 11-13

指定下一个点或［圆弧(A)/半宽(H)/长度(L)/放弃(U)/宽度(W)］: a

指定圆弧的端点或［角度(A)/圆心(CE)/方向(D)/半宽(H)/直线(L)/半径(R)/第二个点(S)/放弃(U)/宽度(W)］:　　//左击长为 20 的线段的下端点，右击确定

左击弧线，单击弧线上中间的蓝色方点，移动鼠标调整弧线，左击确定弧线

单击“”按钮，按命令行提示执行：

命令：_mirror

选择对象：　　//框选上面绘制的弧线线

选择对象：　　//右击选定

指定镜像线的第一点：　　//左击长为 20 的直线的上端点

指定镜像线的第二点：　　//左击长为 20 的直线的下端点

要删除源对象吗？［是(Y)/否(N)］<N>：N

第十一步

图 11-14 绘制步骤如下：

单击“”按钮，按命令行提示执行：

命令：_rectang

指定第一个角点或［倒角(C)/标高(E)/圆角(F)/厚度(T)/宽度(W)］:　　//左击

指定另一个角点或［面积(A)/尺寸(D)/旋转(R)］: @10,5

单击“”按钮，按命令行提示执行：

命令：_move

选择对象：　　//左击选择 10×5 矩形

选择对象：　　//右击选定

指定基点或［位移(D)］<位移>：　　//左击 10×5 矩形的上面边线的中点

指定第二个点或 <使用第一个点作为位移>：　　//左击弧线的下端点

单击“”按钮，按命令行提示执行：

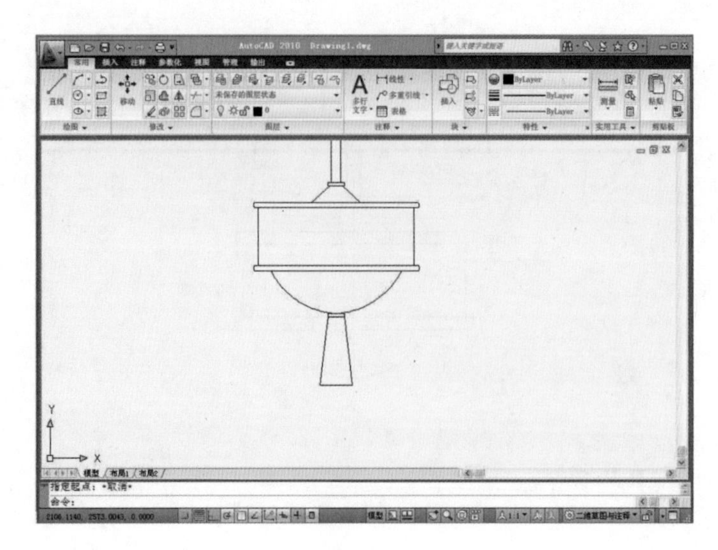

图 11-14

命令：_line

指定第一点：　　　//左击 10×5 矩形的下面边线的中点

指定下一点或［放弃(U)］:40　　　//鼠标向正下方移动，输入

指定下一点或［放弃(U)］:40　　　//鼠标向正左方移动，输入

指定下一点或［闭合(C)/放弃(U)］：　　　//鼠标向上方移动到 10×5 矩形的左下角，左击

指定下一点或［闭合(C)/放弃(U)］：　　　//右击确定

单击“”按钮，按命令行提示执行：

命令：_mirror

选择对象：　　　//框选上面绘制的直线

选择对象：　　　//右击选定

指定镜像线的第一点：　　　//左击长为 40 的直线的上端点

指定镜像线的第二点：　　　//左击长为 40 的直线的下端点

要删除源对象吗？［是(Y)/否(N)］<N>：N

依次左击在构造线上的三条长分别为 10、15、40 的直线，右击选择“删除”。

第十二步

图 11-15 绘制步骤如下：

单击“”按钮，按命令行提示执行：

命令：_line

指定第一点：　　　//左击 30×2 矩形的右面边线的中点

指定下一点或［放弃(U)］:40　　　//鼠标向正上方移动，输入

指定下一点或［放弃(U)］:100　　　//鼠标向正右方移动，输入

指定下一点或［闭合(C)/放弃(U)］:80　　　//鼠标向正下方移动，输入

指定下一点或［闭合(C)/放弃(U)］:50　　　//鼠标向正左方移动，输入

指定下一点或［闭合(C)/放弃(U)］:50　　　//鼠标向正上方移动，输入

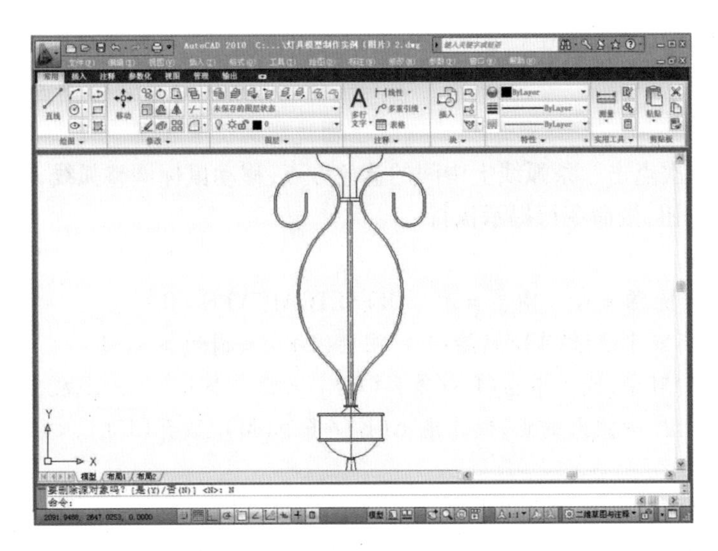

图 11-15

指定下一点或［闭合(C)/放弃(U)］:　　　//右击确定

单击“”按钮,按命令行提示执行:

命令: _fillet

当前设置: 模式 = 修剪,半径 = 5.0000

选择第一个对象或［放弃(U)/多段线(P)/半径(R)/修剪(T)/多个(M)］: r
//回车

指定圆角半径 <5.0000 >:40　　　//回车

选择第一个对象或［放弃(U)/多段线(P)/半径(R)/修剪(T)/多个(M)］:
//左击长为 40 的直线

选择第二个对象,或按住 Shift 键选择要应用角点的对象:　　　//左击长为 100 的直线

右击选择“重复圆角”,依次左击长为 100 和长为 80 的直线重复圆角。

再右击选择“重复圆角”,按命令行提示执行:

选择第一个对象或［放弃(U)/多段线(P)/半径(R)/修剪(T)/多个(M)］: r
//回车

指定圆角半径 <5.0000 >:25　　　//回车

选择第一个对象或［放弃(U)/多段线(P)/半径(R)/修剪(T)/多个(M)］:
//左击长为 80 的直线

选择第二个对象,或按住 Shift 键选择要应用角点的对象:　　　//左击长为 50 的直线

右击选择“重复圆角”,依次左击长为 50 和长为 50 的直线重复圆角。

单击“”按钮,按命令行提示执行:

命令: _pline

指定起点:　　　//左击 30 ×2 矩形的右面边线的中点

当前线宽为 0.0000

指定下一个点或［圆弧(A)/半宽(H)/长度(L)/放弃(U)/宽度(W)］: a

指定圆弧的端点或［角度(A)/圆心(CE)/方向(D)/半宽(H)/直线(L)/半径(R)/第

二个点(S)/放弃(U)/宽度(W)]：　　　　//左击此点的下方(连续左击三次，绘制三条弧线，最后弧线的端点左击下方的 30×2 矩形的上面边线的适当位置

左击弧线，依次点击三条弧线上中间的蓝色方点，移动鼠标调整弧线，左击确定弧线。

单击“”按钮，按命令行提示执行：

命令：_offset

当前设置：删除源=否　图层=源　OFFSETGAPTYPE=0

指定偏移距离或[通过(T)/删除(E)/图层(L)] <通过>：3

选择要偏移的对象，或[退出(E)/放弃(U)] <退出>：　　//左击弧线

指定要偏移的那一侧上的点，或[退出(E)/多个(M)/放弃(U)] <退出>：
//左击弧线的右方

右击确定，对所有弧线重复此步骤。

单击“”按钮，连接长为 50 的直线与由它偏移得到的直线的上端点。

单击“”按钮，按命令行提示执行：

命令：_mirror

选择对象：　　//框选上面绘制的直线与弧线

选择对象：　　//右击选定

指定镜像线的第一点：　　//左击构造线

指定镜像线的第二点：　　//左击构造线的另一点

要删除源对象吗？[是(Y)/否(N)] <N>：N

第十三步

图 11-16 绘制步骤如下：

单击“”按钮，左击 10×5 矩形的右面边线的适当位置，鼠标向 345°方向移动，输入 15(回车)，鼠标向 30°方向移动，输入 45(回车)，鼠标向 0°方向移动，输入 30(回车)，鼠标向 270°方向移动，输入 30(回车)，鼠标向 180°方向移动，输入 25(回车)，鼠标向 90°方向移动，输入 20(回车)，鼠标向 0°方向移动，输入 10(回车)，右击确定。

图 11-16

单击“”按钮，输入 R(回车)，15(回车)，左击长为 15、45 的直线；右击重复圆角，输入 R(回车)，15(回车)，左击长为 45、30 的相邻的直线；右击重复圆角，输入 R(回车)，15(回车)，左击长为 30、30 的相邻的直线；右击重复圆角，输入 R(回车)，15(回车)，左击长为 30、25 的相邻的直线；右击重复圆角，输入 R(回车)，10(回车)，左击长为 25、20 的相邻的直线；右击重复圆角，输入 R(回车)，10(回车)，左击长为 20、10 的相邻的直线。

单击“”按钮，按命令行提示执行：

命令：_offset

当前设置：删除源 = 否　图层 = 源　OFFSETGAPTYPE = 0

指定偏移距离或 [通过(T)/删除(E)/图层(L)] <通过>： 2

选择要偏移的对象，或 [退出(E)/放弃(U)] <退出>：　　　//左击直线或弧线

指定要偏移的那一侧上的点，或 [退出(E)/多个(M)/放弃(U)] <退出>：//左击直线或弧线的内侧

右击确定，对所有直线或弧线重复此步骤。

单击“”按钮，连接端点。

单击“”按钮，按命令行提示执行：

命令：_mirror

选择对象：　　　//框选上面绘制的直线与弧线

选择对象：　　　//右击选定

指定镜像线的第一点：　　　//左击构造线

指定镜像线的第二点：　　　//左击构造线的另一点

要删除源对象吗？[是(Y)/否(N)] <N>：N

第十四步

图 11-17 绘制步骤如下：

单击“”按钮，左击 100 × 40 矩形的右面边线的中点，鼠标向 0°方向移动，输入 50(回车)；鼠标向 65°方向移动，输入 300(回车)；鼠标向 0°方向移动，输入 100(回车)；鼠标向 270°方向移动，输入 50(回车)；右击确定。

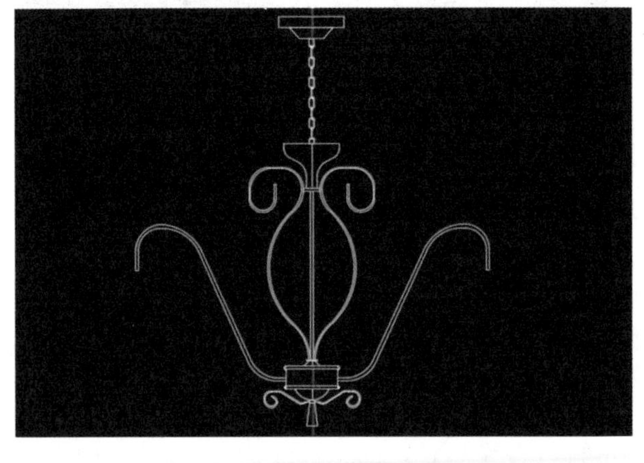

图 11-17

单击“”按钮，输入R(回车)，50(回车)，左击长为50、300的直线；右击重复圆角，输入R(回车)，80(回车)，左击长为300、100的相邻的直线；右击重复圆角，输入R(回车)，45(回车)，左击长为100、80的相邻的直线。

单击“”按钮，按命令行提示执行：

命令：_offset

当前设置：删除源=否　图层=源　OFFSETGAPTYPE=0

指定偏移距离或[通过(T)/删除(E)/图层(L)]<通过>：2

选择要偏移的对象，或[退出(E)/放弃(U)]<退出>：　　//左击直线或弧线

指定要偏移的那一侧上的点，或[退出(E)/多个(M)/放弃(U)]<退出>：//左击直线或弧线的内侧

右击确定，对所有直线或弧线重复此步骤。

单击“”按钮，连接端点。

单击“”按钮，按命令行提示执行：

命令：_mirror

选择对象：　　//框选上面绘制的直线与弧线

选择对象：　　//右击选定

指定镜像线的第一点：　　//左击构造线

指定镜像线的第二点：　　//左击构造线的另一点

要删除源对象吗？[是(Y)/否(N)]<N>：N

第十五步

图11-18绘制步骤如下：

图11-18

单击“”按钮，复制一条构造线在灯臂的封口直线上。

单击“”按钮，左击封口直线与灯罩的构造线的交点，鼠标向180°方向移动，输入55(回车)，右击确定；左击封口直线与灯罩的构造线的交点，鼠标向270°方向移动，输入150(回车)，鼠标向180°方向移动，输入90(回车)，鼠标向右上方移动，左击长为55的线段的

左端点,右击确定。

单击“”按钮,按命令行提示执行:

命令:_mirror

选择对象:　　　//左击选择上面绘制的各直线

选择对象:　　　//右击选定

指定镜像线的第一点:　　　//左击灯罩构造线

指定镜像线的第二点:　　　//左击灯罩构造线的另一点

要删除源对象吗?[是(Y)/否(N)] <N>:N

删除长为 150 的线段。

单击“”按钮,按命令行提示执行:

命令:_offset

当前设置:删除源 = 否　图层 = 源　OFFSETGAPTYPE = 0

指定偏移距离或[通过(T)/删除(E)/图层(L)] <通过>:　5

选择要偏移的对象,或[退出(E)/放弃(U)] <退出>:　　　//左击长为 55 的线段

指定要偏移的那一侧上的点,或[退出(E)/多个(M)/放弃(U)] <退出>:
//左击长为 55 的线段的下方

右击确定,对长为另一 55 的线段重复此步骤。

左击由长为 55 的线段偏移得到的线段,单击蓝色方点,延长。

单击“”按钮,按命令行提示执行:

命令:_offset

当前设置:删除源 = 否　图层 = 源　OFFSETGAPTYPE = 0

指定偏移距离或[通过(T)/删除(E)/图层(L)] <通过>:　5

选择要偏移的对象,或[退出(E)/放弃(U)] <退出>:　　　//左击长为 90 的线段

指定要偏移的那一侧上的点,或[退出(E)/多个(M)/放弃(U)] <退出>:
//左击长为 90 的线段的上方

对另一长为 90 的线段重复此步骤,右击确定。

单击“”按钮,左击修剪偏移后多余的线段。

单击“”按钮,按命令行提示执行:

命令:_mirror

选择对象:　　　//框选灯罩

选择对象:　　　//右击选定

指定镜像线的第一点:　　　//左击构造线

指定镜像线的第二点:　　　//左击构造线的另一点

要删除源对象吗?[是(Y)/否(N)] <N>:N

第十六步

图 11-19 绘制步骤如下:

单击“”按钮,左击封口直线与灯罩的构造线的交点,鼠标向 180°方向移动,输入 10(回车);鼠标向 270°方向移动,输入 30(回车);鼠标向 0°方向移动,输入 20(回车);鼠标向

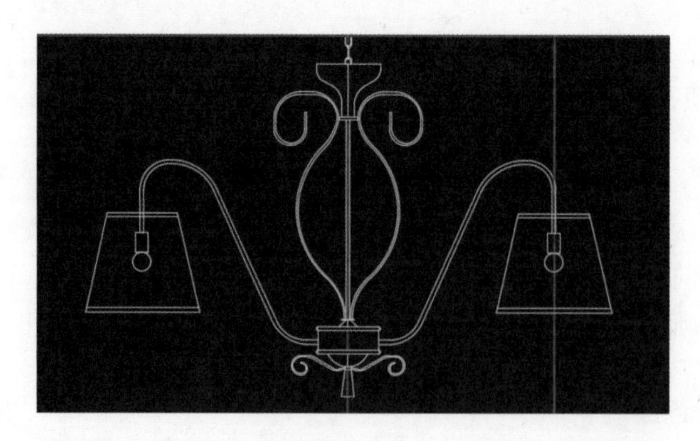

图 11-19

90°方向移动,输入 30;鼠标向 180°方向移动,输入 10(回车),右击确定。

单击“两点”按钮,左击上面绘制的矩形的下面边线的中点,鼠标向下移动到适当位置,左击。

单击“”按钮,按命令行提示执行:

命令: _mirror

选择对象:　　　//左击选择灯头,灯泡

选择对象:　　　//右击选定

指定镜像线的第一点:　　　//左击构造线

指定镜像线的第二点:　　　//左击构造线的另一点

要删除源对象吗?[是(Y)/否(N)] <N>: N

第十七步

图 11-20 绘制步骤如下:

单击“”按钮,一一复制构造线。

从左到右的构造线依次命名为 1、2、3、…、12。

11-20

第十八步

图 11-21 绘制步骤如下：

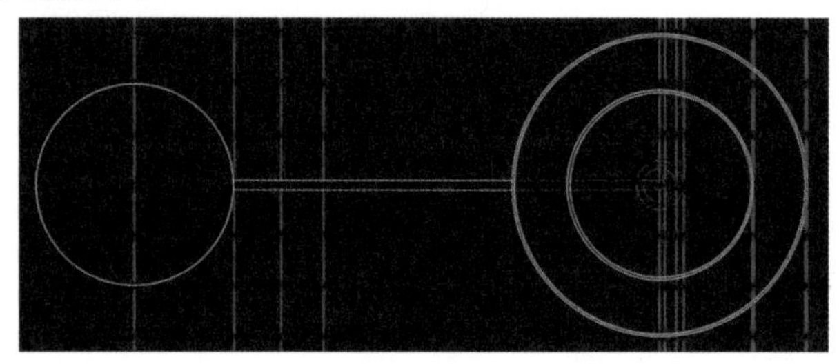

图 11-21

单击“”按钮，左击构造线 1 作为指定的圆心，鼠标向正左方向移动到构造线 2 左击，完成圆 1。

单击“”按钮，左击圆 1 与构造线 2 的交点，鼠标向正左方向移动到构造线 5 左击，完成直线。

单击“”按钮，左击构造线 5 与上一步绘制的直线相交处，作为指定的圆心，鼠标向正左方向移动到构造线 6 左击，完成圆 2。

右击重复圆，左击构造线 5 与上一步绘制的直线相交处，作为指定的圆心，鼠标向正左方向移动到构造线 7 左击，完成圆 3。

右击重复圆，左击构造线 5 与上一步绘制的直线相交处，作为指定的圆心，鼠标向正左方向移动到构造线 8 左击，完成圆 4。

右击重复圆，左击构造线 5 与上一步绘制的直线相交处，作为指定的圆心，鼠标向正左方向移动到构造线 9 左击，完成圆 5。

右击重复圆，左击构造线 5 与上一步绘制的直线相交处，作为指定的圆心，鼠标向正左方向移动到构造线 10 左击，完成圆 6。

右击重复圆，左击构造线 5 与上一步绘制的直线相交处，作为指定的圆心，鼠标向正左方向移动到构造线 11 左击，完成圆 7。

右击重复圆，左击构造线 5 与上一步绘制的直线相交处，作为指定的圆心，鼠标向正左方向移动到构造线 12 左击，完成圆 8。

单击“”按钮，按命令行提示执行：

命令：_offset

当前设置：删除源 = 否　图层 = 源　OFFSETGAPTYPE = 0

指定偏移距离或［通过(T)/删除(E)/图层(L)］<通过>：3

选择要偏移的对象，或［退出(E)/放弃(U)］<退出>：　//左击上一步绘制的的直线

指定要偏移的那一侧上的点，或［退出(E)/多个(M)/放弃(U)］<退出>：//左击上一步绘制的直线的上方

指定要偏移的那一侧上的点，或［退出(E)/多个(M)/放弃(U)］<退出>：//左击上一步绘制的直线的下方

单击“ ”按钮，按命令行提示执行：

命令：_break

选择对象：　　//左击偏移得到的直线

指定第二个打断点 或 [第一点(F)]：f

指定第一个打断点：　　//左击圆 8 与直线的交点

指定第二个打断点：

选择圆 2、3、4 和在圆 8 内的直线，再单击“ ByBlock ”里面的三角符号，选择红色，再单击“ ——ByBlock ”里面的三角符号，选择虚线线型；删除中间的直线。

第十九步

图 11-22 绘制步骤如下：

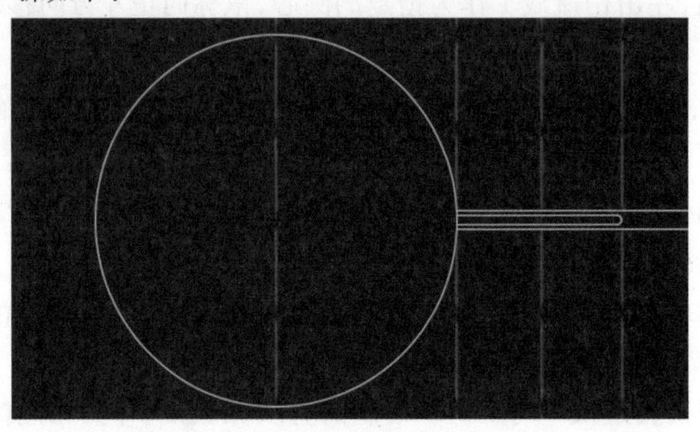

图 11-22

单击“ ”按钮，左击圆 1 与构造线 2 的交点，鼠标向正左方向移动到构造线 4 左击，完成直线。

单击“ ”按钮，按命令行提示执行：

命令：_offset

当前设置：删除源 = 否　图层 = 源　OFFSETGAPTYPE = 0

指定偏移距离或 [通过(T)/删除(E)/图层(L)] <通过>：1.5

选择要偏移的对象，或 [退出(E)/放弃(U)] <退出>：　　//左击上一步绘制的直线

指定要偏移的那一侧上的点，或 [退出(E)/多个(M)/放弃(U)] <退出>：
//左击上一步绘制的直线的上方

指定要偏移的那一侧上的点，或 [退出(E)/多个(M)/放弃(U)] <退出>：
//左击上一步绘制的直线的下方

单击“ ”按钮，连接偏移得到的直线的右端点。

单击“ ”按钮，在命令行内输 R(回车)，1.5(回车)，依次左击要做圆角的两条直线。删除中间的直线。

第二十步

图 11-23 绘制步骤如下：

单击“ ”按钮，测量构造线 1 与构造线 2 之间的距离。

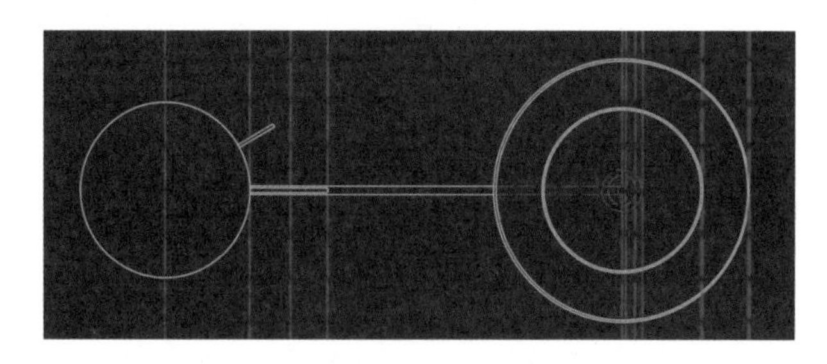

图 11-23

单击“ ”按钮,左击圆 1 的圆心,鼠标向 30°方向移动,输入构造线 1 与构造线 2 之间的距离(回车)。

单击“ ”按钮,按命令行提示执行:

命令: _offset

当前设置: 删除源 = 否　图层 = 源　OFFSETGAPTYPE = 0

指定偏移距离或[通过(T)/删除(E)/图层(L)] <通过>: 1

选择要偏移的对象,或[退出(E)/放弃(U)] <退出>:　　//左击上一步绘制的的直线

指定要偏移的那一侧上的点,或[退出(E)/多个(M)/放弃(U)] <退出>:
//左击上一步绘制的直线的上方

指定要偏移的那一侧上的点,或[退出(E)/多个(M)/放弃(U)] <退出>:
//左击上一步绘制的直线的下方,右击确定

单击“ ”按钮,在命令行内输 R(回车),1(回车),依次左击要做圆角的两条直线。

第二十一步

图 11-24 绘制步骤如下:

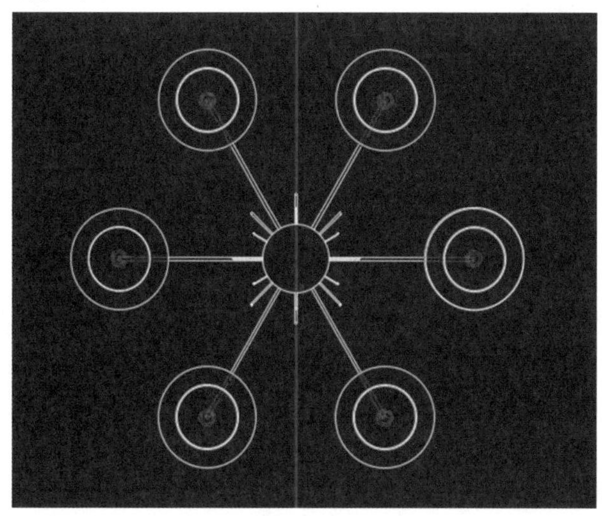

图 11-24

单击“ ”按钮,按命令行提示执行:

命令: _arraypolar

选择对象: 指定对角点:　　//框选图 11-21、图 11-23 绘制的图形

选择对象:　　//右击确定

类型 = 极轴　关联 = 是

指定阵列的中心点或[基点(B)/旋转轴(A)]:　　//左击圆 1 的圆心

选择夹点以编辑阵列或[关联(AS)/基点(B)/项目(I)/项目间角度(A)/填充角度(F)/行(ROW)/层(L)/旋转项目(ROT)/退出(X)]<退出>:I

输入阵列中的项目数或[表达式(E)]<4>:6

选择夹点以编辑阵列或[关联(AS)/基点(B)/项目(I)/项目间角度(A)/填充角度(F)/行(ROW)/层(L)/旋转项目(ROT)/退出(X)]<退出>:　　//右击确定

单击“”按钮,按命令行提示执行:

命令:_arraypolar

选择对象:指定对角点:　　//框选图 20 绘制的图形

选择对象:右击确定

类型 = 极轴　关联 = 是

指定阵列的中心点或[基点(B)/旋转轴(A)]:　　//左击圆 1 的圆心

选择夹点以编辑阵列或[关联(AS)/基点(B)/项目(I)/项目间角度(A)/填充角度(F)/行(ROW)/层(L)/旋转项目(ROT)/退出(X)]<退出>:I

输入阵列中的项目数或[表达式(E)]<6>:8

选择夹点以编辑阵列或[关联(AS)/基点(B)/项目(I)/项目间角度(A)/填充角度(F)/行(ROW)/层(L)/旋转项目(ROT)/退出(X)]<退出>:　　//右击确定

框选复制得到的构造线,右击选择删除。

第二十二步

图 11-25 绘制步骤如下:

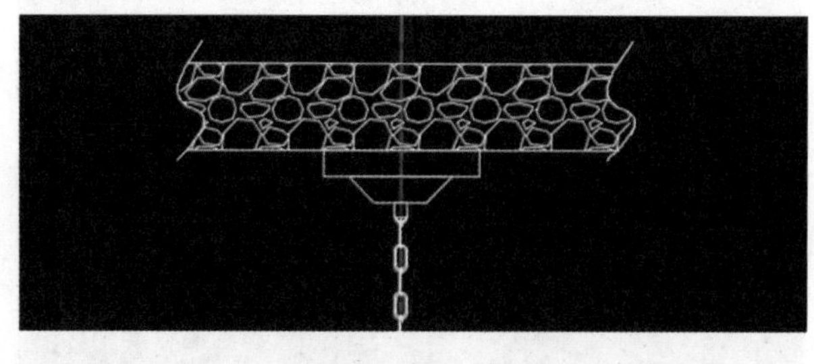

图 11-25

单击“”按钮,绘制一个适当大小的矩形。

选择“”按钮,按命令行提示依次输入:

拾取内部点或[选择对象.......设置(T)]:T　　//回车

弹出图 11-26 界面。

选择好样例,比例为 2,再左击“添加:拾取点(K)”,左击矩形,然后右击,确认,填充完毕。

单击“”按钮,在矩形两侧绘制曲线。

单击“”按钮,修剪曲线外面的多余图形。

单击“”按钮,按命令行提示执行:

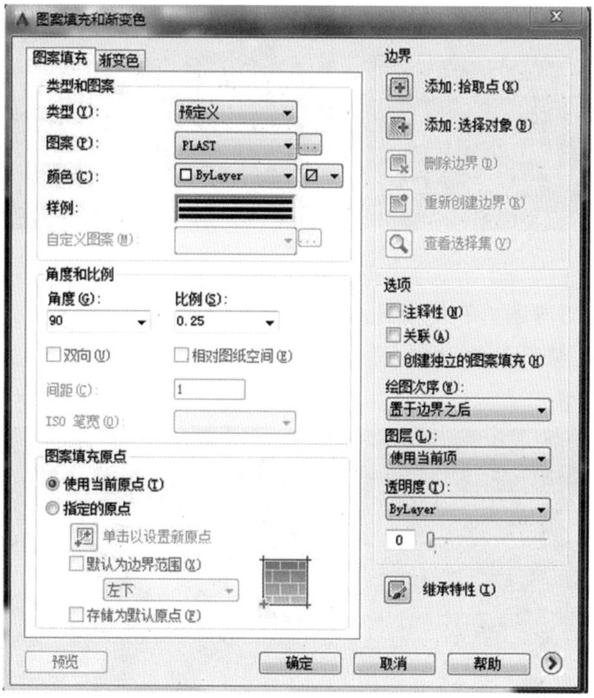

图 11-26

命令：_move

选择对象：　　//框选绘制好的墙

选择对象：　　//右击选定

指定基点或［位移(D)］<位移>：　　//左击矩形的下面边线的中点

指定第二个点或 <使用第一个点作为位移>：　　//左击 120×20 矩形的上面边线的中点

第二十三步

图 11-27 绘制步骤如下：

单击“”按钮，按命令行提示执行：

命令：_xline

指定点或［水平(H)/垂直(V)/角度(A)/二等分(B)/偏移(O)］：　　//左击

指定通过点：　　//左击

指定通过点：　　//右击确定

绘制横向构造线。

单击“”按钮，复制主视图与纵向构造线。

第二十四步

图 11-28 绘制步骤如下：

单击“”按钮，分解 120×20 矩形。

单击“”按钮，打断吸顶盘与构造线的交点。

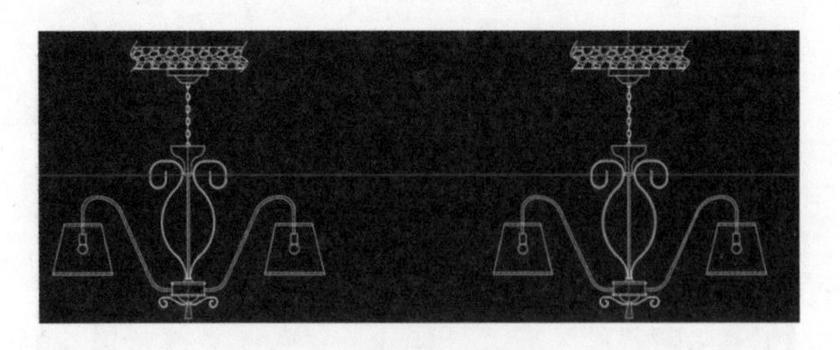

图 11-27

单击“ ”按钮,向内偏移右侧吸顶盘 0.5 个单位。

单击“ ”按钮,修剪偏移后多余的线段。

选择“ ”按钮,填充。

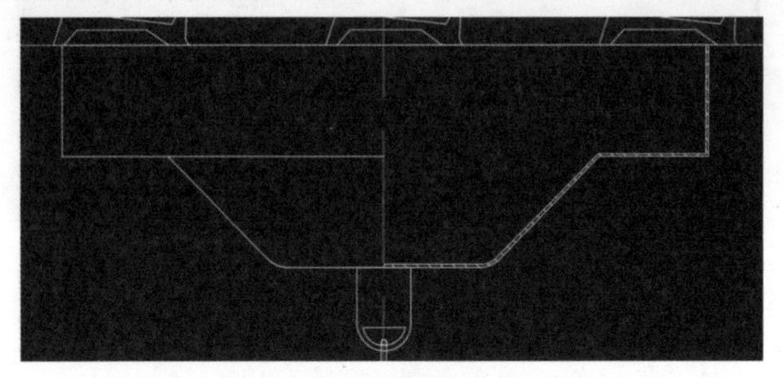

图 11-28

第二十五步

(1)图 11-29 绘制步骤如下:

图 11-29

单击“ ”按钮,向内偏移 0.5 个单位。

单击“ ”按钮,线段两端连接起来。

选择“ ”按钮,填充。

单击“ ”按钮,修剪偏移后多余的线段。

(2)图 11-30 绘制步骤如下:

单击“ ”按钮,把线段连接好。

选择“ ”按钮,填充。

单击“ ”按钮,修剪偏移后多余的线段。

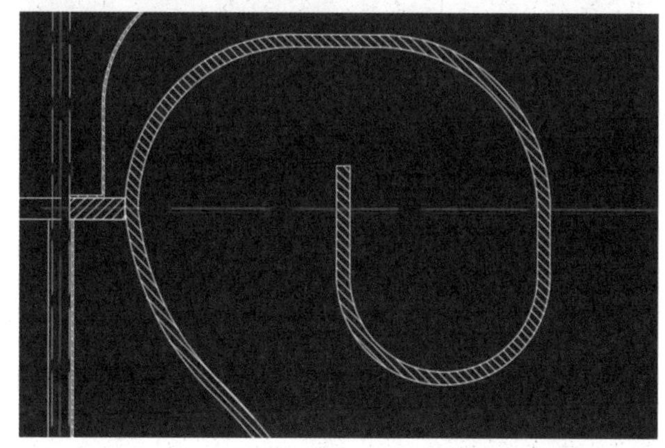

图 11-30

(3)图 11-31 绘制步骤如下:

单击“ ”按钮,向内偏移 0.5 个单位。

单击“ ”按钮,把线段连接好。

选择“ ”按钮,填充。

单击“ ”按钮,修剪偏移后多余的线段。

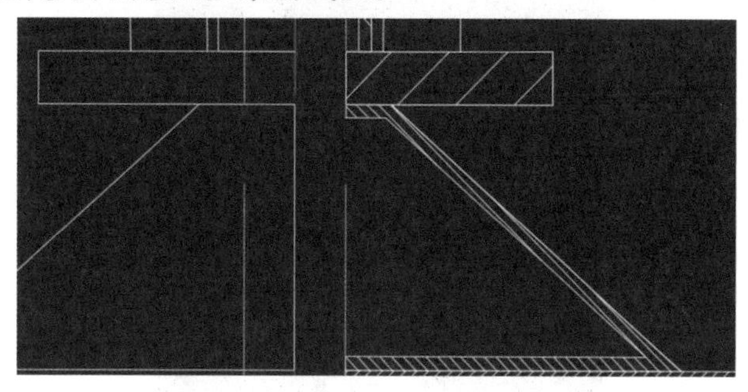

图 11-31

(4)图 11-32 绘制步骤如下:

单击“ ”按钮,向内偏移 1 个单位。

单击“ ”按钮,把线段连接好。

选择“ ”按钮,填充。

单击“ ”按钮,修剪偏移后多余的线段。

(5)图 11-33 绘制步骤如下:

单击“ ”按钮,向内偏移 0.5 个单位。

单击“ ”按钮,把线段连接好。

选择“ ”按钮,填充。

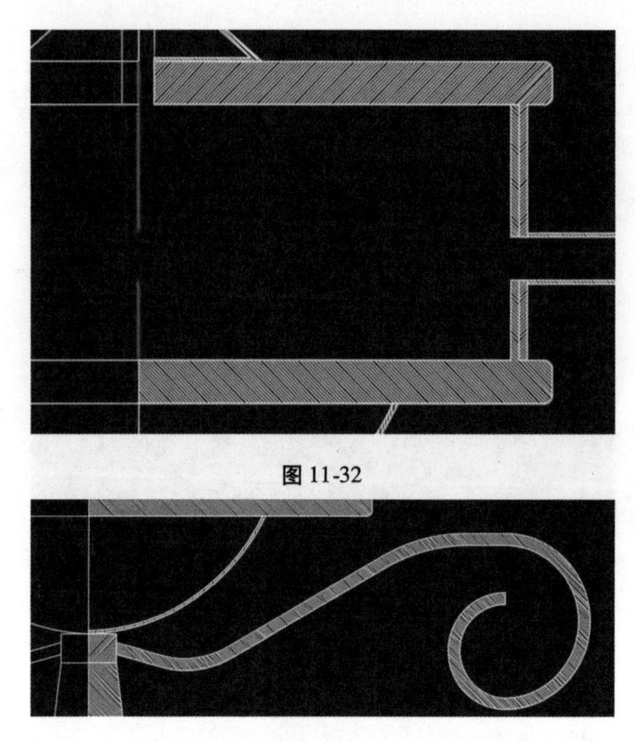

图 11-32

图 11-33

(6)图 11-34 绘制步骤如下：

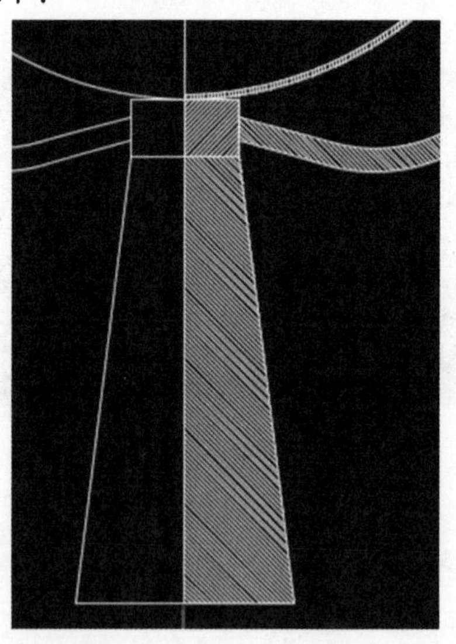

图 11-34

单击“ ”按钮,把线段连接好。

选择“ ”按钮,一一填充。

第二十六步

最终结果如图 11-35 所示。

图 11-35 绘制步骤如下：
单击"⏢"按钮，偏移。
单击" "" "" "按钮测量、标注。

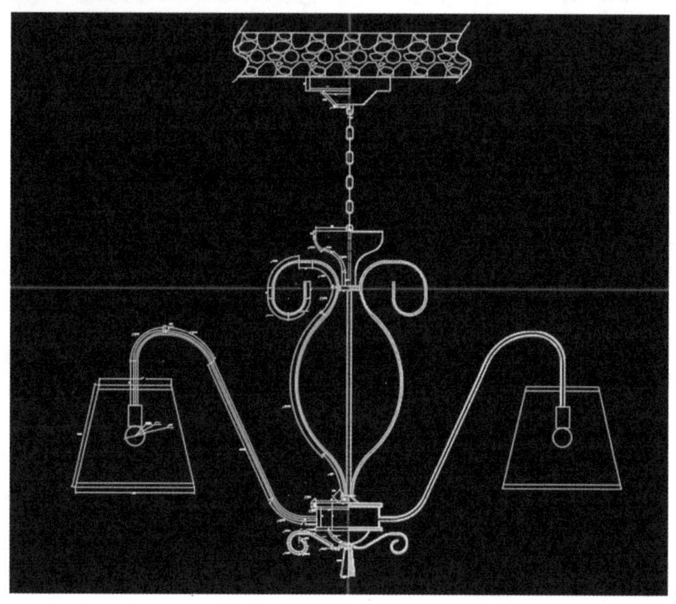

图 11-35

第十二章　灯具模型制作实例(七)

一、准备工作

练习用 CAD 造型完成一盏灯饰的绘制,其基本图像如图 12-1 所示。

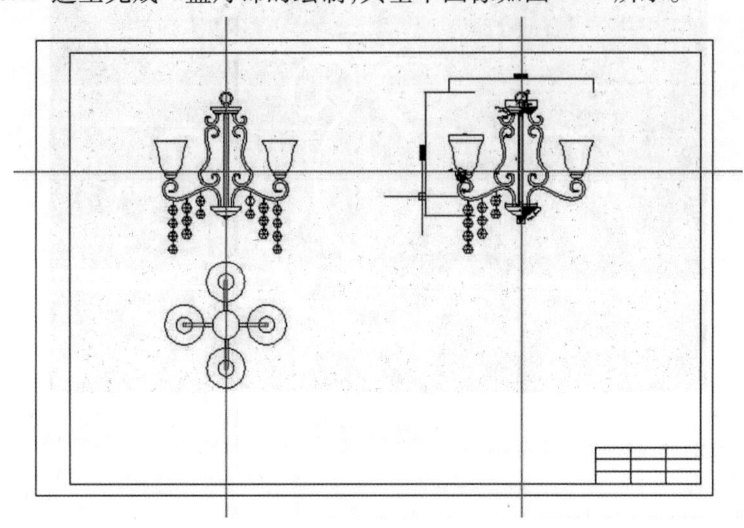

图 12-1

通过该练习可以掌握基本体:正多边形、圆角、六边形、修剪、偏移、镜像的绘制,学会使用直线,多段线,样条曲线等基本功能,并学习通过命令作图。

二、绘制灯柱

(1)选择"◎"按钮,画出两个不同大小的圆。

命令: _circle

指定圆的圆心或[三点(3P)/两点(2P)/切点、切点、半径(T)]:

指定圆的半径或[直径(D)] <42.0000>: 内 42,外 54

(2)选择"╱"按钮,画出一条直线。

命令: _line

指定第一点:

指定下一点或[放弃(U)]: 12.49

(3)选择"⌒"按钮,画出弧形。

命令: _arc

指定圆弧的起点或[圆心(C)]:

指定圆弧的第二个点或[圆心(C)/端点(E)]: 11.67

指定圆弧的端点:11.67,5.08,2.94

结果如图 12-2 所示。

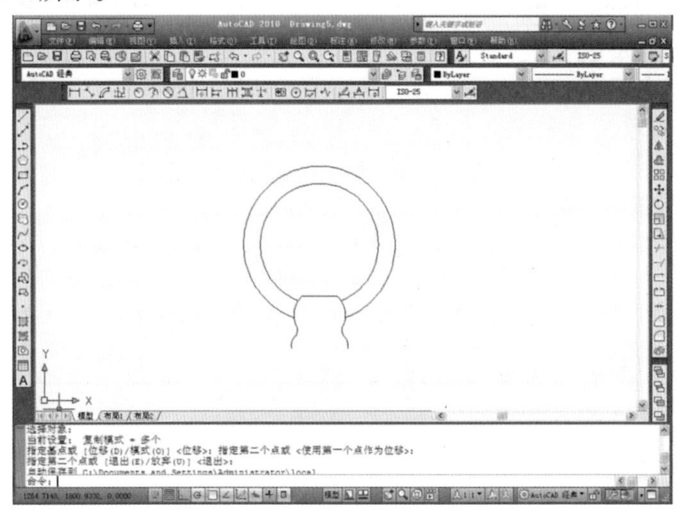

图 12-2

(4)选择“ ”按钮,画出一条直线。

命令: _line

指定第一点:

指定下一点或[放弃(U)]: 135

(5)选择“ ”按钮,画出圆弧。

命令:_pline

指定起点:

当前线宽为 0.0000

指定下一个点或[圆弧(A)/半宽(H)/长度(L)/放弃(U)/宽度(W)]: a

指定圆弧的端点或:21.0,14.75

(6)选择“ ”按钮:

命令:_mirror

选择对象:

指定镜像线的第一点:

指定镜像线的第二点:

要删除源对象吗?[是(Y)/否(N)] <N>:

鼠标右键选择,左键确认。

结果如图 12-3 所示。

(7)选择“ ”按钮,绘制一条直线。

命令: _line

指定第一点:

指定下一点或[放弃(U)]: 384.21

选择“ ”按钮,向右边偏移:

指定偏移距离或[通过(T)/删除(E)/图层(L)] <通过>:

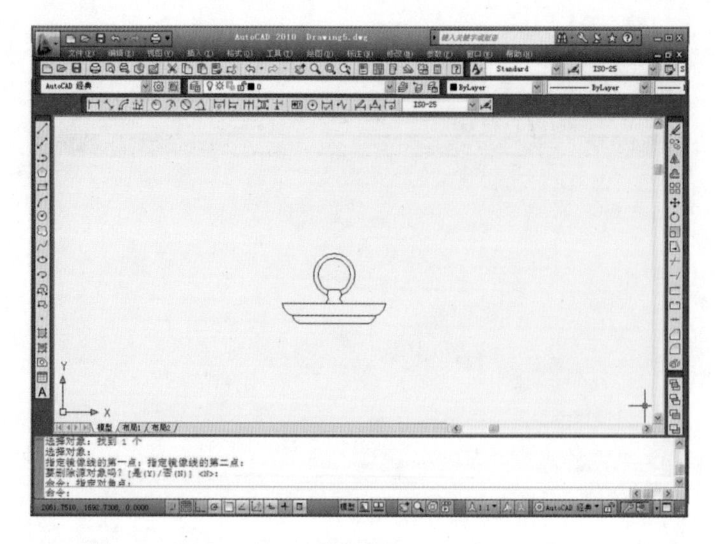

图 12-3

指定第二点：16

选择“”按钮把两条长的直接闭合。

选择“绘图(D)”按钮，再按两点，再选择“”按钮：

选择剪切边... 找到 4 个

选择要修剪的对象，或按住 Shift 键选择要延伸的对象，或

[栏选(F)/窗交(C)/投影(P)/边(E)/删除(R)/放弃(U)]：

再用“”按钮把半圆弧向右边镜像，如图 12-4 所示。

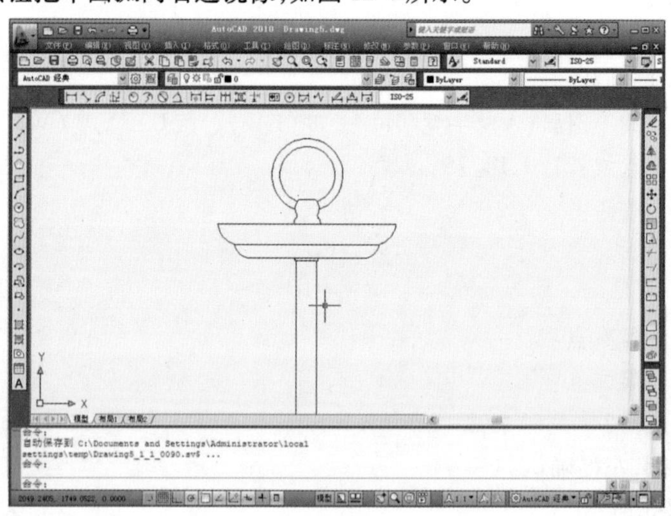

图 12-4

三、绘制灯臂

选择“”按钮，绘制弧形，再选择“”工具，向右镜像，如图 12-5 所示。

选择“”按钮，画出灯臂，再选择“”按钮，向右镜像。

命令：_arc

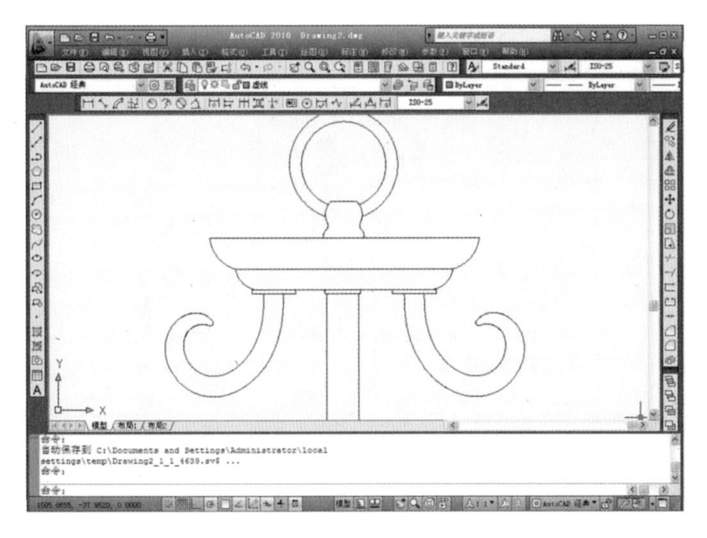

图 12-5

指定起点： <对象捕捉 开>

当前线宽为 0.0000

指定下一个点或 [圆弧(A)/半宽(H)/长度(L)/放弃(U)/宽度(W)]： <对象捕捉关> a

指定圆弧的端点或[角度(A)/圆心(CE)/方向(D)/半宽(H)/直线(L)/半径(R)/第二个点(S)/放弃(U)/宽度(W)]：

指定圆弧的端点或[角度(A)/圆心(CE)/闭合(CL)/方向(D)/半宽(H)/直线(L)/半径(R)/第二个点(S)/放弃(U)/宽度(W)]：

* * 拉伸 * *

指定拉伸点或 [基点(B)/复制(C)/放弃(U)/退出(X)]：

命令：_mirror

找到 4 个

指定镜像线的第一点： <对象捕捉 开>

指定镜像线的第二点：

要删除源对象吗？[是(Y)/否(N)] <N>：Y

结果如图 12-6 所示。

四、绘制灯座

(1)选择“”按钮，在命令行按提示依次输入：

命令：_line

指定第一点：

指定下一点或 [放弃(U)]：134.99

(2)选择“”按钮，向下偏移，在命令行按提示依次输入：

指定偏移距离或 [通过(T)/删除(E)/图层(L)] <20.0000>：<对象捕捉 开>

指定第二点：20

选择“”工具，修剪左右两边多余的线：

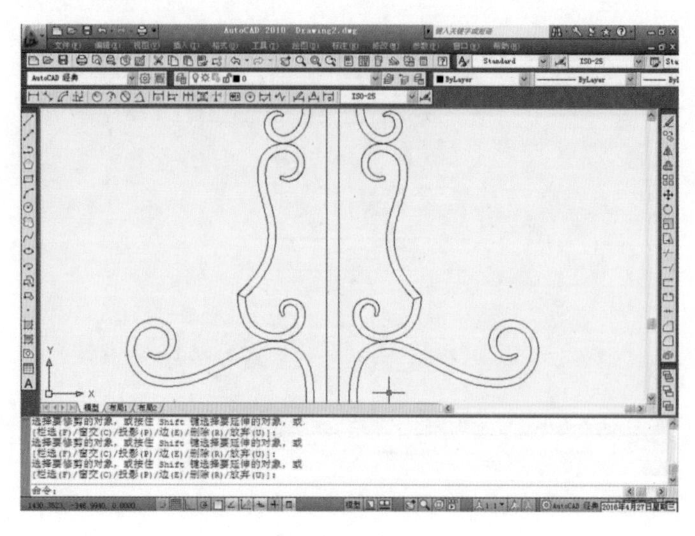

图 12-6

选择剪切边... 找到 2 个

选择要修剪的对象,或按住 Shift 键选择要延伸的对象。

(3)再选择“ ”按钮,画出两边,再用“ ”按钮向右镜像。

再选择绘图—圆—两点:

命令: _circle

指定圆的圆心或[三点(3P)/两点(2P)/切点、切点、半径(T)]: 2p

指定圆直径的第一个端点:

指定圆直径的第二个端点。

再选择“ ”工具:

选择剪切边... 找到 2 个

选择要修剪的对象,或按住 Shift 键选择要延伸的对象,或

[栏选(F)/窗交(C)/投影(P)/边(E)/删除(R)/放弃(U)]: //修剪多余的线

结果如图 12-7 所示。

五、绘制灯罩

(1)选择“ ”按钮,画一个长方形。在命令行按提示依次输入:

命令: _circle

指定圆的圆心或[三点(3P)/两点(2P)/切点、切点、半径(T)]: _2p

指定圆直径的第一个端点:

指定圆直径的第二个端点:

命令: _. erase 找到 1 个

选择“ ”按钮,炸开,把长方形左右两边的直线删掉。

(2)再选择绘图—圆—两点:

命令: _circle

指定圆的圆心或[三点(3P)/两点(2P)/切点、切点、半径(T)]: _2p

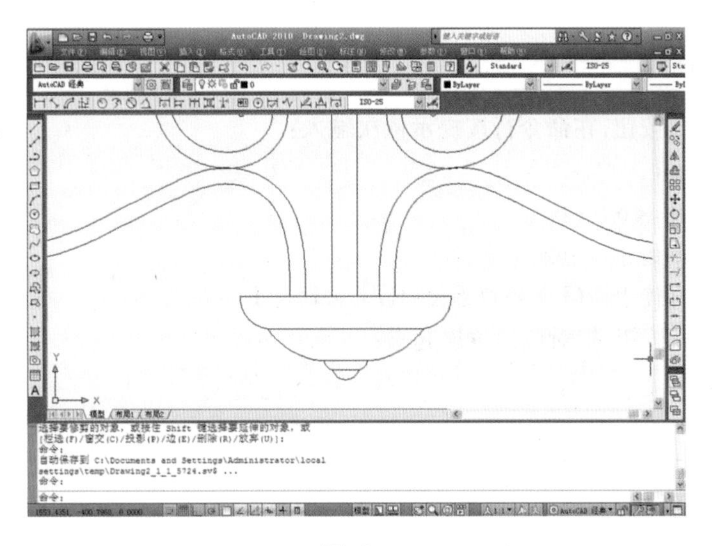

图 12-7

指定圆直径的第一个端点：

指定圆直径的第二个端点：

选择“ ”按钮，在命令行按提示依次输入：

命令：_copy

找到 1 个

当前设置： 复制模式 = 多个

指定基点或［位移(D)/模式(O)］<位移>：

指定第二个点或 <使用第一个点作为位移>：

指定第二个点或［退出(E)/放弃(U)］<退出>：

再选择“ ”按钮，把里面多余的线删掉。

结果如图 12-8 所示。

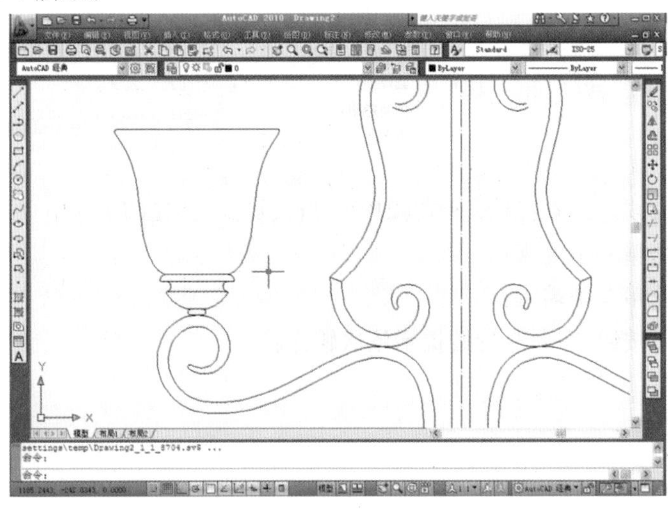

图 12-8

六、绘制吊灯

(1)选择"⬠"按钮,在命令行按提示依次输入:

命令: _polygon

输入边的数目 <6>: 6

指定正多边形的中心点或[边(E)]:

输入选项[内接于圆(I)/外切于圆(C)] <I>: I

(2)选择"╱"按钮,把对应的角连起来:

命令: _line

指定第一点:

指定下一点或[放弃(U)]:

指定下一点或[放弃(U)]:

结果如图12-9所示。

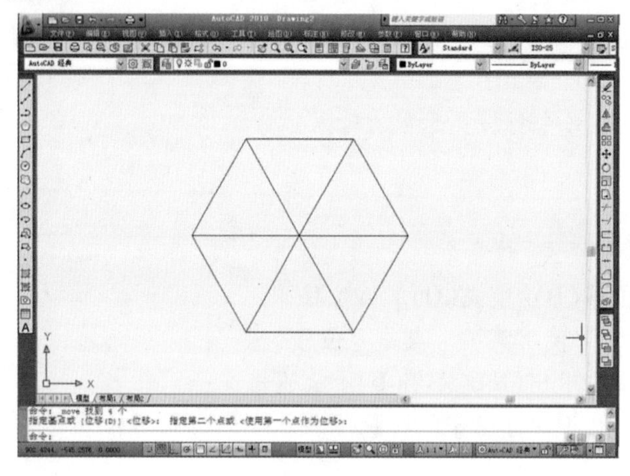

图 12-9

(3)选择"绘图(D)"按钮,再选择"

"按钮。

命令: _circle

指定圆的圆心或[三点(3P)/两点(2P)/切点、切点、半径(T)]:2p

指定圆直径的第一个端点:

指定圆直径的第二个端点:

(4)选择"复制"按钮,在命令行按提示依次输入:

命令: _copy

找到 1 个

当前设置: 复制模式 = 多个

指定基点或[位移(D)/模式(O)] <位移>:

指定第二个点或 <使用第一个点作为位移>:

指定第二个点或[退出(E)/放弃(U)] <退出>:

结果如图 12-10 所示。

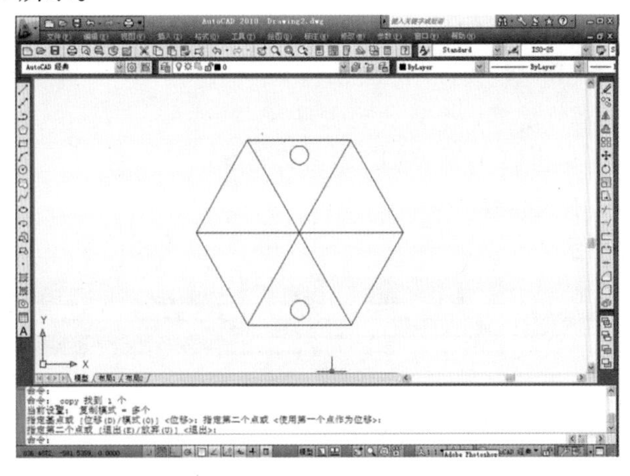

图 12-10

(5)选择“ ”按钮,画出吊线。按“ ”按钮,向左右两边偏移:

命令:_offset

当前设置:删除源 = 否　图层 = 源　OFFSETGAPTYPE = 0

指定偏移距离或[通过(T)/删除(E)/图层(L)]<150.0000>:

指定第二点:0.5

选择“ ”工具,复制多个吊灯:

命令:_copy

找到 11 个

当前设置:　复制模式　=　多个

指定基点或[位移(D)/模式(O)]<位移>:

指定第二个点或 <使用第一个点作为位移>:

结果如图 12-11 所示。

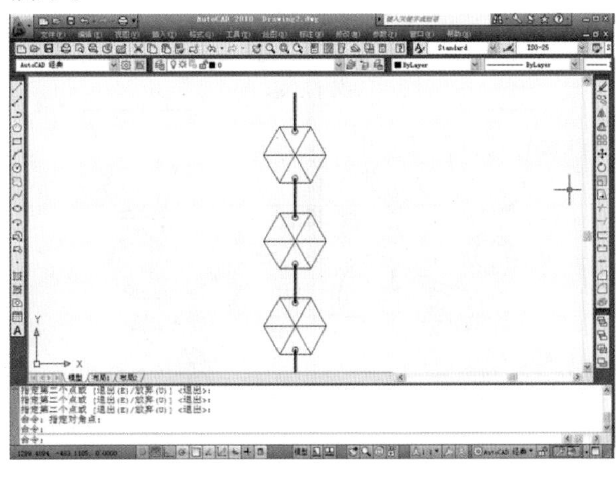

图 12-11

(6)选择“ ”工具,向右复制 3 排吊灯:

命令:_copy

找到 31 个
当前设置： 复制模式 = 多个
指定基点或［位移(D)/模式(O)］<位移>:
指定第二个点或 <使用第一个点作为位移>:
指定第二个点或［退出(E)/放弃(U)］<退出>:
再选择“”工具，右边镜像。
结果如图 12-12 所示。

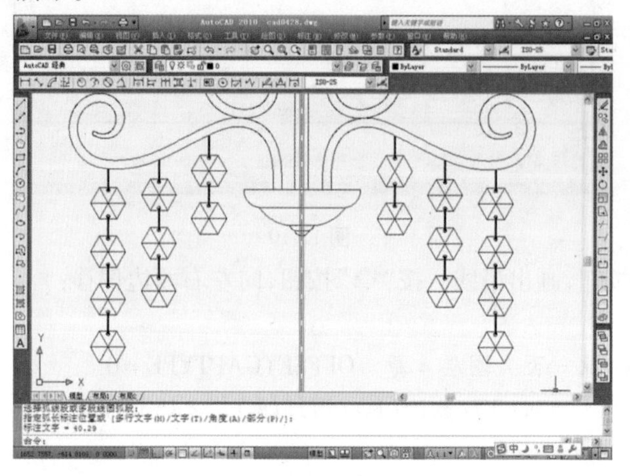

图 12-12

七、制作完成

制作完成，结果如图 12-13 所示。

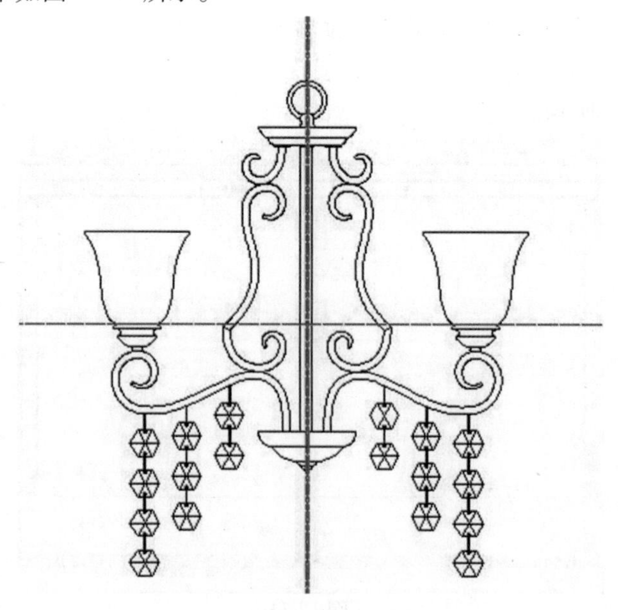

图 12-13

第十三章　灯具模型制作实例(八)

一、灯具模型制作步骤

(1)准备作图。

(2)图 13-1 的绘制步骤,先单击“ ”按钮:

命令: _xline

指定点或［水平(H)/垂直(V)/角度(A)/二等分(B)/偏移(O)］:　　　//左击

指定通过点:　　　//左击

指定通过点:　　　//右击完成

图 13-1

(3)点击图层,然后新建图层(见图 13-2)。

(4)图 13-3 的绘制步骤为,单击“ ”按钮:

命令: _line

指定第一个点:

指定下一点或［放弃(U)］: 10

指定下一点或［放弃(U)］: 30

指定下一点或［闭合(C)/放弃(U)］:　　　//取消

(5)单击“ ”按钮:

命令: _fillet

当前设置: 模式 = 修剪,半径 = 5.0000

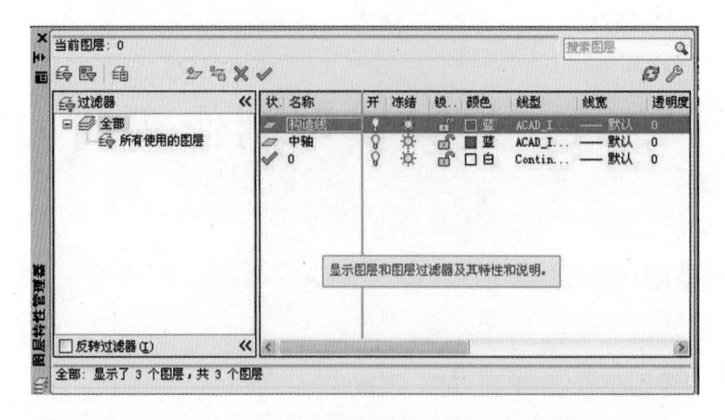

图 13-2

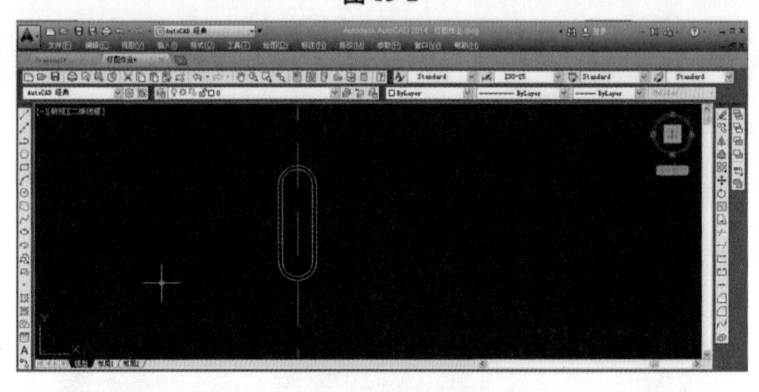

图 13-3

选择第一个对象或［放弃(U)/多段线(P)/半径(R)/修剪(T)/多个(M)］:

选择第二个对象，或按住 Shift 键选择对象以应用角点或［半径(R)］:

(6)单击“”按钮:

命令: _move

选择对象: 找到 4 个

选择对象:指定对角点:

指定基点或［位移(D)］<位移>:　<对象捕捉 关>　<打开对象捕捉>

指定第二个点或 <使用第一个点作为位移>:

(7)单击“”按钮:

命令: _offset

当前设置: 删除源 = 否　图层 = 源　OFFSETGAPTYPE = 0

指定偏移距离或［通过(T)/删除(E)/图层(L)］<通过>: 10

选择要偏移的对象，或［退出(E)/放弃(U)］<退出>:

指定要偏移的那一侧上的点，或［退出(E)/多个(M)/放弃(U)］<退出>:

选择要偏移的对象，或［退出(E)/放弃(U)］<退出>:

(8)图 13-4 的绘制步骤如下，单击“”按钮:

命令: _rectang

指定第一个角点或［倒角(C)/标高(E)/圆角(F)/厚度(T)/宽度(W)］:

指定另一个角点或［面积(A)/尺寸(D)/旋转(R)］: @1,30

(9)单击“”按钮:

命令: _fillet

当前设置: 模式 = 修剪,半径 = 0.5000

选择第一个对象或[放弃(U)/多段线(P)/半径(R)/修剪(T)/多个(M)]:

选择第二个对象,或按住 Shift 键选择对象以应用角点或[半径(R)]:

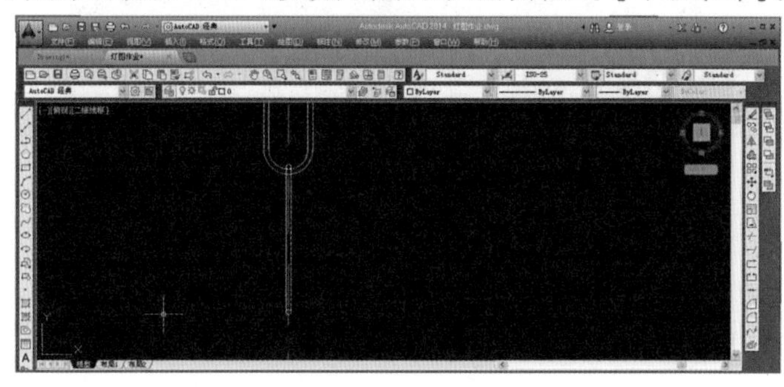

图 13-4

(10)单击“”按钮:

命令: _circel

指定圆的圆心或[三点(3P)/两点(2P)/切点、切点、半径(T)]:

指定圆的半径或[直径(D)]:

(11)单击“”按钮:

命令: _move

选择对象: 找到 3 个

指定基点或[位移(D)] <位移>:

指定第二个点或 <使用第一个点作为位移>:

(12)图 13-5 的绘制步骤,单击“”按钮:

命令: _circle

指定圆的圆心或[三点(3P)/两点(2P)/切点、切点、半径(T)]:

指定圆的半径或[直径(D)] <25.0000>: 12.5

(13)单击“”按钮:

命令: _offset

当前设置: 删除源 = 否 图层 = 源 OFFSETGAPTYPE = 0

指定偏移距离或[通过(T)/删除(E)/图层(L)] <1.0000>: 3

指定要偏移的那一侧上的点,或[退出(E)/多个(M)/放弃(U)] <退出>:

选择要偏移的对象,或[退出(E)/放弃(U)] <退出>:

(14)单击“”按钮:

命令: _move

选择对象:找到 2 个

指定基点或[位移(D)] <位移>:

指定第二个点或 <使用第一个点作为位移>:

(15)图 13-6 的绘制步骤为,单击“”按钮:

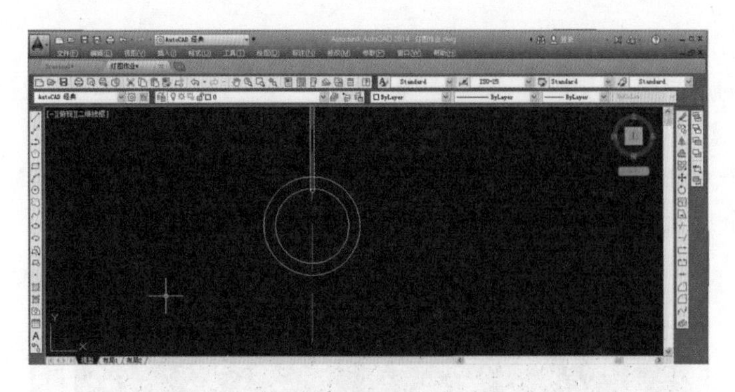

图 13-5

命令：_rectang

指定第一个角点或［倒角(C)/标高(E)/圆角(F)/厚度(T)/宽度(W)］：

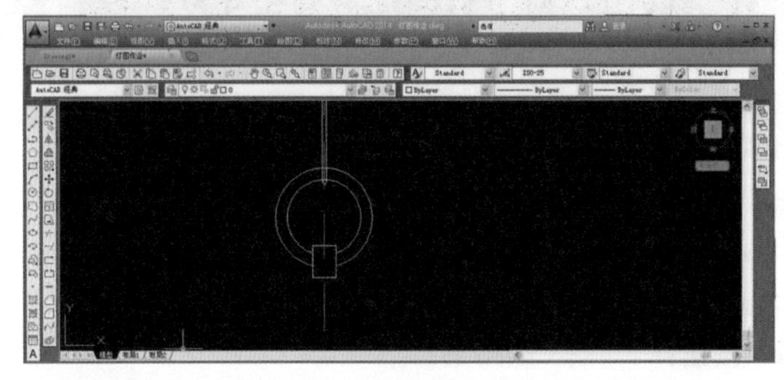

图 13-6

指定另一个角点或［面积(A)/尺寸(D)/旋转(R)］：@6,8

(16)单击“✣”按钮：

命令：_move

选择对象：找到 1 个

指定基点或［位移(D)］＜位移＞：

指定第二个点或＜使用第一个点作为位移＞：

(17)单击“-/--”按钮：

命令：_trim

当前设置：投影 = UCS，边 = 无

选择剪切边... 找到 4 个

选择要修剪的对象，或按住 Shift 键选择要延伸的对象，或［栏选(F)/窗交(C)/投影(P)/边(E)/删除(R)/放弃(U)］：

［重复以上指令］：

(18)图 13-7 的绘制步骤为，单击“▭”按钮：

命令：_rectang

指定第一个角点或［倒角(C)/标高(E)/圆角(F)/厚度(T)/宽度(W)］：

指定另一个角点或［面积(A)/尺寸(D)/旋转(R)］：@25,15

(19)单击“✣”按钮：

命令：_move

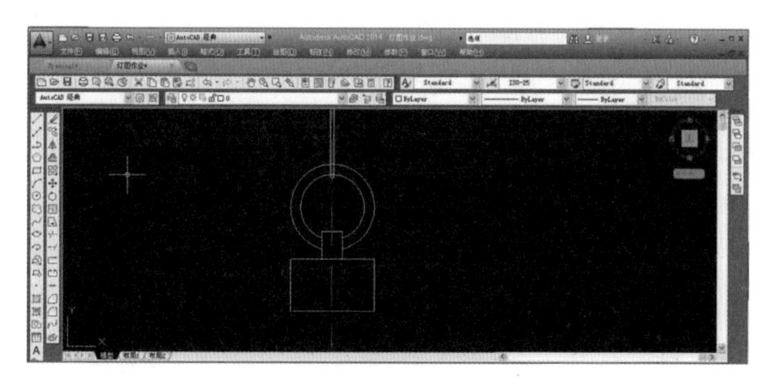

图 13-7

选择对象:找到 1 个

指定基点或[位移(D)] <位移>:

指定第二个点或 <使用第一个点作为位移>:

(20)图 13-8 的绘制步骤为,单击“”按钮:

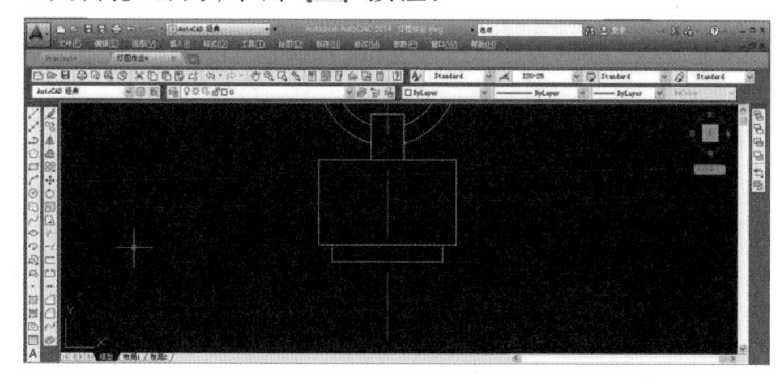

图 13-8

命令:_rectang

指定第一个角点或[倒角(C)/标高(E)/圆角(F)/厚度(T)/宽度(W)]:

指定另一个角点或[面积(A)/尺寸(D)/旋转(R)]: @20,3

(21)单击“”按钮:

命令:_move

选择对象:找到 1 个

指定基点或[位移(D)] <位移>:

指定第二个点或 <使用第一个点作为位移>

(22)图 13-9 的绘制步骤为,单击“”按钮:

命令: _line

指定第一点:

指定下一点或[放弃(U)]: 30

指定下一点或[放弃(U)]: 30

指定下一点或[闭合(C)/放弃(U)]:

指定下一点或[闭合(C)/放弃(U)]:

(23)单击“”按钮:

命令: _mirror

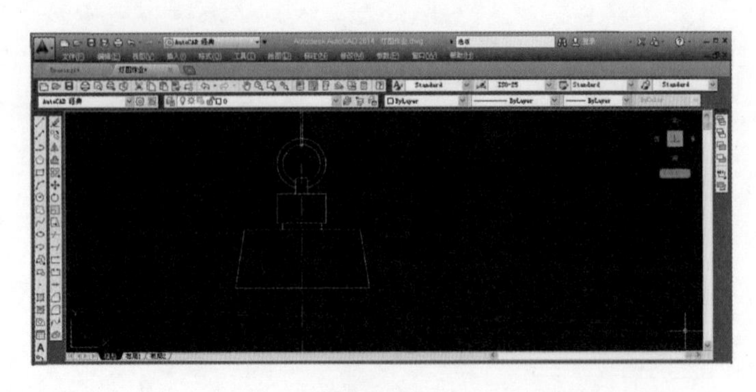

图 13-9

选择对象:找到 3 个

指定镜像线的第一点:

指定镜像线的第二点:

要删除源对象吗?[是(Y)/否(N)] <N>: n

(24)图 13-10 的绘制步骤为,单击"⊙"按钮:

命令: _circle

指定圆的圆心或[三点(3P)/两点(2P)/切点、切点、半径(T)]:

指定圆的半径或[直径(D)] <45.0000>: 40

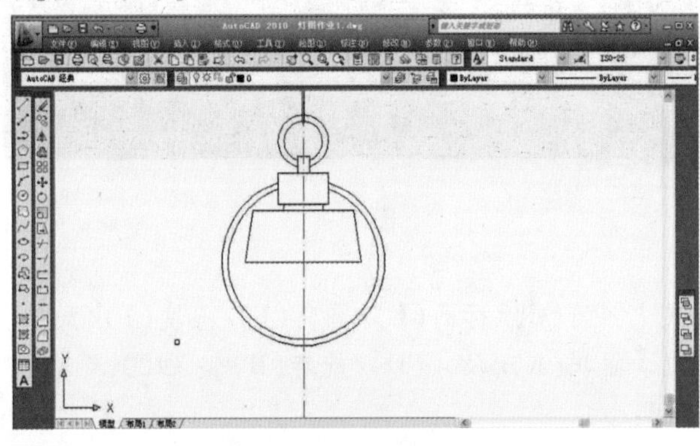

图 13-10

(25)单击"⊆"按钮:

命令: _offset

当前设置: 删除源 = 否　图层 = 源　OFFSETGAPTYPE = 0

指定偏移距离或[通过(T)/删除(E)/图层(L)] <通过>:

(26)单击"-/--"按钮:

命令: _trim

当前设置:投影 = UCS,边 = 无

选择剪切边... 找到 16 个

选择要修剪的对象,或按住 Shift 键选择要延伸的对象,或[栏选(F)/窗交(C)/投影(P)/边(E)/删除(R)/放弃(U)]:

选择要修剪的对象,或按住 Shift 键选择要延伸的对象,或[栏选(F)/窗交(C)/投影(P)/边(E)/删除(R)/放弃(U)]:

(27)单击“”按钮：

命令：_rectang

指定第一个角点或［倒角(C)/标高(E)/圆角(F)/厚度(T)/宽度(W)］：

指定另一个角点或［面积(A)/尺寸(D)/旋转(R)］：@2,5

(28)再移动回主图的位置。

命令：_move

选择对象：找到 1 个

指定基点或［位移(D)］ <位移>：

指定第二个点或 <使用第一个点作为位移>：

(29)单击“”按钮，找两个对称点：

命令：_mirror

选择对象：找到 1 个

指定镜像线的第一点：

指定镜像线的第二点：

要删除源对象吗？［是(Y)/否(N)］ <N>：

(30)单击“”按钮：

命令：_trim

当前设置：投影 = UCS，边 = 无

选择剪切边... 找到 13 个

选择要修剪的对象，或按住 Shift 键选择要延伸的对象，或［栏选(F)/窗交(C)/投影(P)/边(E)/删除(R)/放弃(U)］：

选择要修剪的对象，或按住 Shift 键选择要延伸的对象，或［栏选(F)/窗交(C)/投影(P)/边(E)/删除(R)/放弃(U)］：

(31)先找一张有鸟的灯图，如图 13-11 所示。

(32)单击“”按钮把鸟的形状抠出来，再单击“”按钮复制到主图，如图 13-12 所示。

(33)图 13-13 的绘制步骤为，单击“”按钮，把灯泡画上：

命令：_circle

指定圆的圆心或［三点(3P)/两点(2P)/切点、切点、半径(T)］：

指定圆的半径或［直径(D)］ <8.2182>：

二、侧视图绘制

(1)图 13-14 的绘制步骤为，先单击“”按钮画一条构造线，在主视图选择吊链单击“”按钮复制在空白处：

命令：_copy

选择对象：找到 24 个

当前设置： 复制模式 = 多个

指定基点或［位移(D)/模式(O)］ <位移>：

图 13-11

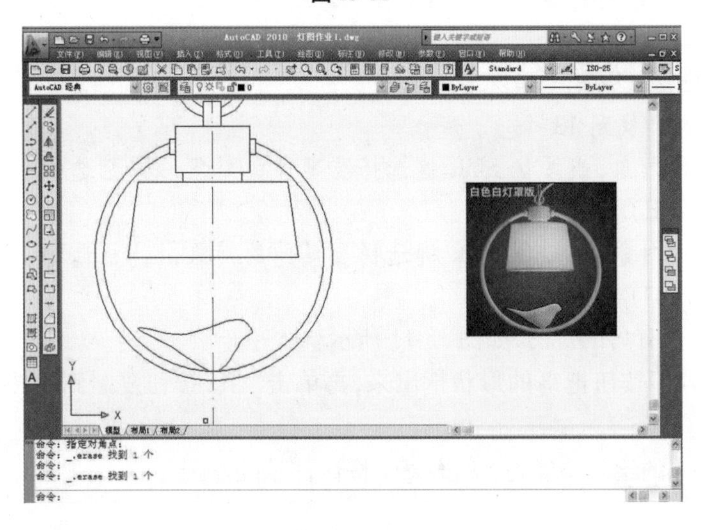

图 13-12

指定第二个点或 <使用第一个点作为位移>:

指定第二个点或[退出(E)/放弃(U)] <退出>:

(2)图 13-15 的绘制步骤为,单击“□”按钮:

命令:_rectang

指定第一个角点或[倒角(C)/标高(E)/圆角(F)/厚度(T)/宽度(W)]:

指定另一个角点或[面积(A)/尺寸(D)/旋转(R)]:d

指定矩形的长度 <3.0000>:

指定矩形的宽度 <5.0000>:15

指定另一个角点或[面积(A)/尺寸(D)/旋转(R)]:

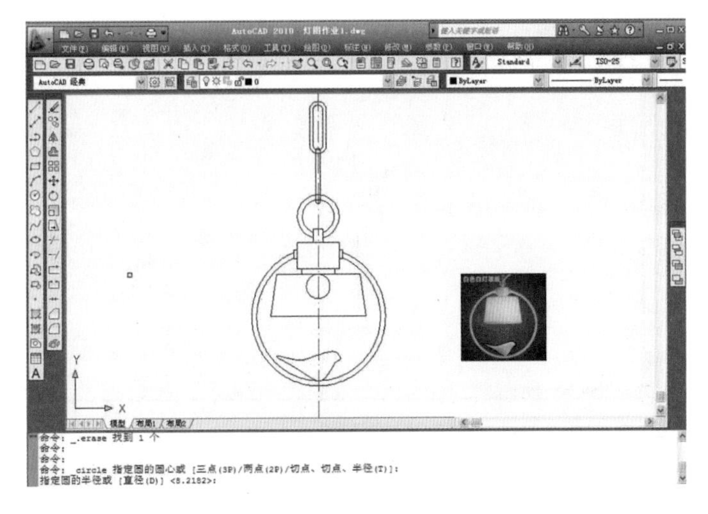

图 13-13

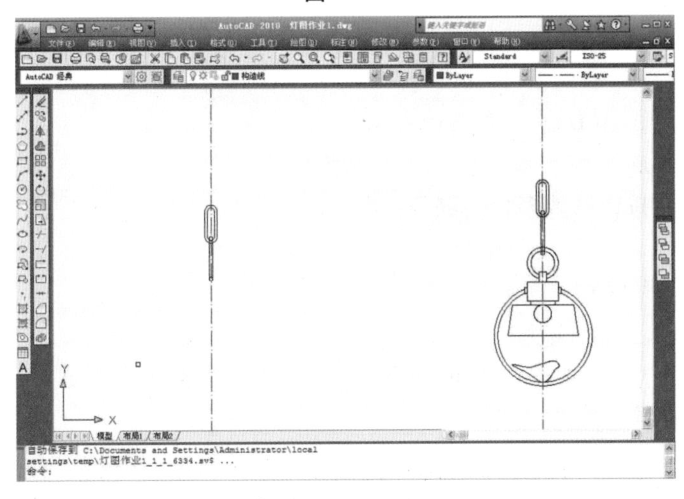

图 13-14

(3)再单击“”按钮回主图：

命令：_move

选择对象：找到 1 个

指定基点或［位移(D)］＜位移＞：

指定第二个点或 ＜使用第一个点作为位移＞：

(4)图 13-16 的绘制步骤为，先单击“”按钮：

命令：_rectang

指定第一个角点或［倒角(C)/标高(E)/圆角(F)/厚度(T)/宽度(W)］：

指定另一个角点或［面积(A)/尺寸(D)/旋转(R)］：d

指定矩形的长度 ＜7.0000＞：7

指定矩形的宽度 ＜7.0000＞：9

指定另一个角点或［面积(A)/尺寸(D)/旋转(R)］：

(5)再单击“”按钮移动回主图：

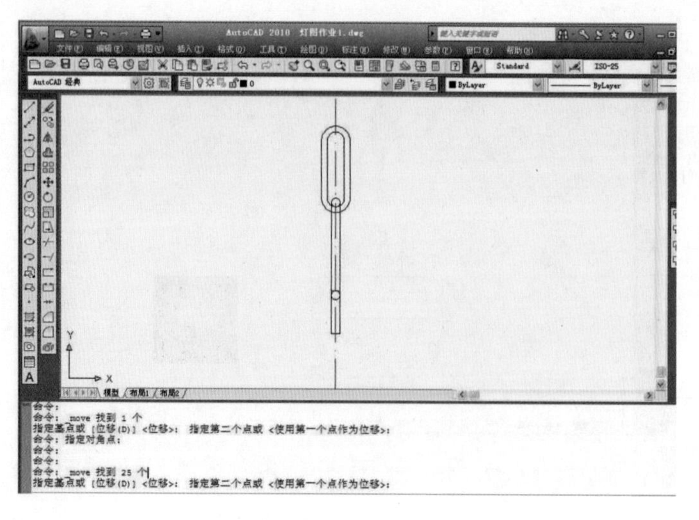

图 13-15

命令: _move

选择对象:找到 1 个

指定基点或 [位移(D)] <位移>:

指定第二个点或 <使用第一个点作为位移>:

(6)单击"-/--"按钮修剪多余的部分:

命令: _trim

当前设置:投影 = UCS,边 = 无

选择剪切边... 找到 3 个

选择要修剪的对象,或按住 Shift 键选择要延伸的对象,或[栏选(F)/窗交(C)/投影(P)/边(E)/删除(R)/放弃(U)]:

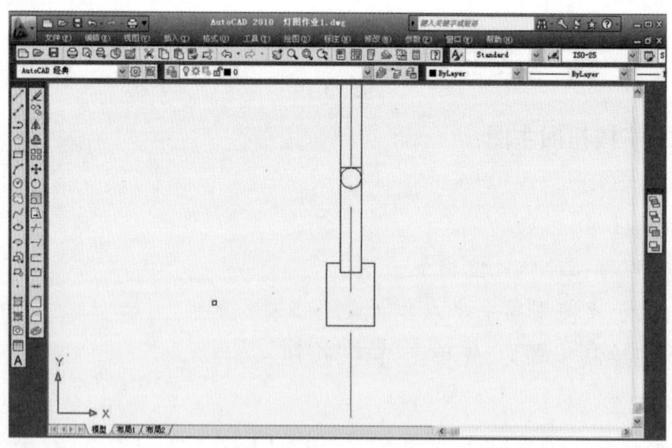

图 13-16

(7)再画个小的矩形(见图 13-17)。

命令: _rectang

指定第一个角点或 [倒角(C)/标高(E)/圆角(F)/厚度(T)/宽度(W)]:

指定另一个角点或 [面积(A)/尺寸(D)/旋转(R)]: @5,1

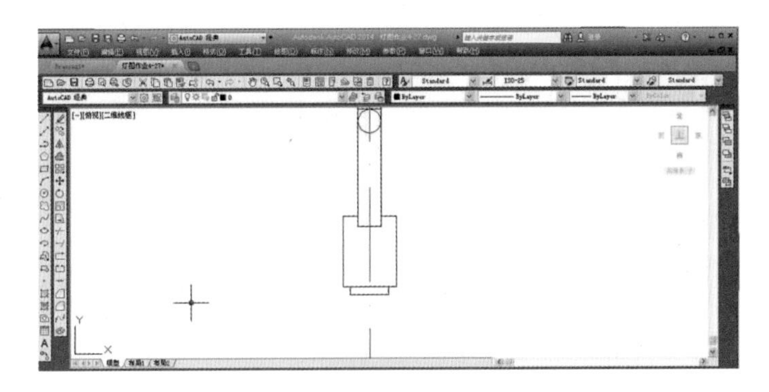

图 13-17

(8)图 13-18 的绘制步骤为,先单击“ ”按钮:

命令: _line

指定第一点:

指定下一点或[放弃(U)]: 20

指定下一点或[放弃(U)]: 30

指定下一点或[闭合(C)/放弃(U)]:

指定下一点或[闭合(C)/放弃(U)]:

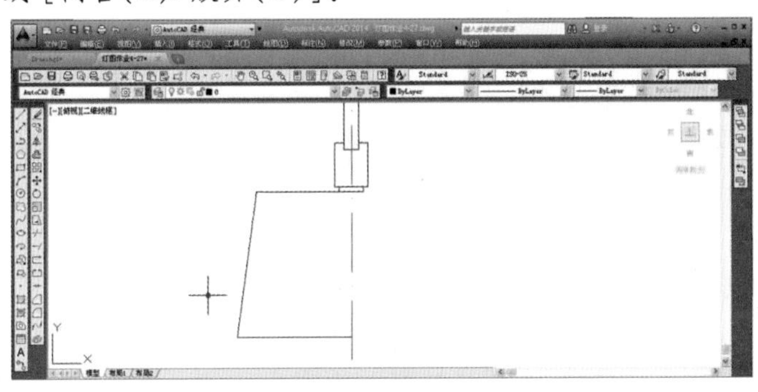

图 13-18

(9)图 13-19 的绘制步骤,单击镜像“ ”按钮,画出对称的一边。

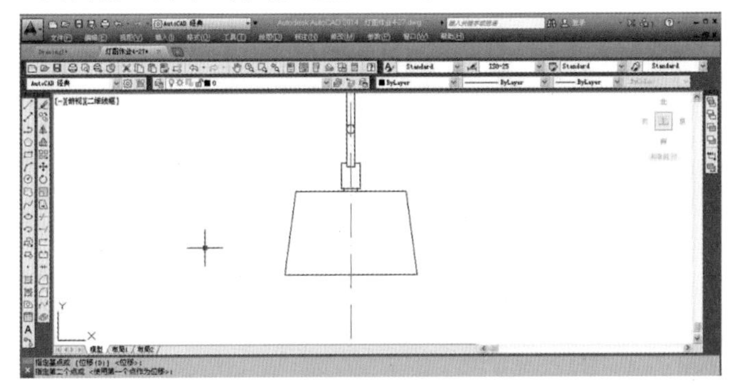

图 13-19

(10)图 13-20 的绘制步骤为,先单击“ ”按钮:

命令: _ellipse

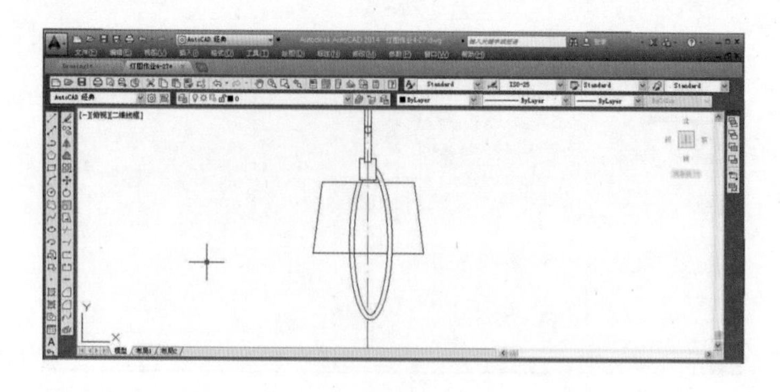

图 13-20

指定椭圆的轴端点或［圆弧(A)/中心点(C)］：

指定轴的另一个端点：65

指定另一条半轴长度或［旋转(R)］：

(11)再单击“”按钮：

命令：_offset

当前设置：删除源 = 否　图层 = 源　OFFSETGAPTYPE = 0

指定偏移距离或［通过(T)/删除(E)/图层(L)］<通过>：3

选择要偏移的对象，或［退出(E)/放弃(U)］<退出>：

选择要偏移的对象，或［退出(E)/放弃(U)］<退出>：

指定要偏移的那一侧上的点，或［退出(E)/多个(M)/放弃(U)］<退出>：

(12)然后单击“”按钮，修剪多余的线：

命令：_trim

当前设置：投影 = UCS，边 = 无

选择剪切边... 找到 10 个

选择要修剪的对象，或按住 Shift 键选择要延伸的对象，或［栏选(F)/窗交(C)/投影(P)/边(E)/删除(R)/放弃(U)］：

(13)把侧面图片(见图 13-1)上的小鸟抠出来。

(14)图 13-21 的绘制步骤为，先单击“”按钮，把小鸟的外形抠出来，再用“”按钮复制小鸟的外形回主图，最后用“”按钮修剪掉多余的线。

命令：_trim

当前设置：投影 = UCS，边 = 无

选择剪切边... 找到 5 个

选择要修剪的对象，或按住 Shift 键选择要延伸的对象，或［栏选(F)/窗交(C)/投影(P)/边(E)/删除(R)/放弃(U)］：

三、俯视图绘制

(1)图 13-22 的绘制步骤为，先单击“”按钮在空白处画一条中轴线，再单击“”按钮制作圆：

命令：_circle

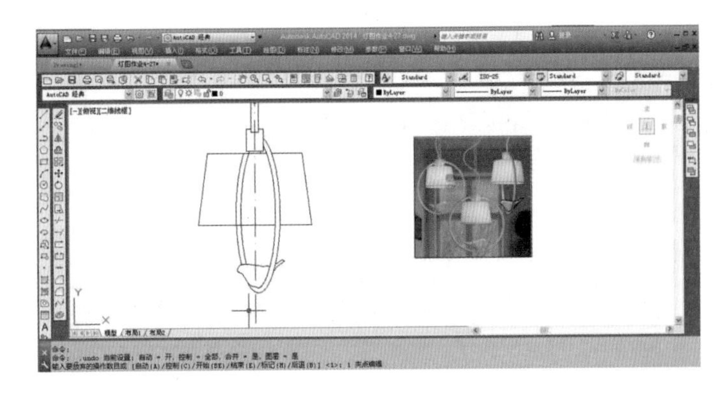

图 13-21

指定圆的圆心或［三点(3P)/两点(2P)/切点、切点、半径(T)］:
指定圆的半径或［直径(D)］ <30.0000>: 45

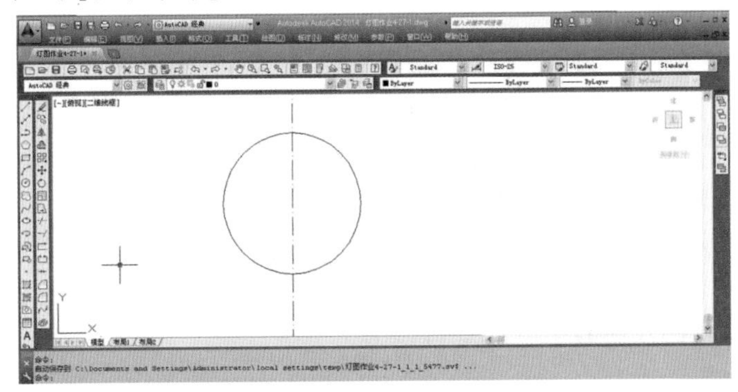

图 13-22

(2)图 13-23 的绘制步骤为,再画个小圆:
命令: _circle
指定圆的圆心或［三点(3P)/两点(2P)/切点、切点、半径(T)］:
指定圆的半径或［直径(D)］ <45.0000>: 20

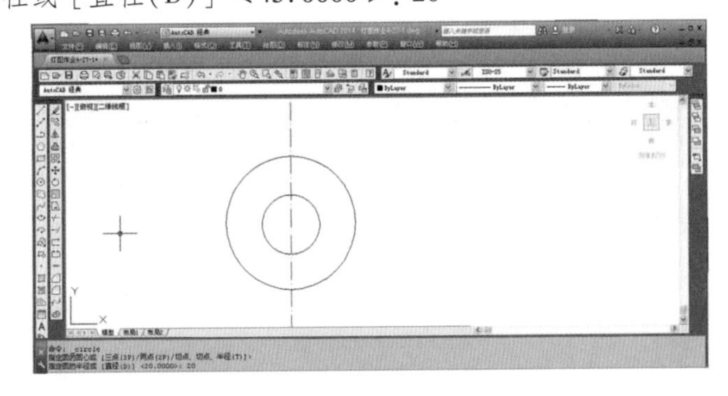

图 13-23

(3)图 13-24 的绘制步骤为,单击"□"按钮制作三个大小不一的矩形:
命令: _rectang
指定第一个角点或［倒角(C)/标高(E)/圆角(F)/厚度(T)/宽度(W)］: @4,15

指定另一个角点或［面积(A)/尺寸(D)/旋转(R)］:
需要二维角点或选项关键字。
指定另一个角点或［面积(A)/尺寸(D)/旋转(R)］:
需要二维角点或选项关键字。
指定另一个角点或［面积(A)/尺寸(D)/旋转(R)］:
(4)单击“”按钮再偏移第一个矩形:

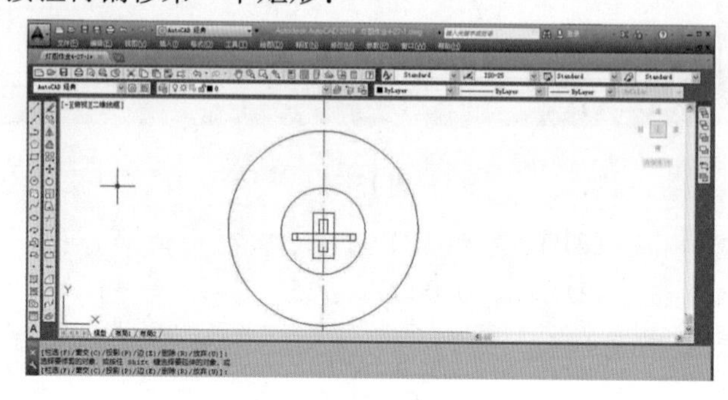

图 13-24

命令: _offset
当前设置: 删除源 = 否　图层 = 源　OFFSETGAPTYPE = 0
指定偏移距离或［通过(T)/删除(E)/图层(L)］ < 通过 > : 3
指定要偏移的那一侧上的点,或［退出(E)/多个(M)/放弃(U)］ < 退出 >
(5)再制作个不同方向的矩形:
命令: _rectang
指定第一个角点或［倒角(C)/标高(E)/圆角(F)/厚度(T)/宽度(W)］:
指定另一个角点或［面积(A)/尺寸(D)/旋转(R)］: @3,30
(6)在最后一个矩形两边用直线“”按钮闭合,然后用“”按钮修剪掉多余的线。
(7)图 13-25 的绘制步骤为,先单击“”按钮:
命令: _rectang
指定第一个角点或［倒角(C)/标高(E)/圆角(F)/厚度(T)/宽度(W)］:
指定另一个角点或［面积(A)/尺寸(D)/旋转(R)］: @40,5

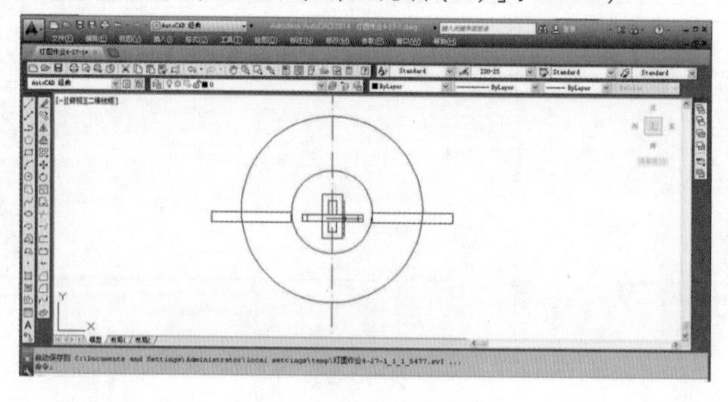

图 13-25

(8)再单击“”按钮移动回主图:
命令:_move

选择对象:找到 1 个

指定基点或 [位移(D)] <位移>:

指定第二个点或 <使用第一个点作为位移>:

(9)再单击“ ”按钮,作出一个对称的矩形:

命令: _mirror

选择对象:找到 1 个

指定镜像线的第一点:

指定镜像线的第二点:

要删除源对象吗?[是(Y)/否(N)] <N>:

(10)图 13-26 的绘制步骤为,先单击“ ”按钮:

命令: _line

指定第一个点:

指定下一点或 [放弃(U)]:

指定下一点或 [放弃(U)]:

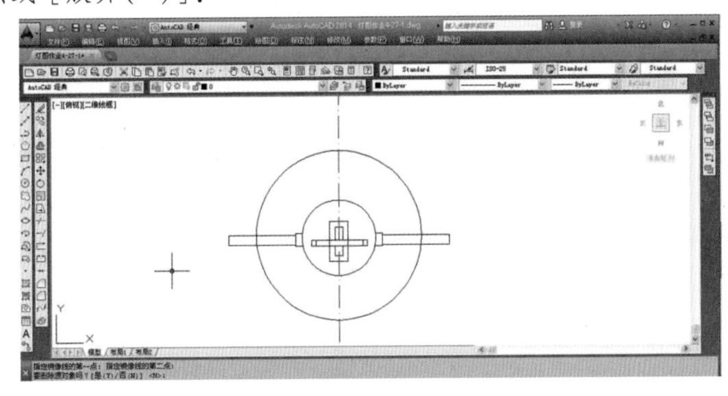

图 13-26

(11)再单击“ ”按钮,制作出一个对称的:

命令: _mirror

选择对象:找到 3 个

指定镜像线的第一点:

指定镜像线的第二点:

要删除源对象吗?[是(Y)/否(N)] <N>:

(12)最后单击“ ”按钮修剪掉多余的线:

命令: _trim

当前设置:投影 = UCS,边 = 无

选择剪切边... 找到 16 个

选择要修剪的对象,或按住 Shift 键选择要延伸的对象,或[栏选(F)/窗交(C)/投影(P)/边(E)/删除(R)/放弃(U)]:

第十四章　灯具模型制作实例(九)

一、准备工作

(一)作图任务描述

该练习用 CAD 造型完成一盏壁灯绘制,其基本尺寸如图 14-1 所示。

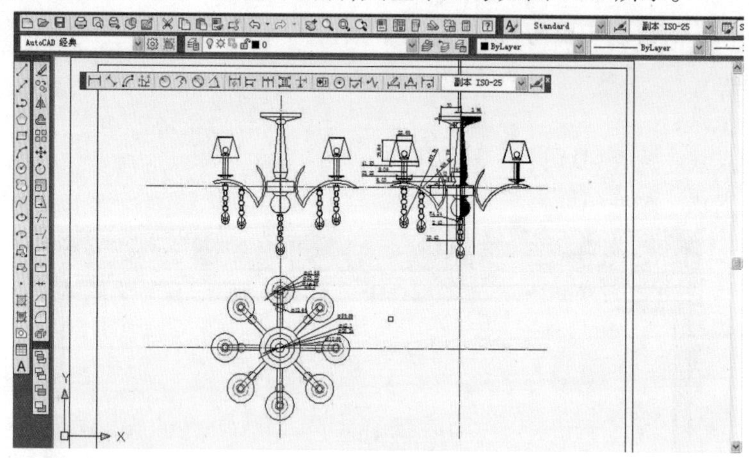

图 14-1

(二)选择绘画视图

按图 14-1 选择俯视图。

(三)选择绘图快捷

按照图 14-2 通过右键点击任意图标"工具(T)",选择工具条(在相应工具条前鼠标左键点击,会出现"√",然后在画板出现),如图 14-3 所示。

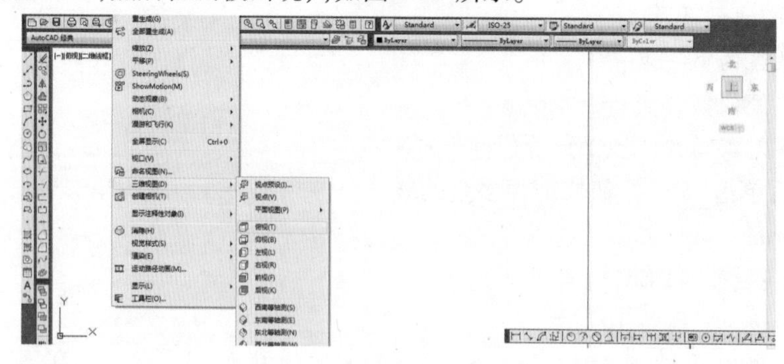

图 14-2

二、绘制灯杆

(1)选择矩形"▭"按钮:

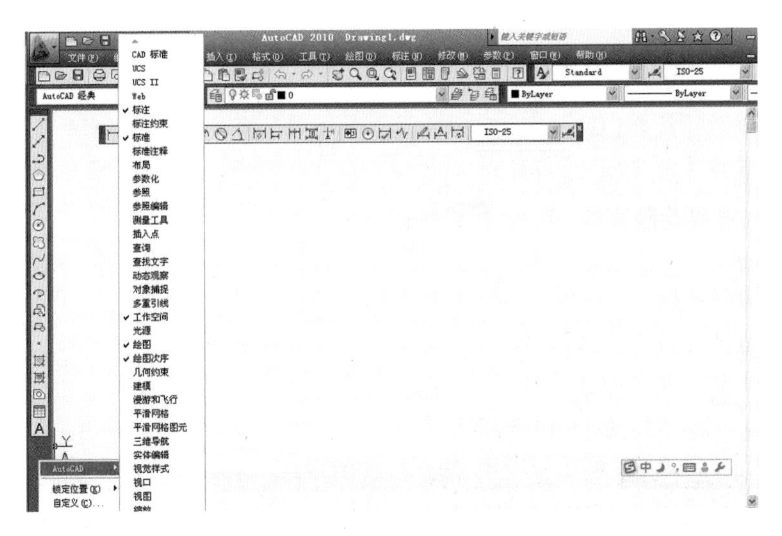

图 14-3

命令：_rectang

指定第一个角点或［倒角(C)/标高(E)/圆角(F)/厚度(T)/宽度(W)］：

指定另一个角点或［面积(A)/尺寸(D)/旋转(R)］：@63,5.8

绘制直线高度为:3.94。

(2)单击“ ”按钮：

命令：_rectang

指定第一个角点或［倒角(C)/标高(E)/圆角(F)/厚度(T)/宽度(W)］：

指定另一个角点或［面积(A)/尺寸(D)/旋转(R)］：@14.99,7.35

单击倒角“ ”按钮，倒角为3.68，然后绘制直线连接上，如图14-4所示。

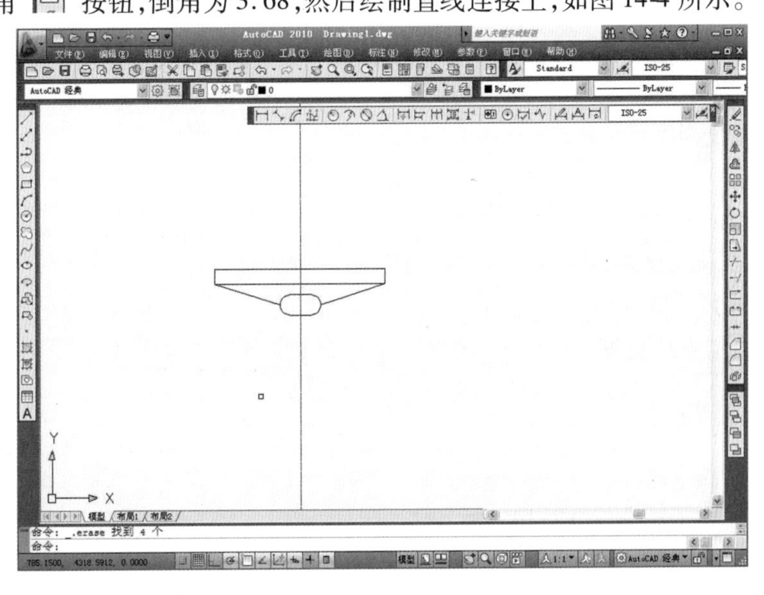

图 14-4

(3)单击“ ”按钮：

命令：_line
指定第一点：
指定下一点或［放弃(U)］：
指定下一点或［放弃(U)］:73.5
(4)到端点重复绘制直线,单击“ ”按钮：
命令：_line
指定第一点：
指定下一点或［放弃(U)］：
指定下一点或［放弃(U)］:21
(5)绘制直线连接上,如图 14-5 所示。

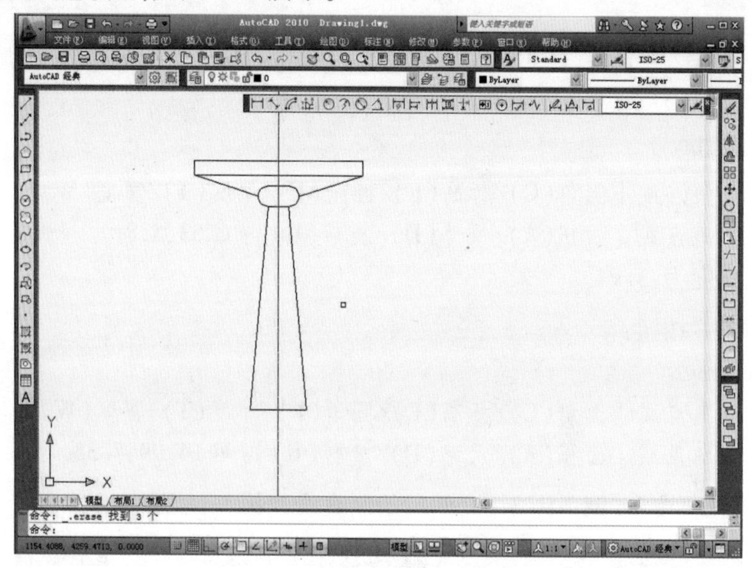

图 14-5

(6)绘制直线高度：
命令：_line
指定第一点：
指定下一点或［放弃(U)］：
指定下一点或［放弃(U)］:8.33
(7)重复绘制直线宽度：
命令：_line
指定第一点：
指定下一点或［放弃(U)］：
指定下一点或［放弃(U)］:14.9
(8)绘制直线连接上,如图 14-6 所示。
(9)重复绘制直线高度：
命令：_line
指定第一点：

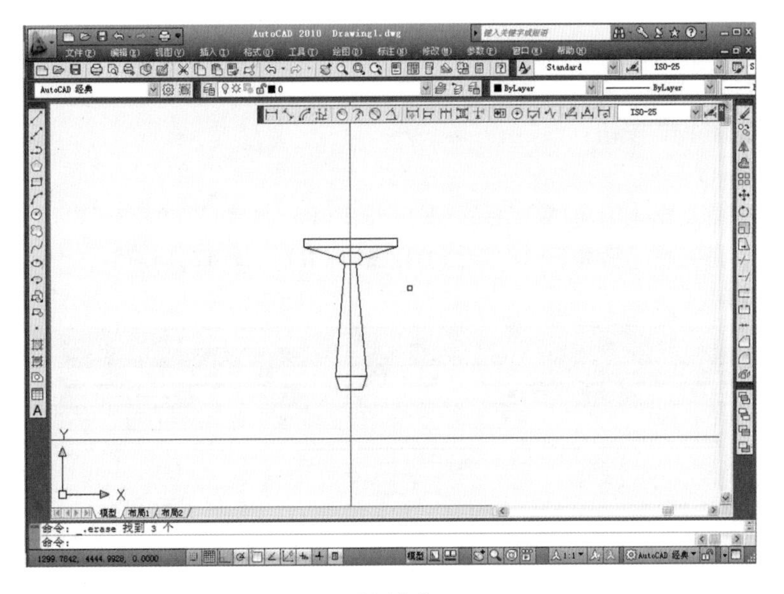

图 14-6

指定下一点或［放弃(U)］:

指定下一点或［放弃(U)］:5.25

(10)重复绘制直线宽度:

命令: _line

指定第一点:

指定下一点或［放弃(U)］:

指定下一点或［放弃(U)］:25

绘制直线连接上,如图 14-7 所示。

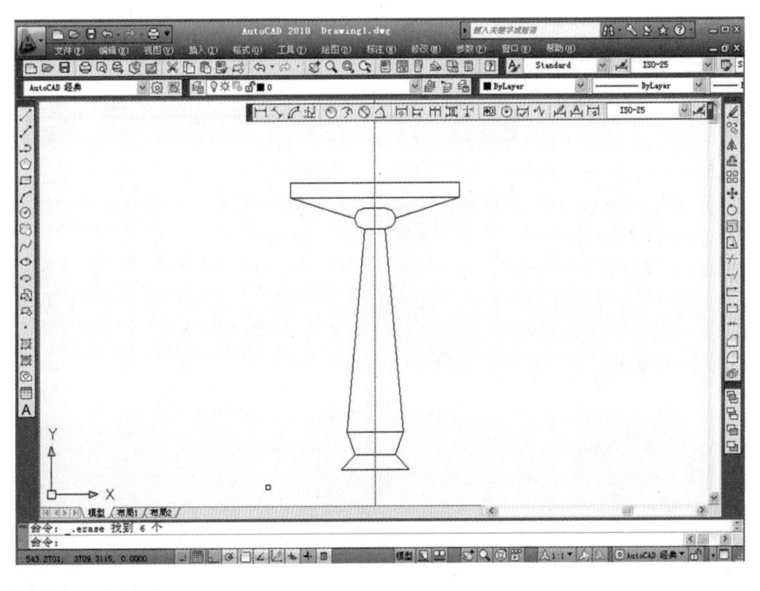

图 14-7

三、绘制线鼓

(1)单击矩形“”按钮：

命令：_rectang

指定第一个角点或[倒角(C)/标高(E)/圆角(F)/厚度(T)/宽度(W)]：

指定另一个角点或[面积(A)/尺寸(D)/旋转(R)]：@42,15.75

结果如图 14-8 所示。

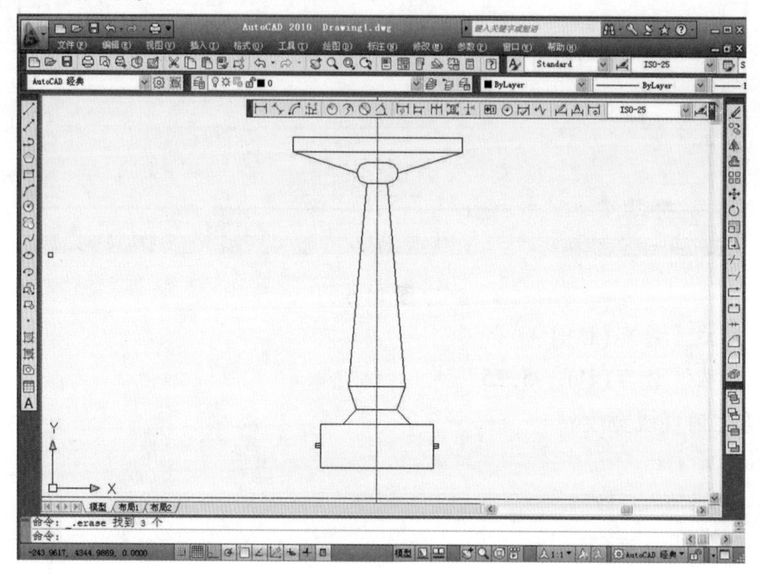

图 14-8

(2)接上一步,单击镜像“”按钮,如图 14-9 所示。

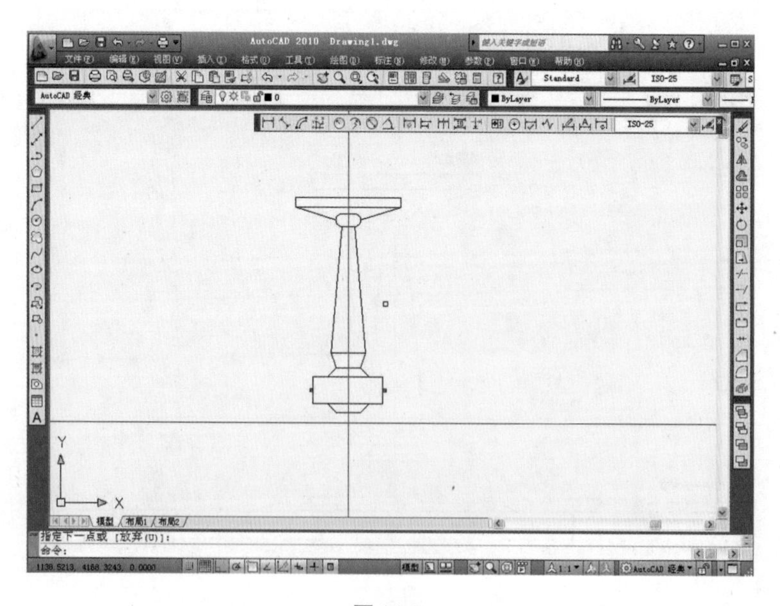

图 14-9

四、绘制水晶球

绘制水晶球,如图 14-10 所示。

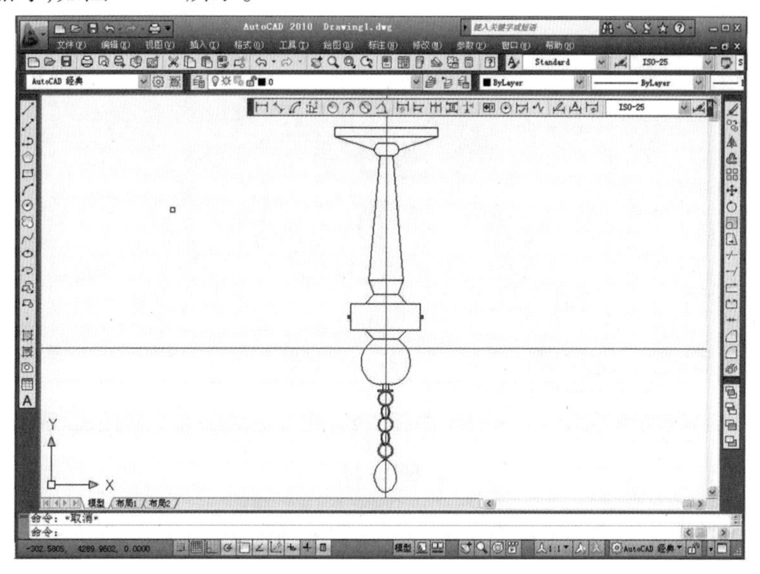

图 14-10

五、绘制水晶吊链

(1)绘制圆形。

命令: _circle

指定圆的圆心或[三点(3P)/两点(2P)/切点、切点、半径(T)]:

指定圆的半径或[直径(D)] <68.5529>: 8.9

(2)单击偏移“”按钮,偏移距离为 2。

(3)绘制椭圆。

命令: _ellipse

指定椭圆的轴端点或[圆弧(A)/中心点(C)]:

指定轴的另一个端点:

指定另一条半轴长度或[旋转(R)]:2.42

(4)偏移距离为:1。

(5)然后再复制,结果如图 14-11 所示。

(6)绘制水晶吊坠,绘制椭圆:

命令: _line

指定第一点:

指定下一点或[放弃(U)]:

指定下一点或[放弃(U)]:9.321

镜像,修饰结果如图 14-12 所示。

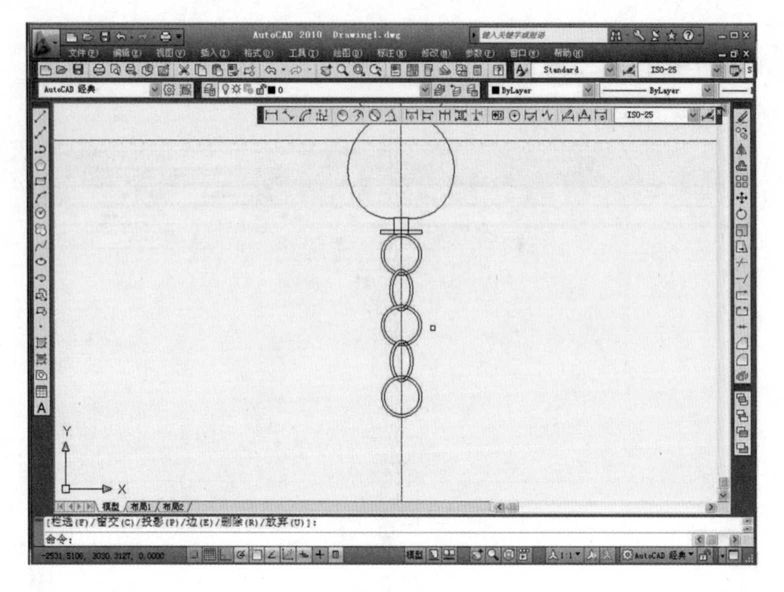

图 14-11

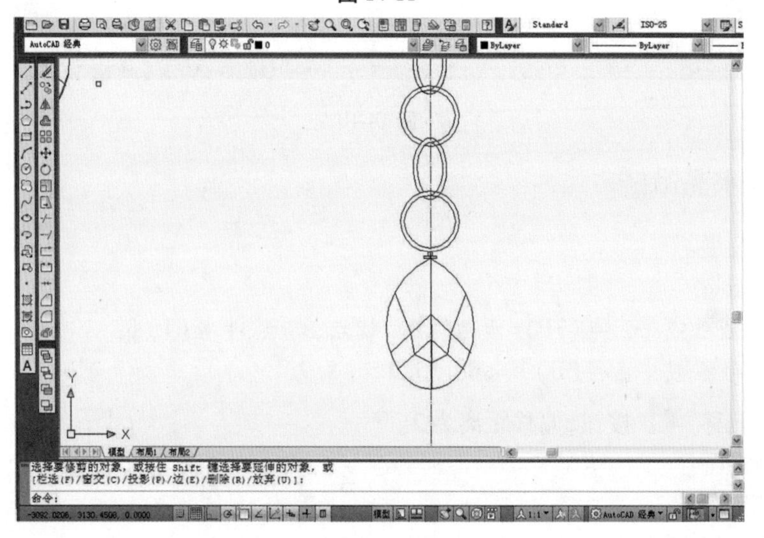

图 14-12

六、绘制灯臂

(1)绘制圆形:

命令: _circle

指定圆的圆心或[三点(3P)/两点(2P)/切点、切点、半径(T)]:

指定圆的半径或[直径(D)] <68.5529>: 42.86

(2)偏移距离为:3.67。

(3)重复绘制圆形,相交:

命令: _circle

指定圆的圆心或[三点(3P)/两点(2P)/切点、切点、半径(T)]:

指定圆的半径或[直径(D)] <68.5529>: 5832

(4)偏移距离为:3.67。

(5)然后修剪,结果如图 14-13 所示。

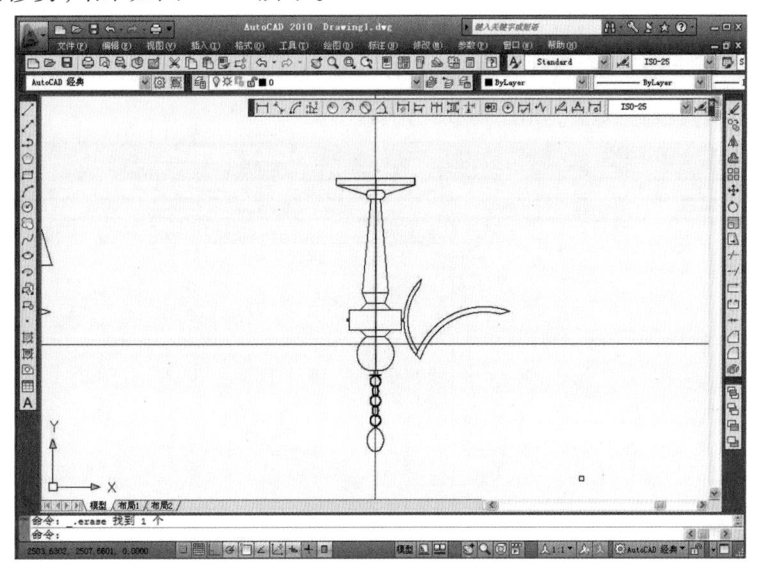

图 14-13

(6)单击镜像“”按钮,结果如图 14-14 所示。

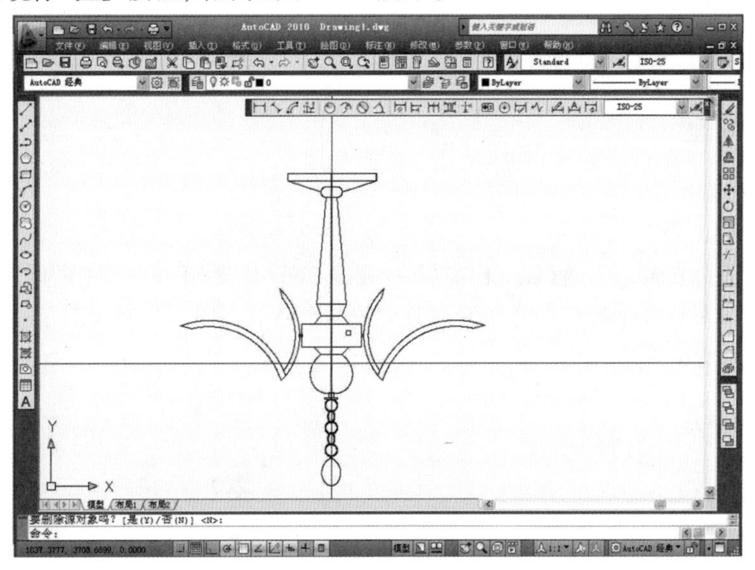

图 14-14

七、绘制灯盘

(1)选择矩形:

命令: _rectang

指定第一个角点或[倒角(C)/标高(E)/圆角(F)/厚度(T)/宽度(W)]:

指定另一个角点或[面积(A)/尺寸(D)/旋转(R)]:@6.33,4.75

选择矩形:
命令:_rectang
指定第一个角点或[倒角(C)/标高(E)/圆角(F)/厚度(T)/宽度(W)]:
指定另一个角点或[面积(A)/尺寸(D)/旋转(R)]:@24.38,1.65
(2)然后绘制直线连接上,如图 14-15 所示。

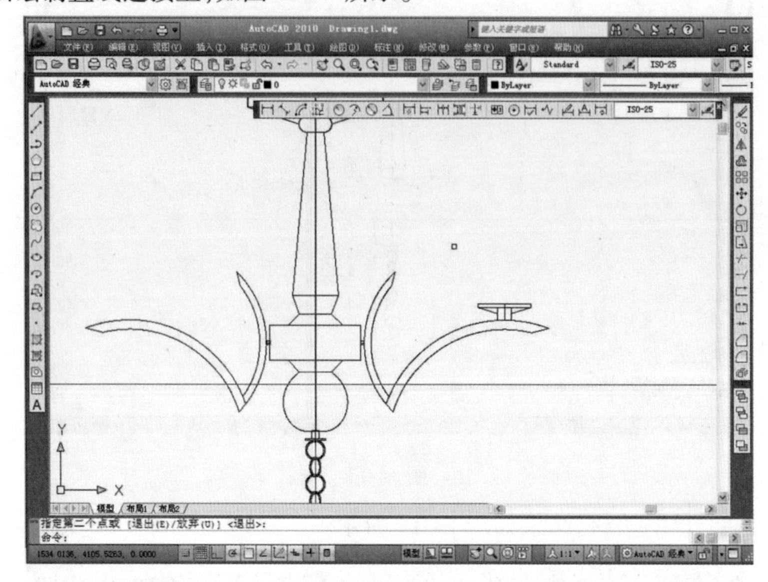

图 14-15

八、绘制灯座

选择矩形:
命令:_rectang
指定第一个角点或[倒角(C)/标高(E)/圆角(F)/厚度(T)/宽度(W)]:
指定另一个角点或[面积(A)/尺寸(D)/旋转(R)]:@8.44,25.45
结果如图 14-16 所示。

九、绘制灯头

选择矩形:
命令:_rectang
指定第一个角点或[倒角(C)/标高(E)/圆角(F)/厚度(T)/宽度(W)]:
指定另一个角点或[面积(A)/尺寸(D)/旋转(R)]:8.44,7.61
绘制灯泡。
选择圆形:
命令:_circle
指定圆的圆心或[三点(3P)/两点(2P)/切点、切点、半径(T)]:
指定圆的半径或[直径(D)] <68.5529>:8.71

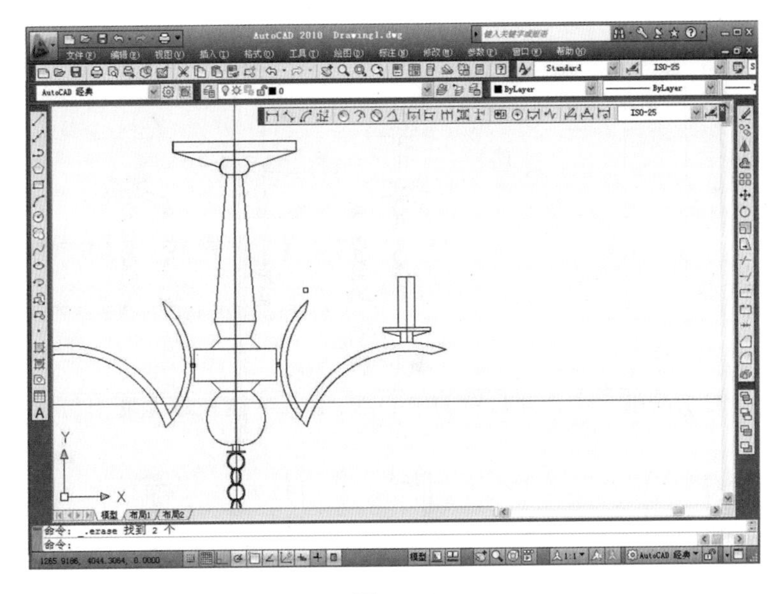

图 14-16

十、绘制灯罩

(1)选择矩形：

命令：_rectang

指定第一个角点或［倒角(C)/标高(E)/圆角(F)/厚度(T)/宽度(W)］：

指定另一个角点或［面积(A)/尺寸(D)/旋转(R)］：@29.84,73°

结果如图 14-17 所示。

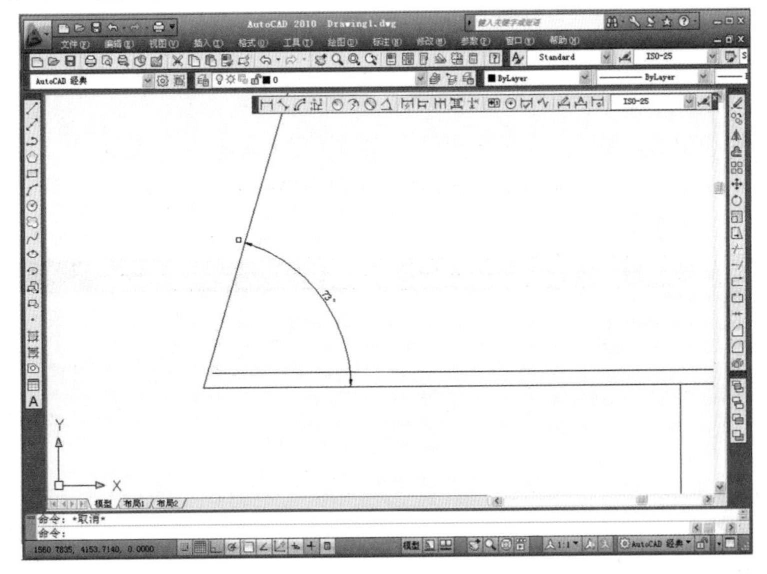

图 14-17

(2)单击镜像“”按钮得到如图 14-18 所示。

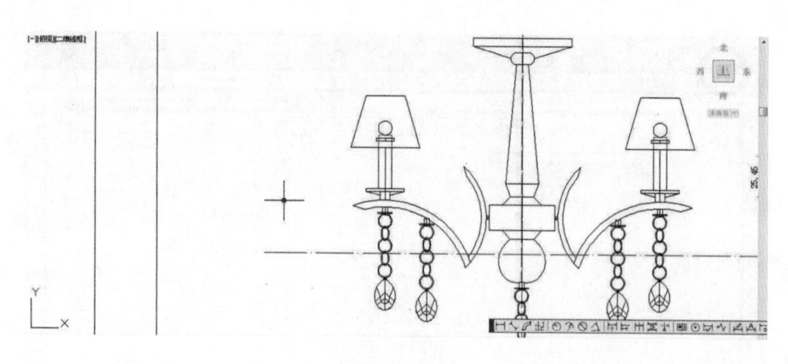

图 14-18

重绘制所画的水晶第一个挂在灯臂的中心点，第二个挂在灯座底下位置，然后镜像，如图 14-19 所示。

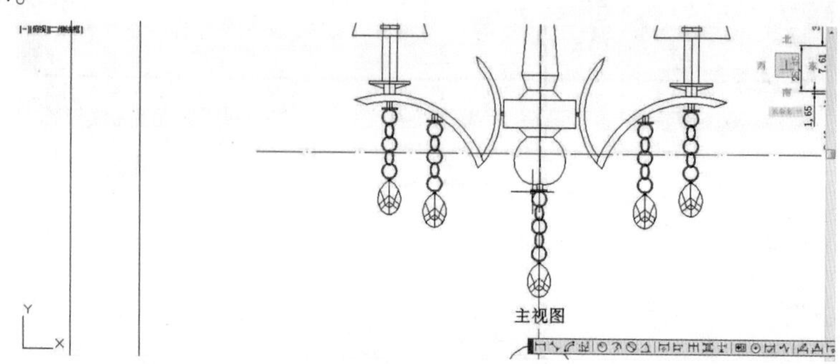

图 14-19

主视图绘制完成。

十一、绘制牙管

选择矩形：

命令：_rectang

指定第一个角点或［倒角(C)/标高(E)/圆角(F)/厚度(T)/宽度(W)］：

指定另一个角点或［面积(A)/尺寸(D)/旋转(R)］：151.9,4

修剪如图 14-20 所示。

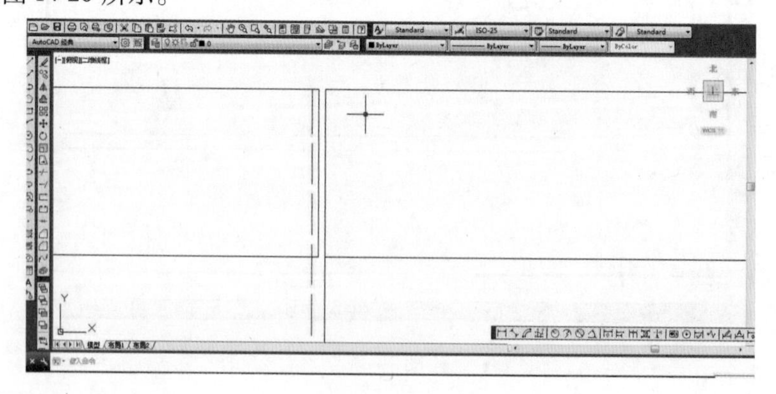

图 14-20

填充如图 14-21 所示。

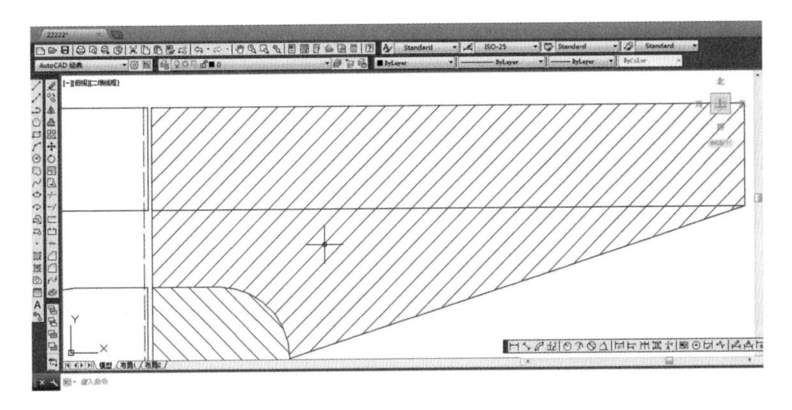

图 14-21

重复填充如图 14-22 所示。

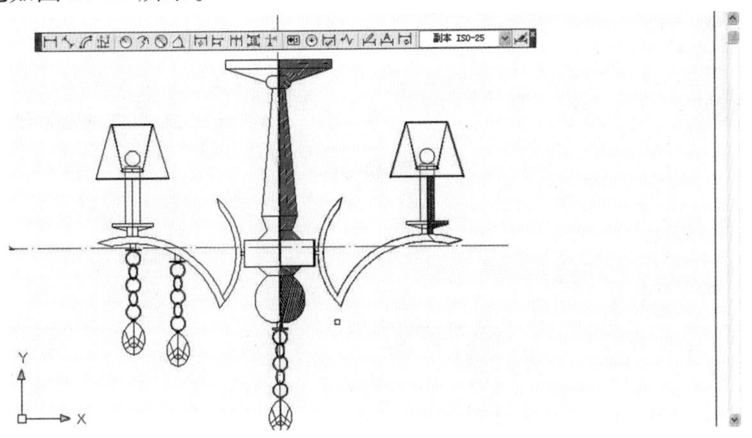

图 14-22

十二、绘制线孔

偏移 4，然后单击填充“ ”按钮绘制，如图 14-23 所示。

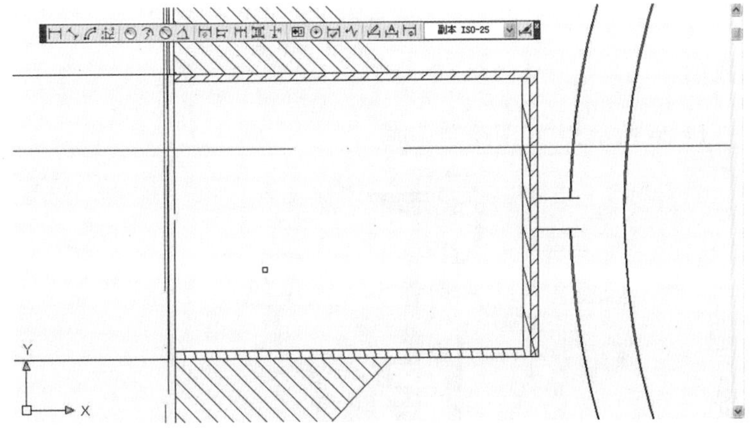

图 14-23

十三、绘制灯臂

绘制灯臂，如图 14-24 所示。

(1)偏移灯臂 0.5，单击“ ”按钮。

(2)重复填充单击“ ”按钮。

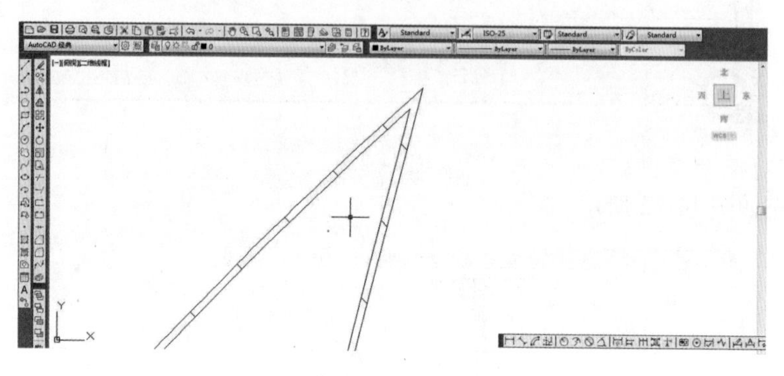

图 14-24

十四、绘制线孔

绘制线孔，如图 14-25 所示。

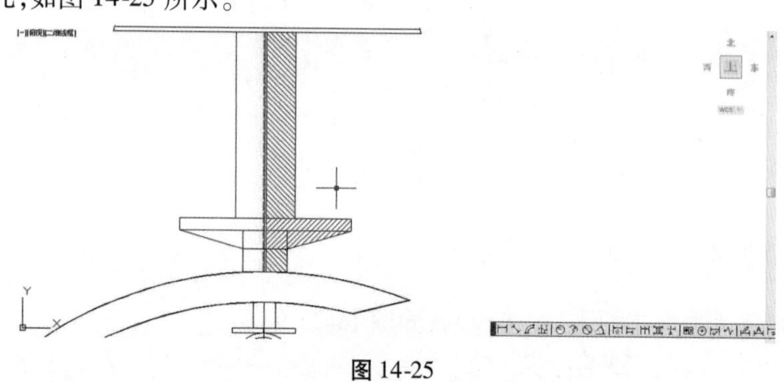

图 14-25

十五、标数值

标数值如图 14-26 所示，左视图绘制完成。

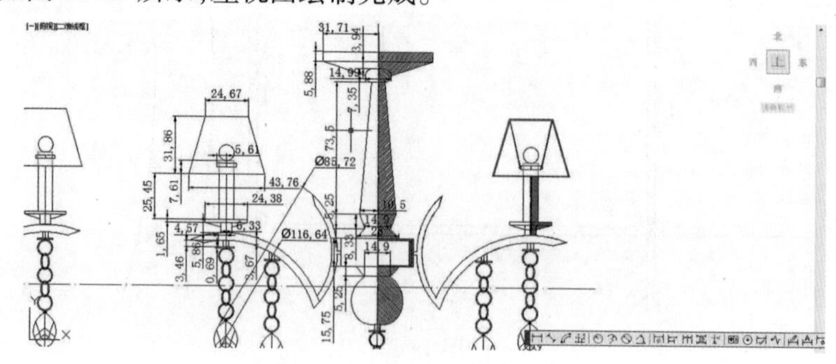

图 14-26

十六、其他部分的绘制

(1)绘制圆形:
命令: _circle
指定圆的圆心或[三点(3P)/两点(2P)/切点、切点、半径(T)]:
指定圆的半径或[直径(D)] <645.5400 >:13.33@19.56 @44.21@62.88
结果如图 14-27 所示。

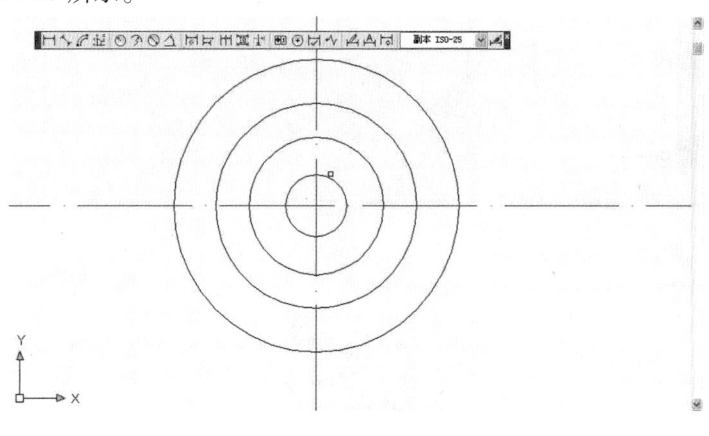

图 14-27

(2)重复绘制圆形:
命令: _circle
指定圆的圆心或[三点(3P)/两点(2P)/切点、切点、半径(T)]:
指定圆的半径或[直径(D)] <1168.8900 >: @13.33
环形 8 个得到如图 14-28 所示。

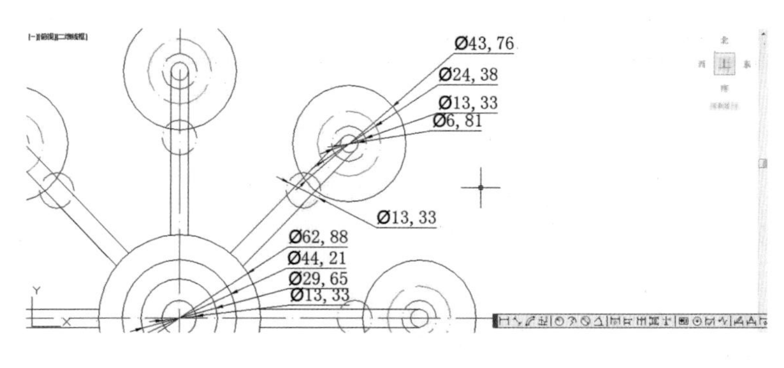

图 14-28

(3)绘制直线长度为 73.30。
绘制圆形:
命令: _circle
指定圆的圆心或[三点(3P)/两点(2P)/切点、切点、半径(T)]:
指定圆的半径或[直径(D)] <1168.8900 >:@6.81@13.33@24.38@43.76
(4)环形 8 个得到如图 14-29 所示。

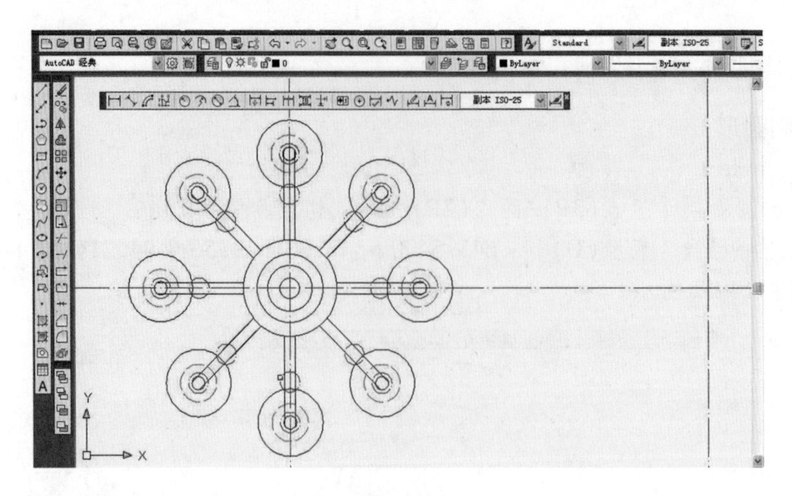

图 14-29

(5)标数值,如图 14-30 所示。

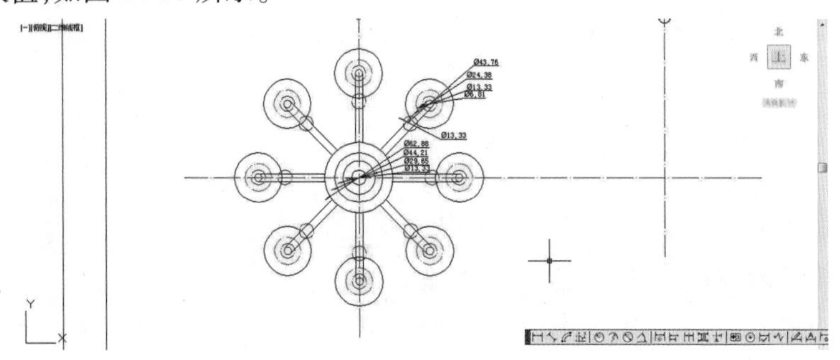

图 14-30

俯视图绘制完成。

最终三视图如图 14-31 所示。

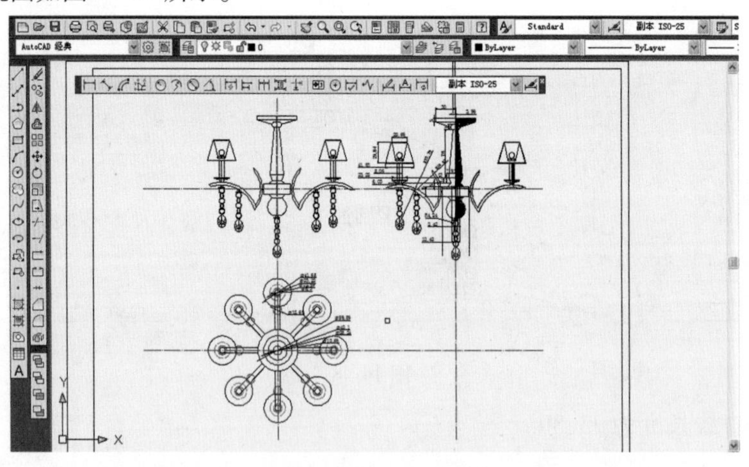

图 14-31

通过练习可以掌握基本体、矩形直线、圆形绘制,学会镜像、修剪、环形、复制等基本功能,并学习通过命令行作图。

第十五章　灯具模型制作实例(十)

此练习使用 CAD 作图完成灯具的绘制,其灯具结构图如图 15-1 所示。

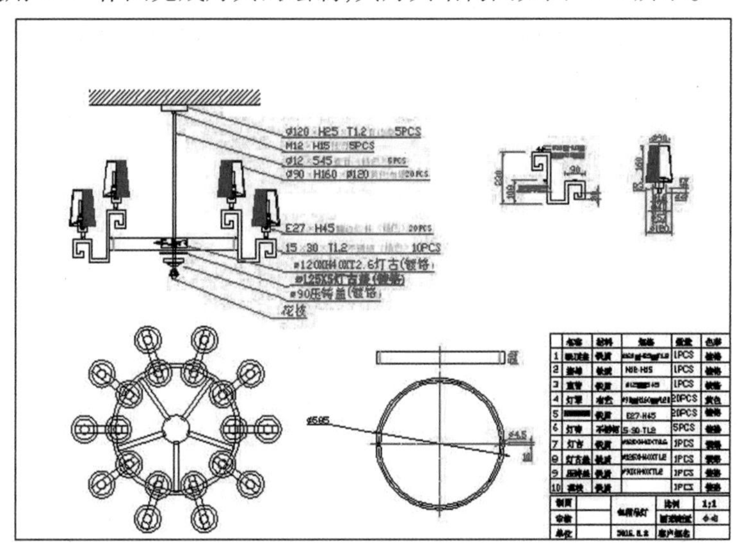

图 15-1

第一步

练习使用 CAD 作图完成灯具的绘制,其基本图形如图 15-2 所示。

通过此练习可以掌握直线、多线、矩形、圆形、构造线的绘制与线性、对齐、直径、弧线、文字的标注,也可以掌握图形的移动、复制、拉伸、分解、镜像、偏移、修剪、阵列等基本功能。

第二步

图 15-3 绘制步骤如下:

单击“ ”按钮,按命令行提示执行:

命令: _xline

指定点或[水平(H)/垂直(V)/角度(A)/二等分(B)/偏移(O)]:　　//左击

指定通过点:　　//左击

指定通过点:　　//右击确定

单击“ 按钮,弹出图 15-4。

单击“ ”按钮,命名为构造线,再分别单击构造线的“□ 红”“CENTER”把颜色更改为红色,线型改为点划线的线型。

左击绘制的构造线,点击图 15-5 的“ ”按钮,选择如图 15-5 所示。

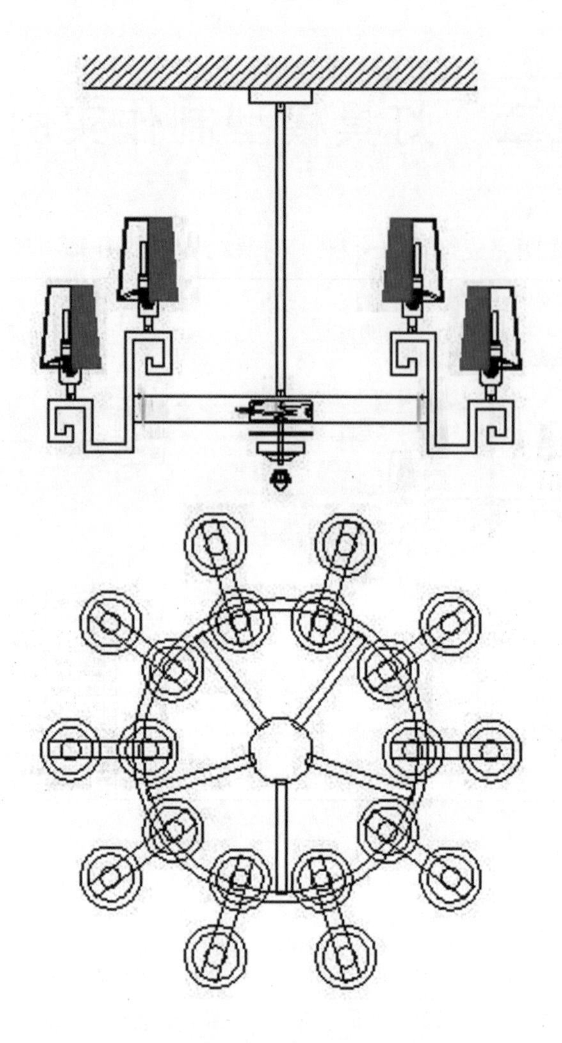

图 15-2

图 15-3

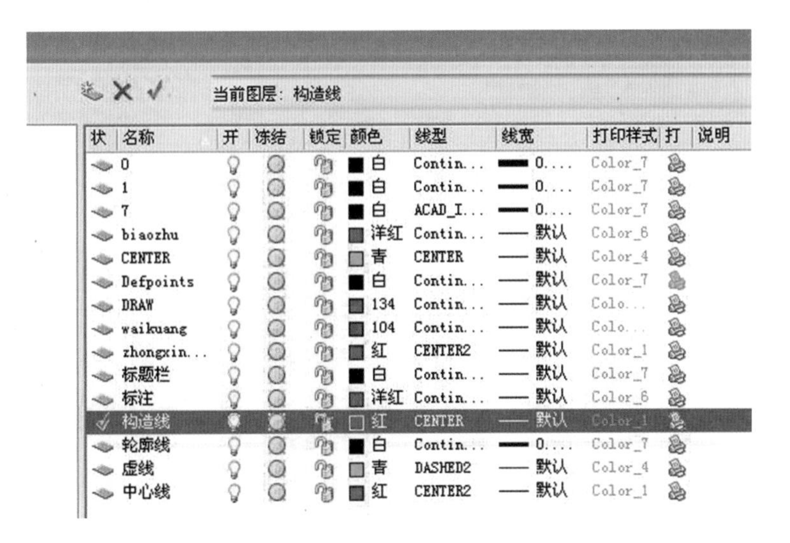

图 15-4

图 15-5

第三步

图 15-6 绘制步骤如下：

单击“ ”按钮，按命令行提示执行：

命令：_rectang

指定第一个角点或［倒角(C)/标高(E)/圆角(F)/厚度(T)/宽度(W)］：　　//左击

指定另一个角点或［面积(A)/尺寸(D)/旋转(R)］：@120,25　　//回车

单击“ ”按钮，按命令行提示执行：

命令：_move

选择对象：找到 1 个　　//左击 120×25 矩形，回车

指定基点或［位移(D)］<位移>：　　//左击 120×25 矩形的上面边线的中点

指定第二个点或 <使用第一个点作为位移>：　　//左击构造线

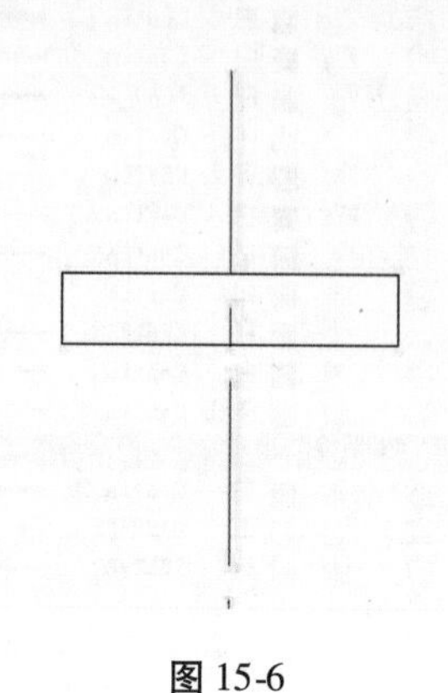

图 15-6

第四步

图 15-7 绘制步骤如下：

单击“”按钮，按命令行提示执行：

命令：_rectang

指定第一个角点或［倒角(C)/标高(E)/圆角(F)/厚度(T)/宽度(W)］：　　//左击

指定另一个角点或［面积(A)/尺寸(D)/旋转(R)］：@16,15

单击“”按钮，按命令行提示执行：

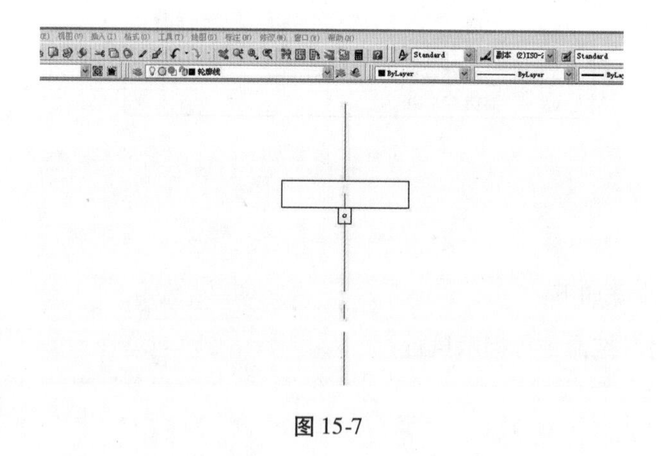

图 15-7

命令：_line

指定矩形 16×15 左边线中线连接右边线中点，左击确定。

单击“”按钮，按命令行提示执行：

命令：_circle

指定圆的圆心或［三点(3P)/两点(2P)/相切、相切、半径(T)］：　　//指定圆心在矩形 16×15

中间连线中点上

指定圆的半径或［直径(D)］<1.5000>:1.5　　　//回车

命令: 指定对角点:右击确定

单击“”按钮,按命令行提示执行:

命令: _move

选择对象:找到 2 个　　　//左击 16×15 矩形和直径为 3 的小圆,回车

指定基点或［位移(D)］<位移>:　　　//左击 16×15 矩形的上面边线的中点

指定第二个点或 <使用第一个点作为位移>:　　　//左击 120×25 矩形的下面边线的中点与构造线的交点

第五步

图 15-8 绘制步骤如下:

单击“”按钮,按命令行提示执行:

命令: _rectang

指定第一个角点或［倒角(C)/标高(E)/圆角(F)/厚度(T)/宽度(W)］:
//左击任意位置

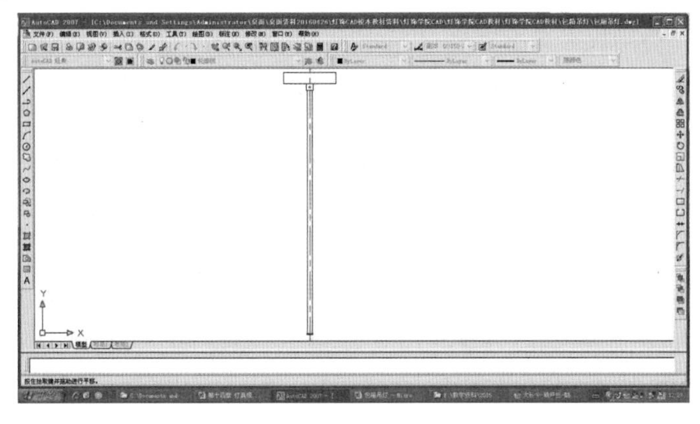

图 15-8

指定另一个角点或［面积(A)/尺寸(D)/旋转(R)］:@12,545　　　//回车

单击“”按钮,按命令行提示执行:

命令: _move

选择对象:　　　//框选绘制好的图形,回车

指定基点或［位移(D)］<位移>:　　　//左击绘制好的图形的上面边线的中点

指定第二个点或 <使用第一个点作为位移>:　　　//左击 16×15 矩形的下面边线的中点与构造线的交点

图 15-9 绘制步骤如下:

单击“”按钮,按命令行提示执行:

命令: _rectang

指定第一个角点或[倒角(C)/标高(E)/圆角(F)/厚度(T)/宽度(W)]:
//左击任意位置

指定另一个角点或[面积(A)/尺寸(D)/旋转(R)]:@14,3　　　//回车

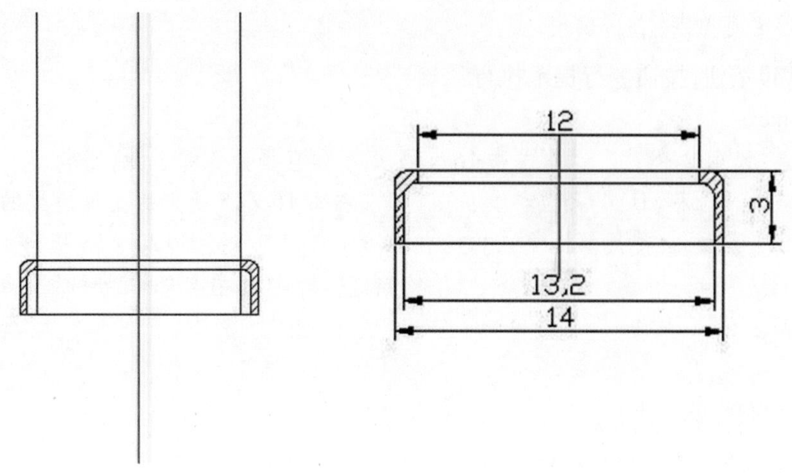

图 15-9

单击“”按钮,按命令行提示执行:

命令:_line

指定矩形 14×3,连接上下线中点,左击确定。

单击“”按钮,按命令行提示执行:

命令:_offset

当前设置:删除源=否　图层=源　OFFSETGAPTYPE=0

指定偏移距离或[通过(T)/删除(E)/图层(L)] <1.0000>:6　　　//回车

选择要偏移的对象,或[退出(E)/放弃(U)] <退出>:　　　//选择矩形的中间线

指定要偏移的那一侧上的点,或[退出(E)/多个(M)/放弃(U)] <退出>:
//指定中线的左侧,单击确定,选择中线的右侧,单击确定

单击“”按钮,按命令行提示执行:

命令:_offset

当前设置:删除源=否　图层=源　OFFSETGAPTYPE=0

指定偏移距离或[通过(T)/删除(E)/图层(L)] <1.0000>:6.6　　　// 回车

选择要偏移的对象,或[退出(E)/放弃(U)] <退出>:　　　//选择矩形的中间线

指定要偏移的那一侧上的点,或[退出(E)/多个(M)/放弃(U)] <退出>:
//指定中线的左侧,单击确定,选择中线的右侧,单击确定

单击“”按钮,按命令行提示执行:

命令:_fillet

当前设置:模式 = 修剪,半径 = 0.0000

选择第一个对象或[放弃(U)/多段线(P)/半径(R)/修剪(T)/多个(M)]:r
//回车

指定圆角半径 <0.0000>:0.5　　　//回车

选择第一个对象或［放弃(U)/多段线(P)/半径(R)/修剪(T)/多个(M)］：
//左击矩形上面边线

选择第二个对象,或按住 Shift 键选择要应用角点的对象：　　//左击矩形左面边线(回车)

选择第一个对象或［放弃(U)/多段线(P)/半径(R)/修剪(T)/多个(M)］：
//左击矩形上面边线

选择第二个对象,或按住 Shift 键选择要应用角点的对象：　　//左击矩形右面边线(回车)

单击“ ”按钮,按命令行提示执行：

命令：_bhatch

选择图 15-10 图案 ANSI31,将比例设置为 0.1,单击“ 添加:拾取点 ”,选择矩形要填充区域,单击“确定”。

图 15-10

第六步

图 15-11 绘制步骤如下：

单击“ ”按钮,按命令行提示执行：

命令：_rectang

指定第一个角点或［倒角(C)/标高(E)/圆角(F)/厚度(T)/宽度(W)］：　　//左击

指定另一个角点或［面积(A)/尺寸(D)/旋转(R)］：@120,40　　//左击确定,按回车键

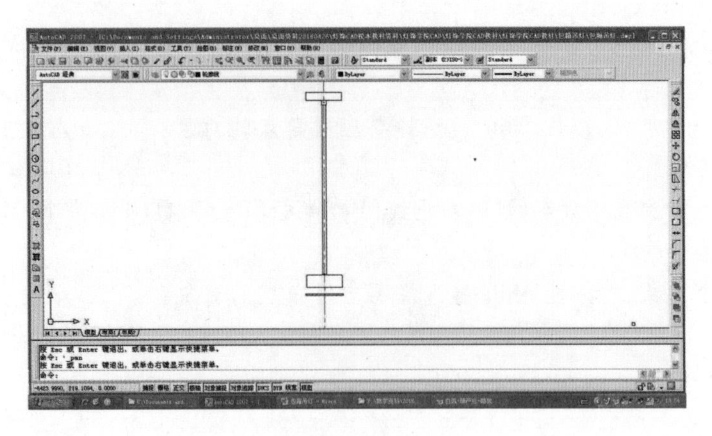

图 15-11

命令：_rectang

指定第一个角点或［倒角(C)/标高(E)/圆角(F)/厚度(T)/宽度(W)］：　　//左击

指定另一个角点或［面积(A)/尺寸(D)/旋转(R)］：@120,5　　//左击确定

单击“”按钮，按命令行提示执行：

命令：_fillet

当前设置：模式 = 修剪，半径 = 0.0000

选择第一个对象或［放弃(U)/多段线(P)/半径(R)/修剪(T)/多个(M)］：r
//回车

指定圆角半径 <0.0000>:4　　//回车

选择第一个对象或［放弃(U)/多段线(P)/半径(R)/修剪(T)/多个(M)］：
//左击矩形下面边线

选择第二个对象，或按住 Shift 键选择要应用角点的对象：　　// 左击矩形左面边线

对 120×40 矩形另一个角重复以上步骤：

单击“”按钮，按命令行提示执行：

命令：_move

选择对象：　　//框选绘制好的做了圆角的 120×40 矩形和 120×5 矩形

指定基点或［位移(D)］<位移>：　　//左击 120×40 矩形上边线中点

指定第二个点或 <使用第一个点作为位移>：　　//左击 120×15 矩形下边线中点

第七步

图 15-12 的绘制步骤如下：

单击“”按钮，按命令行提示执行：

命令：_rectang

指定第一个角点或［倒角(C)/标高(E)/圆角(F)/厚度(T)/宽度(W)］：　　//左击

指定另一个角点或［面积(A)/尺寸(D)/旋转(R)］：@585,50

指定对角点：　　//右击确定

单击“”按钮，按命令行提示执行：

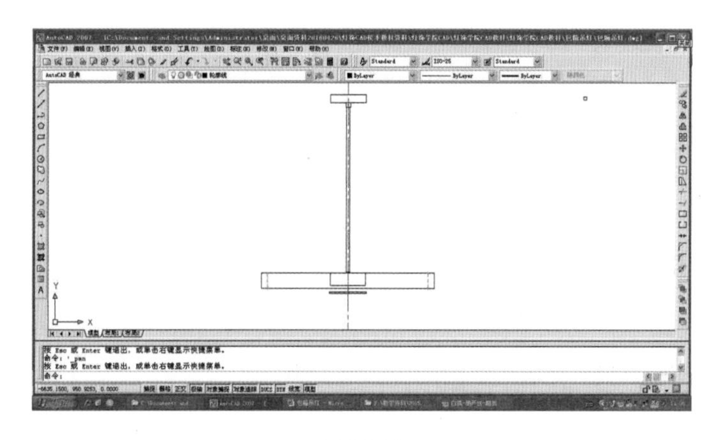

图 15-12

命令：_explode

选择对象：　　　//矩形 585×50，回车

单击“[icon]”按钮，按命令行提示执行：

命令：_offset

当前设置：删除源=否　图层=源　OFFSETGAPTYPE=0

指定偏移距离或［通过(T)/删除(E)/图层(L)］<1.0000>：　20　　　//回车

选择要偏移的对象，或［退出(E)/放弃(U)］<退出>：　　　//左击矩形 585×50 左侧线

指定要偏移的那一侧上的点，或［退出(E)/多个(M)/放弃(U)］<退出>：//左击矩形 585×50 右侧线

选择要偏移的对象，或［退出(E)/放弃(U)］<退出>：　　　//左击确定

修改线型，选择两条直线，点击图层“[icon]”，如图 15-13 所示。

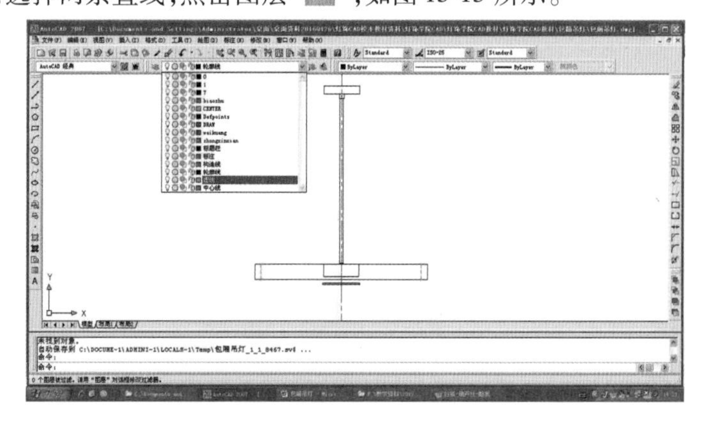

图 15-13

第八步

图 15-14 绘制步骤如下：

设置多线样式，单击“格式”，单击“多线样式”，新建，命名为“双线”，偏移数据修改为 7.5 和 -7.5，如图 15-15 所示。

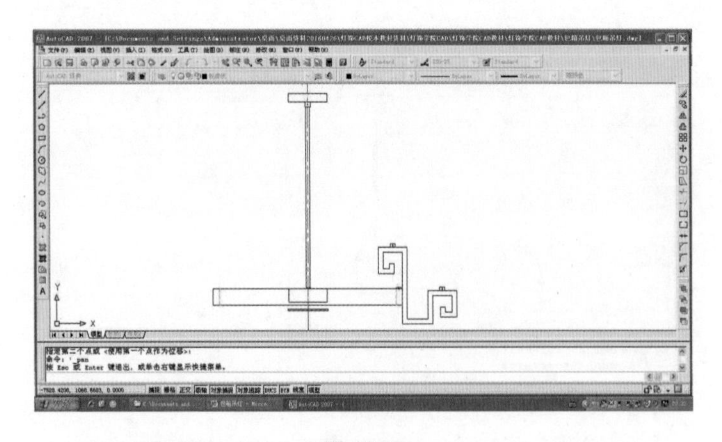

图 15-14

图 15-15

单击“绘图”下拉框,单击“多线”,按命令行提示执行:

命令:_mline

当前设置:对正 = 上,比例 = 20.00,样式 = STANDARD

指定起点或[对正(J)/比例(S)/样式(ST)]:S　　　//回车

输入多线比例 <20.00>: 1　　　//回车

在绘图区左击确定起点,竖直向下方向,输入 15;向右方向,输入 20;向上方向,输入 50;向左方向,输入 60;向下方向,输入 85;向左方向,输入 65;向上方向,输入 215;向左方向,输入 60;向下方向,输入 50;向右方向,输入 20;向上方向,输入 15。

单击“ ”按钮,按命令行提示执行:

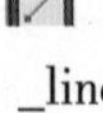

命令: _line

连接端口。

单击“ ”按钮,按命令行提示执行:

命令:_rectang

指定第一个角点或[倒角(C)/标高(E)/圆角(F)/厚度(T)/宽度(W)]:　　//左击

指定另一个角点或[面积(A)/尺寸(D)/旋转(R)]:@20,3

第九步

图 15-16 绘制步骤如下：

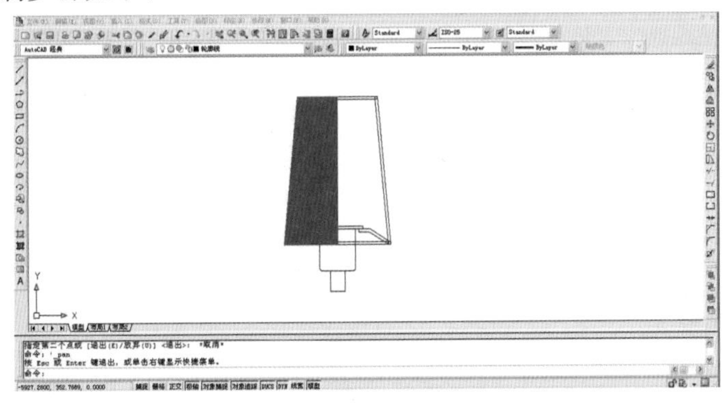

图 15-16

单击"[icon]"按钮,按命令行提示执行：

命令：_rectang

指定第一个角点或［倒角(C)/标高(E)/圆角(F)/厚度(T)/宽度(W)］：　　//左击

指定另一个角点或［面积(A)/尺寸(D)/旋转(R)］：@90,3

指定对角点：　　//右击确定

命令：_rectang

指定第一个角点或［倒角(C)/标高(E)/圆角(F)/厚度(T)/宽度(W)］：　　//左击

指定另一个角点或［面积(A)/尺寸(D)/旋转(R)］：@120,3

指定对角点：　　//右击确定

单击"[icon]"按钮,按命令行提示执行：

命令:_line

指定矩形 90×3 下边线中点,竖直向下方向 160,左击确定。

单击"[icon]"按钮,按命令行提示执行：

命令：_move

选择对象　　// 框选 120×3 矩形

指定基点或［位移(D)］＜位移＞：　　//左击 120×3 矩形上边线中点,对齐直线 160,左击确定

单击"[icon]"按钮,按命令行提示执行：

命令：_fillet

当前设置：模式 = 修剪,半径 = 0.0000

选择第一个对象或［放弃(U)/多段线(P)/半径(R)/修剪(T)/多个(M)］：r

//回车

指定圆角半径 ＜0.0000＞:1.5　　//回车

选择第一个对象或［放弃(U)/多段线(P)/半径(R)/修剪(T)/多个(M)］：

//左击矩形 120×3 上面边线

选择第二个对象,或按住 Shift 键选择要应用角点的对象: //左击矩形 120 ×3 右面边线

单击“ ”按钮,按命令行提示执行:

命令: _circle

指定圆的圆心或 [三点(3P)/两点(2P)/相切、相切、半径(T)]: //指定圆心在矩形 120 × 3 倒圆角的圆心上

同样步骤,画小圆。

单击“ ”按钮,按命令行提示执行:

命令:_line

捕捉到直径为 3 的小圆边上,绘制两条切线。

命令: _mirror

选择对象: //框选上面绘制的直线,回车

指定镜像线的第一点: //左击长为 160 的直线的上端点

指定镜像线的第二点: //左击长为 160 的直线的下端点

要删除源对象吗? [是(Y)/否(N)] <N>: N

结果如图 15-17 所示。

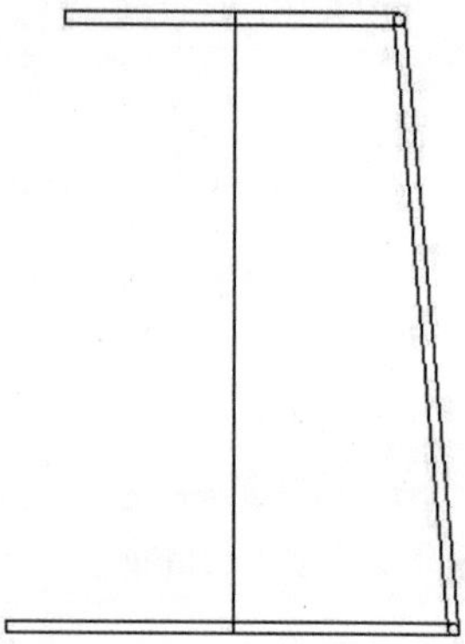

图 15-17

单击“ ”按钮,按命令行提示执行:

命令: _rectang

指定第一个角点或 [倒角(C)/标高(E)/圆角(F)/厚度(T)/宽度(W)]: //左击

指定另一个角点或 [面积(A)/尺寸(D)/旋转(R)]: @57,3

命令: _rectang

指定第一个角点或 [倒角(C)/标高(E)/圆角(F)/厚度(T)/宽度(W)]: //左击

指定另一个角点或 [面积(A)/尺寸(D)/旋转(R)]: @40,45

命令: _rectang

指定第一个角点或 [倒角(C)/标高(E)/圆角(F)/厚度(T)/宽度(W)]: //左击

指定另一个角点或 [面积(A)/尺寸(D)/旋转(R)]: @16,22

单击“ ”按钮,按命令行提示执行:

命令: _fillet

当前设置: 模式 = 修剪,半径 = 0.0000

选择第一个对象或 [放弃(U)/多段线(P)/半径(R)/修剪(T)/多个(M)]: r //回车

指定圆角半径 <0.0000>:3 //回车

选择第一个对象或 [放弃(U)/多段线(P)/半径(R)/修剪(T)/多个(M)]: //左击矩形 40 ×45 上面边线

选择第二个对象,或按住 Shift 键选择要应用角点的对象: //左击矩形 40 ×45 右面边线

相同步骤倒矩形 40 ×45 左边圆角。

结果如图 15-18 所示。

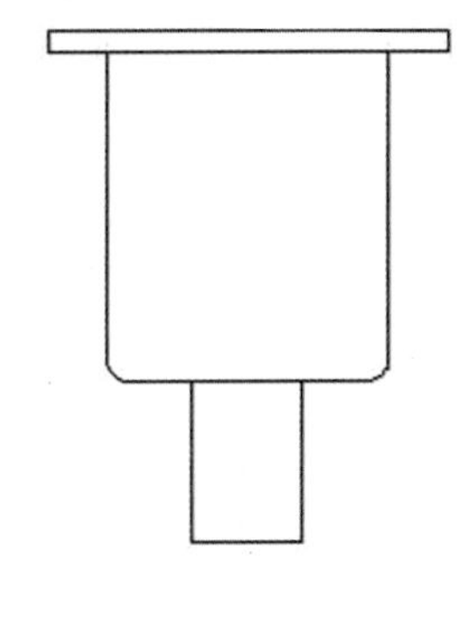

图 15-18

单击“ ”按钮,按命令行提示执行:

命令: _move

选择对象: //框选 57 ×3、40 ×45、16 ×22 矩形

指定基点或[位移(D)] <位移>: //左击 57 ×3 矩形上边线中点,对齐矩形 120 × 3 的边线,左击确定

命令: _move

选择对象: //框选 57 ×3、40 ×45、16 ×22 矩形

指定基点或[位移(D)] <位移>: //左击 57 ×3 矩形上边线中点,竖直向上,输入 16,左击确定

结果如图 15-19 所示。

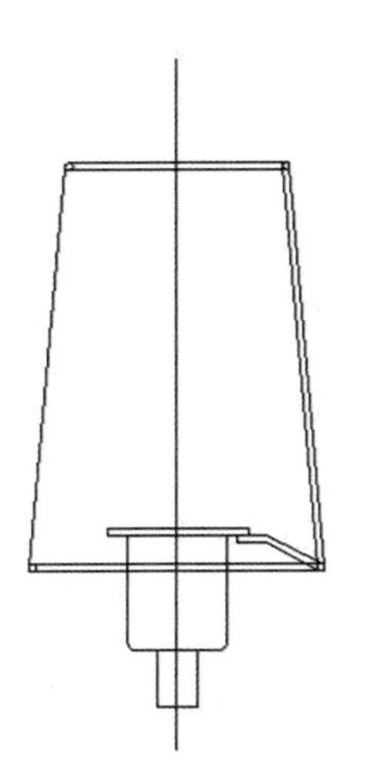

图 15-19

单击“ ”按钮,按命令行提示执行:

命令: _bhatch

选择图 15-20 图案 SOLID 点击“ 添加:拾取点 ”,选择灯罩左边为要填充区域,单击“确定”。

第十步

图 15-21 绘制步骤如下:

单击“ ”按钮,按命令行提示执行:

命令:_move

选择对象: // 图 15-16 灯罩中所有对象

选择对象: //左击选定

指定基点或[位移(D)] <位移>: //左击 20 ×22 矩形的下面边线的中点

指定第二个点或 <使用第一个点作为位移>: //支架上 16 ×10 矩形上边线中点

单击“ ”按钮,按命令行提示执行:

命令: _mirror

选择对象: //框选右面绘制的支架和灯罩,回车

指定镜像线的第一点: //左击中间结构线的上端点

指定镜像线的第二点: //左击中间结构线的上端点

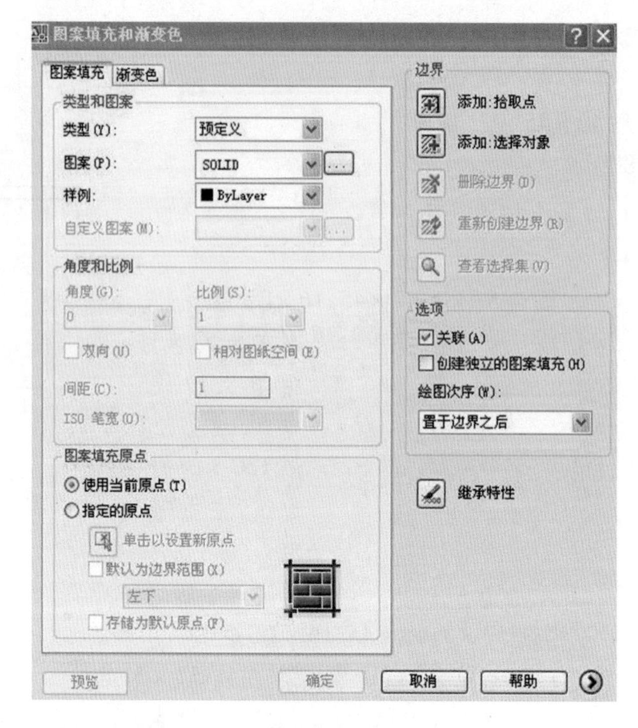

图 15-20

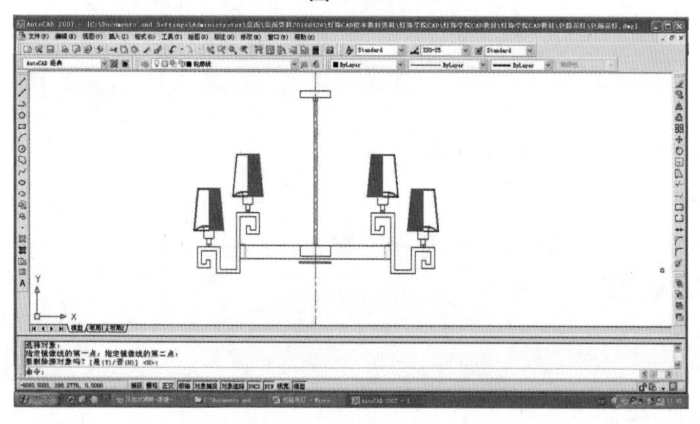

图 15-21

要删除源对象吗?[是(Y)/否(N)] <N>:N

第十一步

图 15-22 绘制步骤如下:

单击“”按钮,按命令行提示执行:

命令:_rectang

指定第一个角点或[倒角(C)/标高(E)/圆角(F)/厚度(T)/宽度(W)]:　　//左击

指定另一个角点或[面积(A)/尺寸(D)/旋转(R)]:@90,20

单击“”按钮,按命令行提示执行:

命令:_line

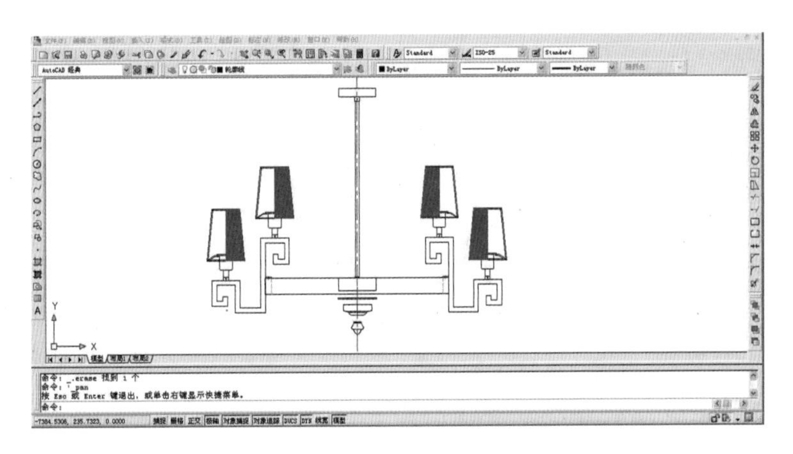

图 15-22

水平长度 60。

命令:_line

水平长度 36。

单击“ ”按钮,按命令行提示执行:

命令: _move

选择对象: //直线 60,回车

指定基点或 [位移(D)] <位移>: //直线 60 中心

指定第二个点或 <使用第一个点作为位移>: //90 ×20 矩形下边线中点相距 5

命令: _move

选择对象: //直线 36,回车

指定基点或 [位移(D)] <位移>: //直线 36 中心

指定第二个点或 <使用第一个点作为位移>: //矩形 90 ×20 下边线中点相距 10

单击“ ”按钮,按命令行提示执行:

连接矩形 90 ×20、直线 60、直线 36 右边点,编辑节点,如图 15-22 中曲线所示。

单击“ ”按钮,按命令行提示执行:

命令: _mirror

选择对象: //样条曲线,回车

指定镜像线的第一点: //左击中间结构线的上端点

指定镜像线的第二点: //左击中间结构线的上端点

要删除源对象吗? [是(Y)/否(N)] <N>: N

第十二步

图 15-23 绘制步骤如下:

单击“ ”按钮,按命令行提示执行:

命令: _circle

指定圆的圆心或 [三点(3P)/两点(2P)/相切、相切、半径(T)]: //指定圆心

指定圆的半径或 [直径(D)]: d

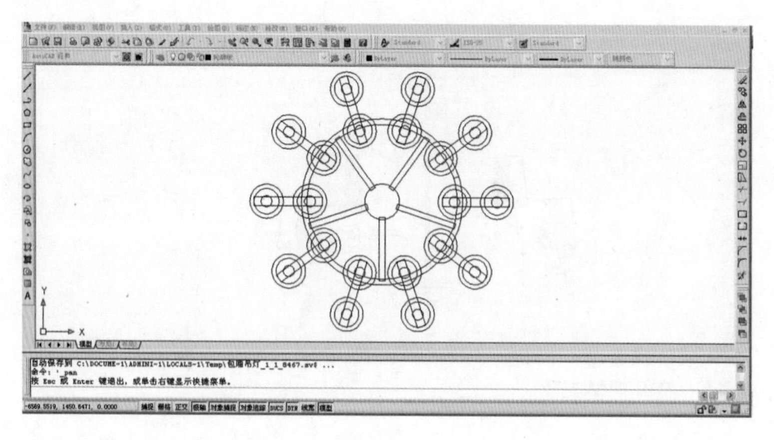

图 15-23

指定圆的直径：585

同样步骤，画同心圆 545、125。

单击“”按钮，按命令行提示执行：

命令：_rectang

指定第一个角点或［倒角(C)/标高(E)/圆角(F)/厚度(T)/宽度(W)］：　　//左击

指定另一个角点或［面积(A)/尺寸(D)/旋转(R)］：@222,20

命令：_rectang

指定第一个角点或［倒角(C)/标高(E)/圆角(F)/厚度(T)/宽度(W)］：　　//左击

指定另一个角点或［面积(A)/尺寸(D)/旋转(R)］：@245,30

单击“”按钮，按命令行提示执行：

命令：_line

连接矩形 245、30 上、下连线中心。

单击“”按钮，按命令行提示执行：

命令：_offset

当前设置：删除源 = 否　图层 = 源　OFFSETGAPTYPE = 0

指定偏移距离或［通过(T)/删除(E)/图层(L)］<1.0000>:77.5　　//回车

选择要偏移的对象，或［退出(E)/放弃(U)］<退出>：　　//左击矩形 245×30 中间线

指定要偏移的那一侧上的点，或［退出(E)/多个(M)/放弃(U)］<退出>：//中间线左、右两侧

选择要偏移的对象，或［退出(E)/放弃(U)］<退出>：　　//左击确定

单击“”按钮，按命令行提示执行：

命令：_circle

指定圆的圆心或［三点(3P)/两点(2P)/相切、相切、半径(T)］：　　//指定圆心在中点上

指定圆的半径或［直径(D)］：d

指定圆的直径：39

同样步骤，画同心圆 90、120。

结果如图 15-24 所示。

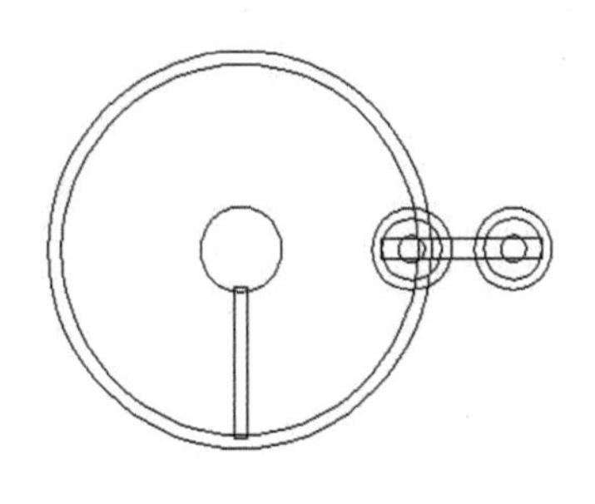

图 15-24

单击“ ”按钮，按命令行提示执行：

命令：_array

指定环形阵列

指定环形阵列中心点：　　　//直径 125 圆心

指定项目总数：10

选择对象：　　　//窗选确定

阵列窗口见图 15-25。

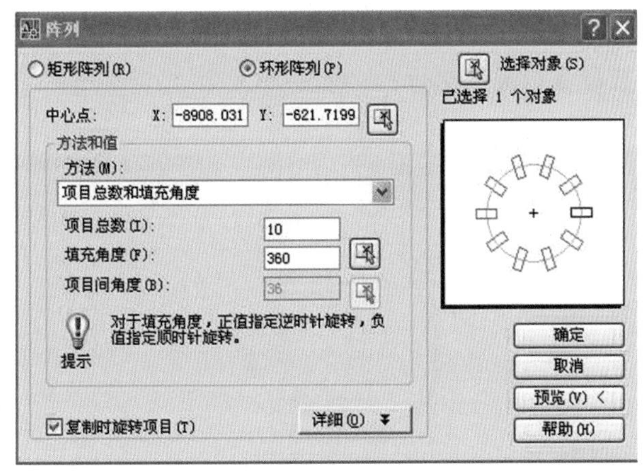

图 15-25

命令：_array

指定环形阵列

指定环形阵列中心点：　　　//直径 125 圆心

指定项目总数：5

选择对象：　　　//矩形 222 ×20，确定

阵列窗口见图 15-26。

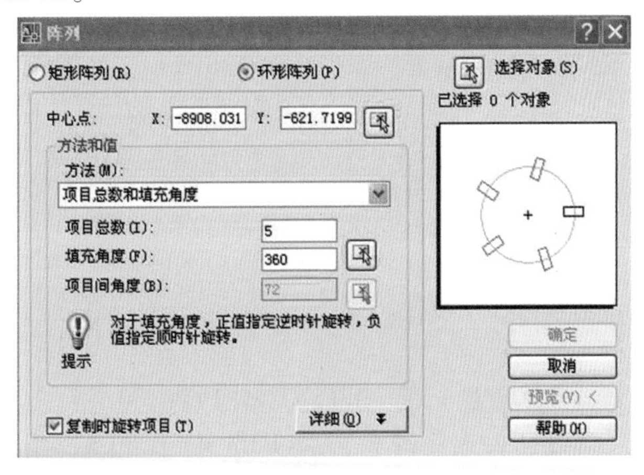

图 15-26

第十三步

图 15-27 绘制步骤如下:

单击“ ”按钮,复制矩形 585 ×50 及里面两条线;

单击“ “按钮,按命令行提示执行:

命令: _line

指定第一点: //捕捉 585 ×50 的下面边线的中点

指定下一点或 [放弃(U)]: //合适位置

指定下一点或 [放弃(U)]: //合适位置

修改线型成中心线。

单击“ ”按钮,按命令行提示执行:

命令: _circle

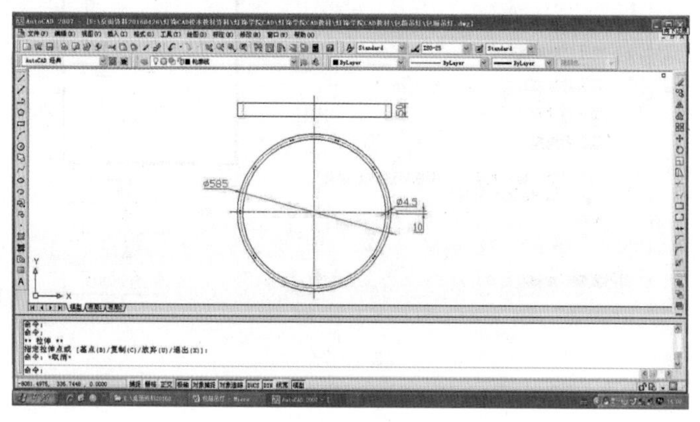

图 15-27

指定圆的圆心或 [三点(3P)/两点(2P)/相切、相切、半径(T)]: //指定圆心在交点上

指定圆的半径或 [直径(D)]: d

指定圆的直径: 585

同样步骤,画同心圆 565、545。

命令: _circle

指定圆的圆心或 [三点(3P)/两点(2P)/相切、相切、半径(T)]: //指定圆心在交点上

指定圆的半径或 [直径(D)]: d

指定圆的直径: 585

单击“ ”按钮,按命令行提示执行:

命令: _offset

当前设置: 删除源 = 否 图层 = 源 OFFSETGAPTYPE = 0

指定偏移距离或 [通过(T)/删除(E)/图层(L)] <1.0000>: 5 //回车

选择要偏移的对象,或 [退出(E)/放弃(U)] <退出>: //左击水平中心线

指定要偏移的那一侧上的点,或[退出(E)/多个(M)/放弃(U)]<退出>:
//中心线上、下两侧

单击“⊘”按钮,按命令行提示执行:

命令:_circle

指定圆的圆心或[三点(3P)/两点(2P)/相切、相切、半径(T)]: //指定圆心在交点上

指定圆的半径或[直径(D)]:d

指定圆的直径:4.5

单击“器”按钮,按命令行提示执行:

命令:_array

指定环形阵列

指定环形阵列中心点: //圆心

指定项目总数:10

选择对象: //窗选直径4.5两个小圆,确定

第十四步

图15-28标注步骤如下:

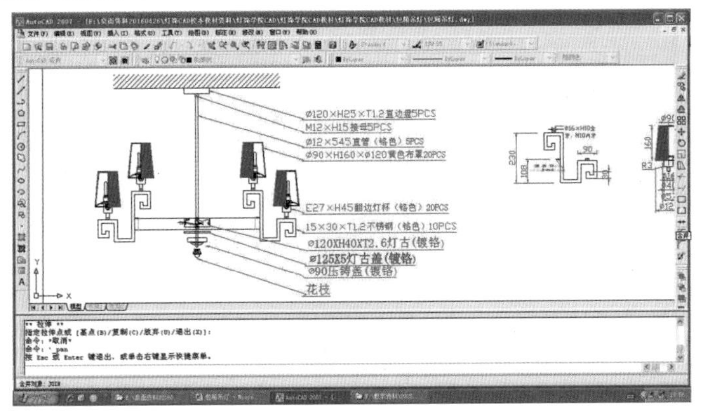

图15-28

单击“”按钮,按命令行提示执行:

命令:'_dimstyle

选择ISO-25点击修改 //见图15-29~图15-31

选择ISO标准

选择手动放置位置

修改比例为10

单击“”按钮,按命令行提示执行:

命令:_qleader

指定第一个引线点或[设置(S)]<设置>:

指定下一点: //在直边盘上指定一点

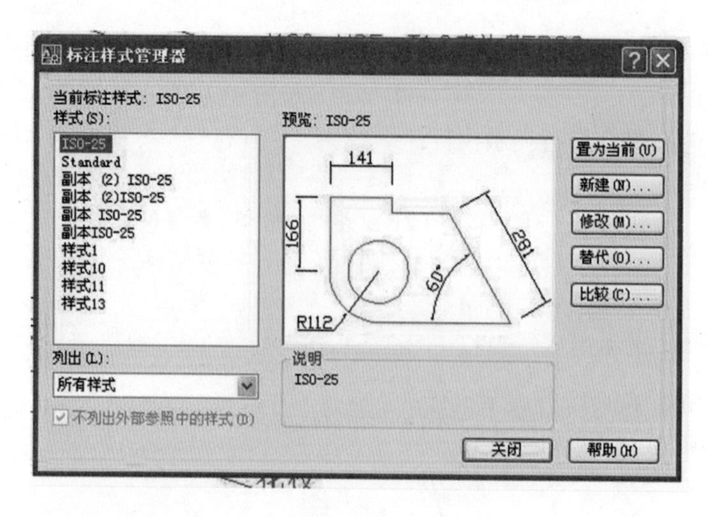

图 15-29

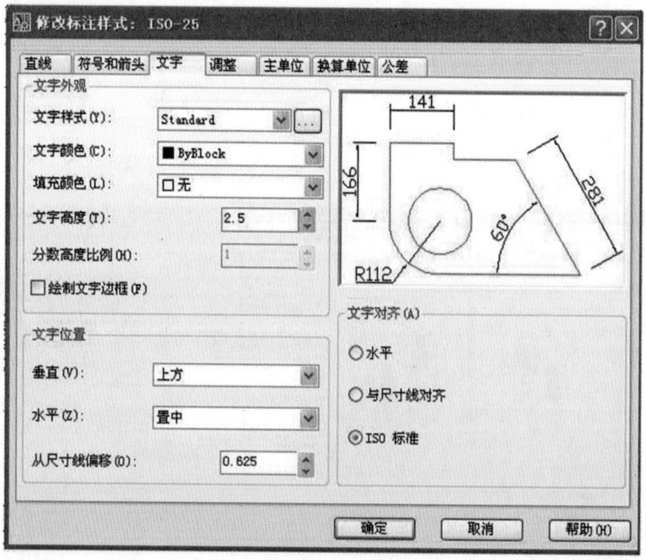

图 15-30

指定下一点：　　//合适位置

指定文字宽度 <0>：　　//回车

输入注释文字的第一行 <多行文字(M)>：ϕ120×H25×T1.2 直边盘 5PCS

输入注释文字的下一行：　　//回车

同样步骤，标注其他的尺寸。

第十五步

图 15-32 绘制步骤如下：

单击“”按钮，按命令行提示执行：

命令：_rectang

指定第一个角点或［倒角(C)/标高(E)/圆角(F)/厚度(T)/宽度(W)］：　　//左击

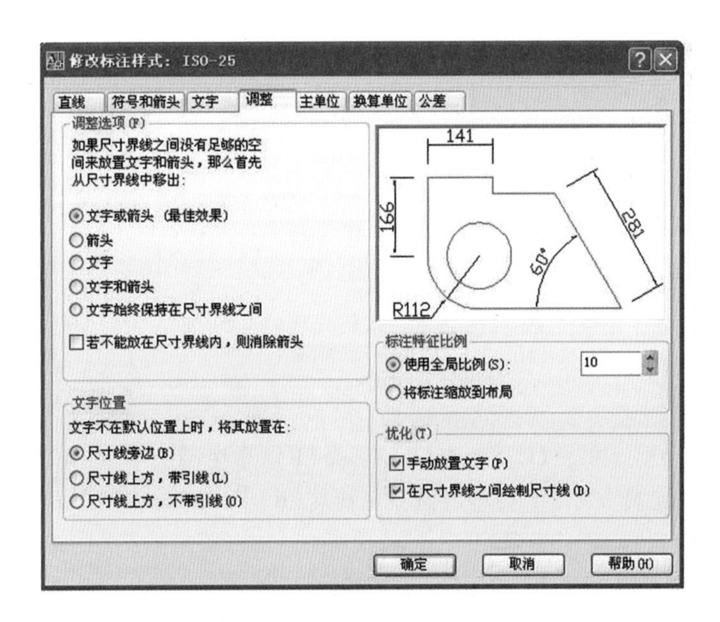

图 15-31

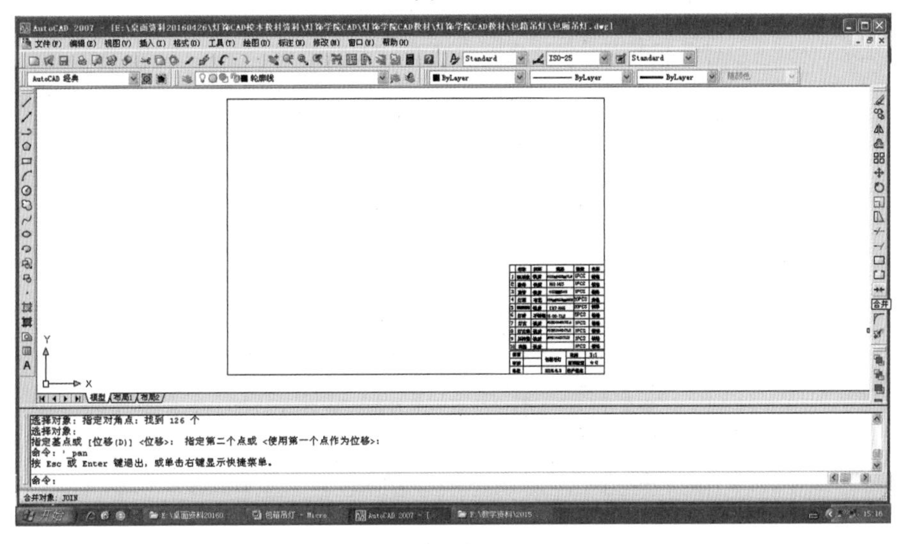

图 15-32

指定另一个角点或［面积(A)/尺寸(D)/旋转(R)］：@297,210

指定对角点：　　　//右击确定(见图 15-33)

单击“ ”按钮,按命令行提示执行：

命令：_scale

选择对象：　　　//矩形 297×210

选择对象：　　　//回车

指定基点：　　　//指定矩形上合适一个点

指定比例因子或［复制(C)/参照(R)］＜1.0000＞:11

图 15-34 绘制步骤如下：

单击“  ”按钮,按命令行提示执行：

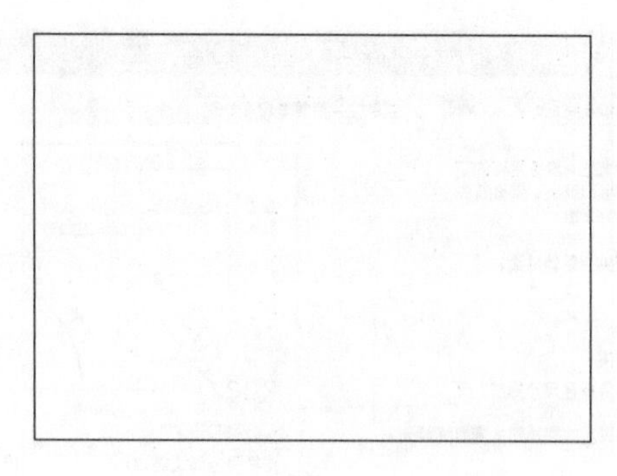

图 15-33

命令：_rectang

指定第一个角点或［倒角(C)/标高(E)/圆角(F)/厚度(T)/宽度(W)］：　　//左击

指定另一个角点或［面积(A)/尺寸(D)/旋转(R)］：@823,715

指定对角点：　　//右击确定

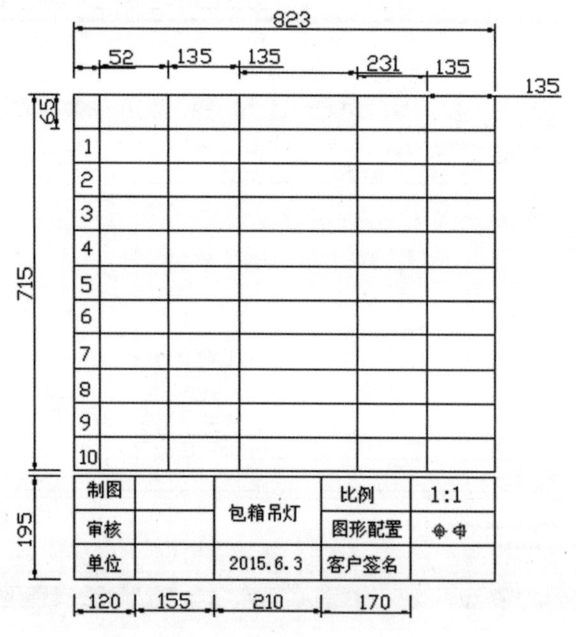

图 15-34

单击“”按钮，按命令行提示执行：

命令：_explode

选择对象：　　//矩形 823×715，按回车键

单击“”按钮，按命令行提示执行：

命令：_offset

当前设置：删除源 = 否　图层 = 源　OFFSETGAPTYPE = 0

指定偏移距离或［通过(T)/删除(E)/图层(L)］<1.0000>：65　　//回车

选择要偏移的对象，或［退出(E)/放弃(U)］<退出>：　　//左击矩形 823×715 上边线

指定要偏移的那一侧上的点，或［退出(E)/多个(M)/放弃(U)］<退出>：

//左击矩形 823×715 下侧。

同样步骤、偏移所有线条。

单击“A”按钮,按命令行提示执行:

命令: _mtext

当前文字样式:"Standard" 当前文字高度:2.5

指定第一角点: //单击合适位置

指定对角点或[高度(H)/对正(J)/行距(L)/旋转(R)/样式(S)/宽度(W)]: //指定对角点

单击图 15-35 的“⌄”按钮,选择文字样式为仿宋_GB2312,比例 25。

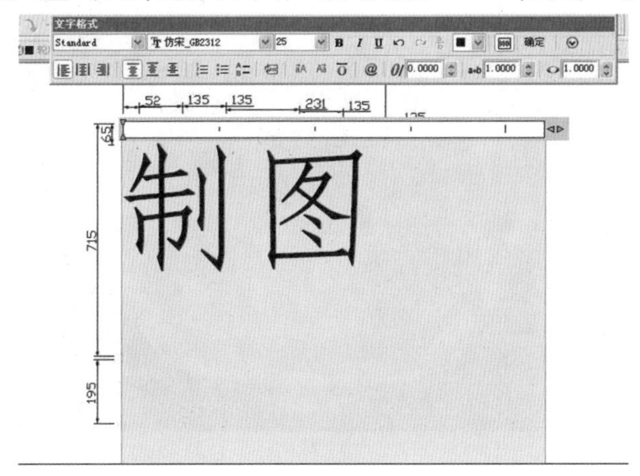

图 15-35

同样步骤,输入其他文字,如图 15-36 所示。

	名称	材料	规格	数量	色彩
1	吸顶盘	铁质	ø120×H25×T1.2	1PCS	镀铬
2	接母	铁质	M12×H15	1PCS	镀铬
3	直管	铁质	ø12×H545	1PCS	镀铬
4	灯罩	布艺	ø90×H160×ø120	20PCS	黄色
5	翻边灯杯	铁质	E27×H45	20PCS	镀铬
6	灯臂	不锈钢	15×30×T1.2	5PCS	镀铬
7	灯古	铁质	ø120XH40XT2.6	1PCS	镀铬
8	灯古盖	铁质	ø125XH40XT1.2	1PCS	镀铬
9	压铸盖	铁质	ø90XH40XT1.2	1PCS	镀铬
10	花枝	铁质		1PCS	镀铬

制图		包箱吊灯	比例	1:1
审核			图形配置	⊕ ⊕
单位		2015.6.3	客户签名	

图 15-36

第十六章　灯具模型制作实例(十一)

练习用 CAD 作图完成水晶灯配件——40#水晶球的绘制,其实物外形如图 16-1 所示。

图 16-1

第一步

练习使用 CAD 作图完成灯具的绘制,其基本尺寸如图 16-2 所示。

通过此练习可以掌握圆形、多边形、构造线、点命令、点样式设置,也可以掌握图形的移动、旋转、复制、镜像、修剪、阵列等基本功能。

第二步

图 16-3 绘制步骤如下:

先绘制俯视图,单击“”按钮,按命令行提示执行:

命令:_circle

指定圆的圆心或[三点(3P)/两点(2P)/相切、相切、半径(T)]: 150,100

指定圆的半径或[直径]:2

图 16-4 绘制步骤如下:

单击正多边形“”按钮,按命令行提示执行:

命令:_polygon

输入边的数目 <4 >:12

指定正多边形的中心点或[边(E)]:150,100

输入选项[内接于圆(I)/外切于圆(C)] <C >:C

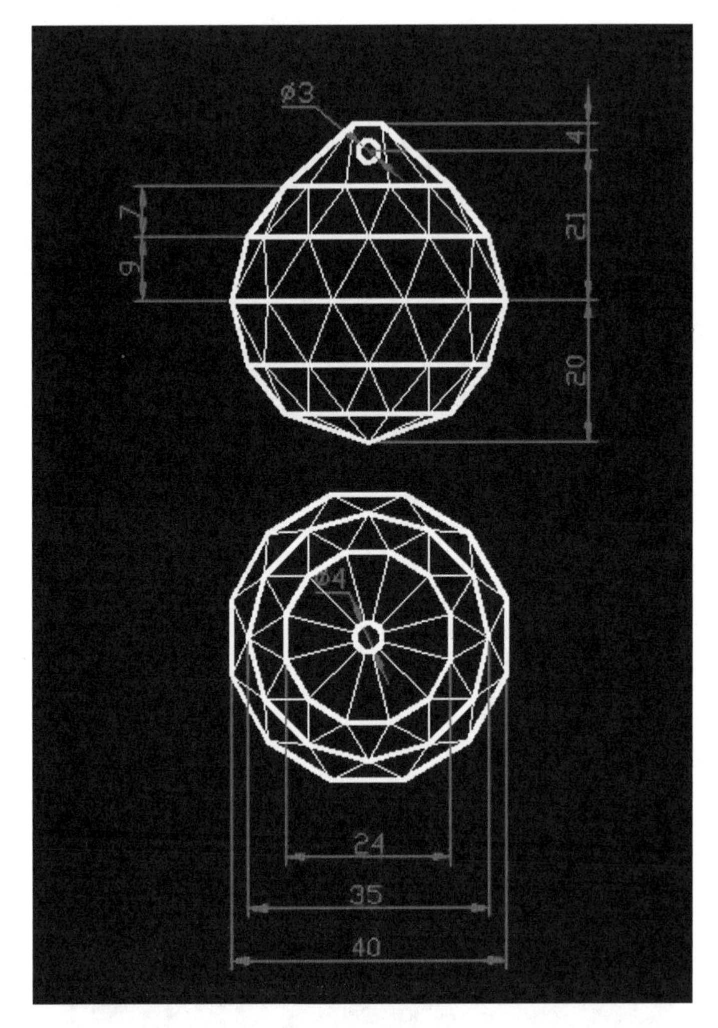
ø3
4
21
7
9
20
ø4
24
35
40

图 16-2

ISO-25
ByLayer
ByLayer
ByLayer
ByColor
Y
X
命令: _circle 指定圆的圆心或 [三点(3P)/两点(2P)/相切、相切、半径(T)]: 150,100
指定圆的半径或 [直径(D)] <2.0000>: 2
命令:

图 16-3

指定圆的半径:12

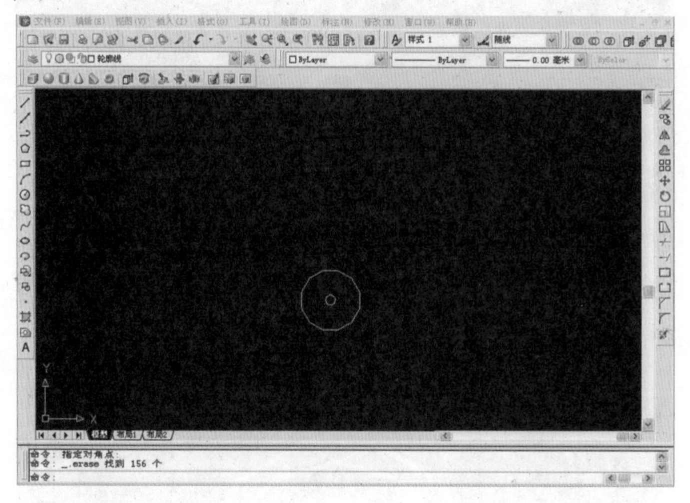

图 16-4

图 16-5 绘制步骤如下:

单击“ ”按钮,按命令行提示执行:

命令:_polygon

输入边的数目 <4 >:12

指定正多边形的中心点或[边(E)]:150,100

输入选项[内接于圆(I)/外切于圆(C)] <C >:I

指定圆的半径:17.5

图 16-5

图 16-6 绘制步骤如下:

单击“ ”按钮,按命令行提示执行:

命令:_rotate

UCS 当前的正角方向: ANGDIR = 逆时针 ANGBASE = 0

选择对象: //选中内接圆半径为 17.5 的正 12 边形

指定基点:150,100

指定旋转角度或[参照(R)]:15

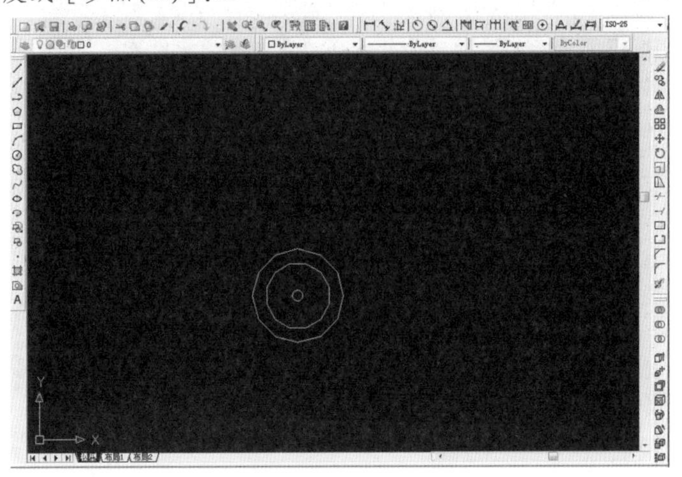

图 16-6

图 16-7 绘制步骤如下:

单击“ ”按钮,按命令行提示执行:

命令:_polygon

输入边的数目 <4>:12

指定正多边形的中心点或[边(E)]:150,100

输入选项[内接于圆(I)/外切于圆(C)]<C>:C

指定圆的半径:20

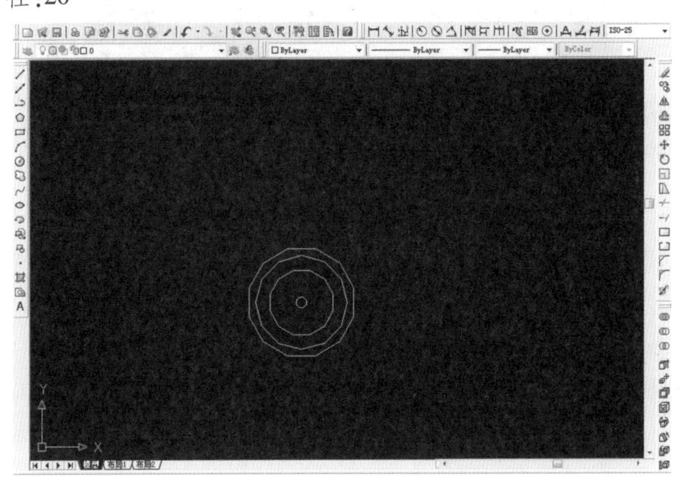

图 16-7

图 16-8 绘制步骤如下:

选择圆及三个正多边形,在对象特性的线宽控制下拉栏中,选中“0.30 毫米”,并按下状态栏线宽按钮“捕捉 栅格 正交 极轴 对象捕捉 对象追踪 线宽 模型”显示出线宽,如图 16-9 所示。

图 16-10 绘制步骤如下:

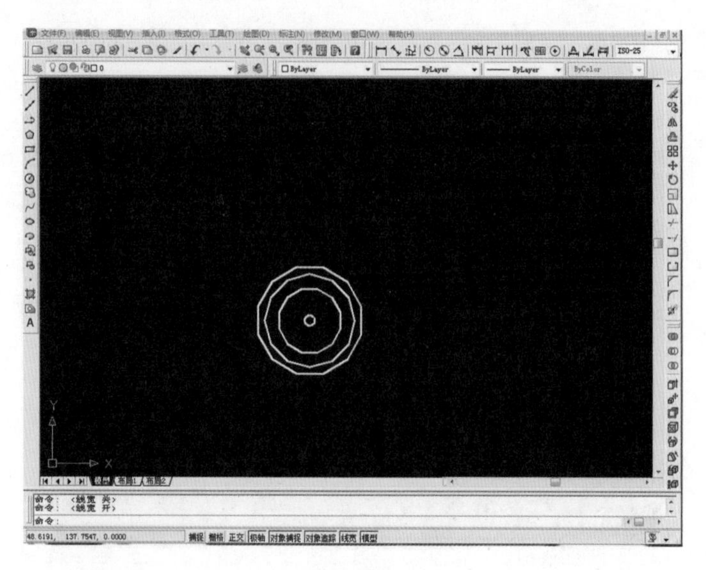

图 16-8

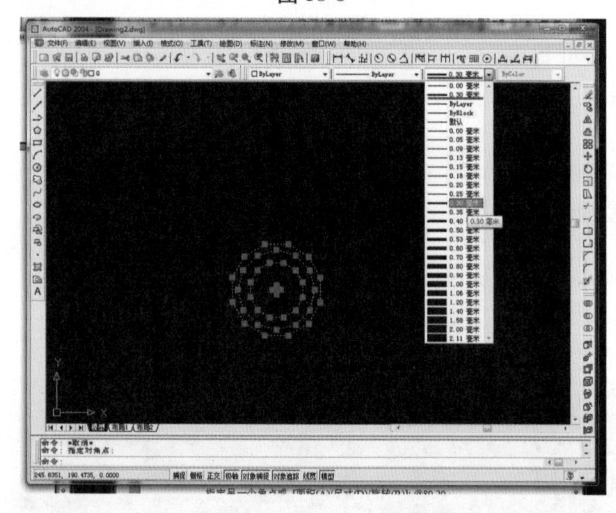

图 16-9

单击“ ”按钮,依图 16-10 连接各线。

图 16-11 绘制步骤如下:

单击“ ”按钮,在阵列对话框中选择,如图 16-12 所示。

单击“ 选择对象(S) ”按钮,如图 16-13 所示。

单击中心点“ 中心点: X: 158 Y: 103 ”按钮选择圆心,确定阵列。

图 16-14 绘制步骤如下:

单击“ ”按钮,按命令行提示执行:

命令:_trim

当前设置:投影 = UCS,边 = 无

选择剪切边...

选择对象:　　　//选择半径为 2 的圆

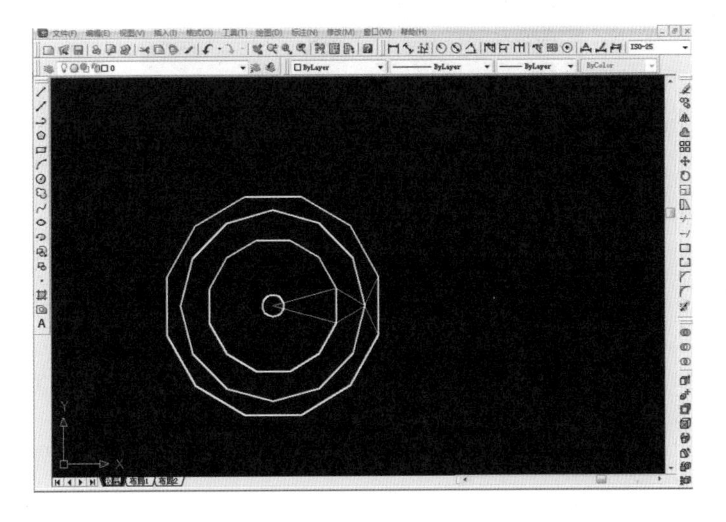

图 16-10

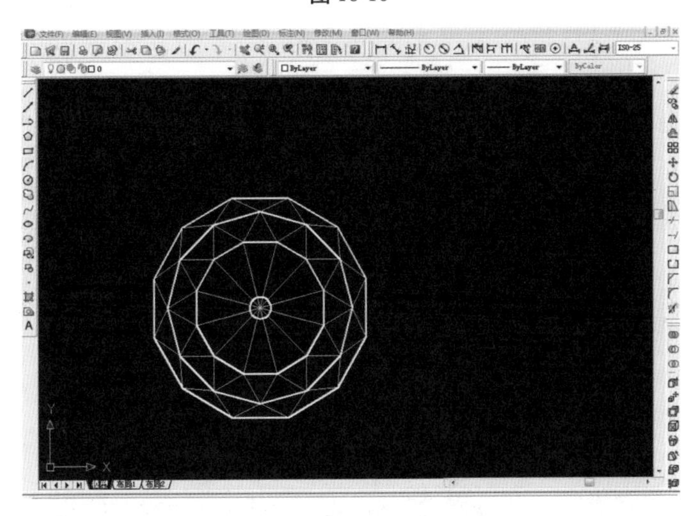

图 16-11

阵列

矩形阵列(R)　环形阵列(P)

选择对象(S)

已选择 7 个对象

中心点:　X: 158　Y: 103

方法和值

方法(M):

项目总数和填充角度

项目总数(I): 12

填充角度(F): 360

项目间角度(B): 30

对于填充角度，正值指定逆时针旋转，负值指定顺时针旋转。

提示

复制时旋转项目(T)

详细(O)

确定

取消

预览(V) <

帮助(H)

图 16-12

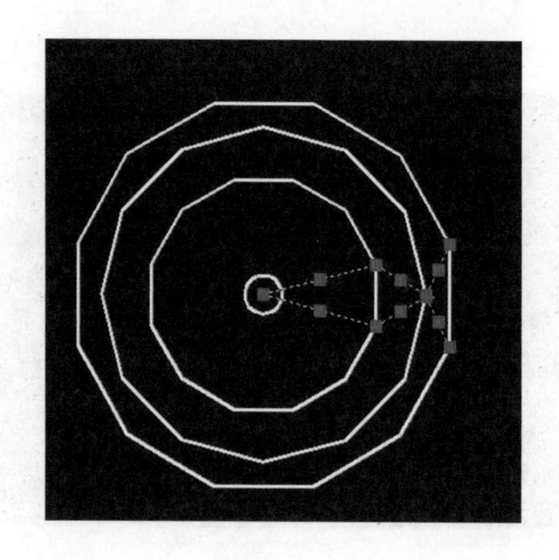

图 16-13

选择要修剪的对象,或按住 Shift 键选择要延伸的对象,或[投影(P)/边(E)/放弃(U)]: //依次选中半径为 2 的圆中所有线条

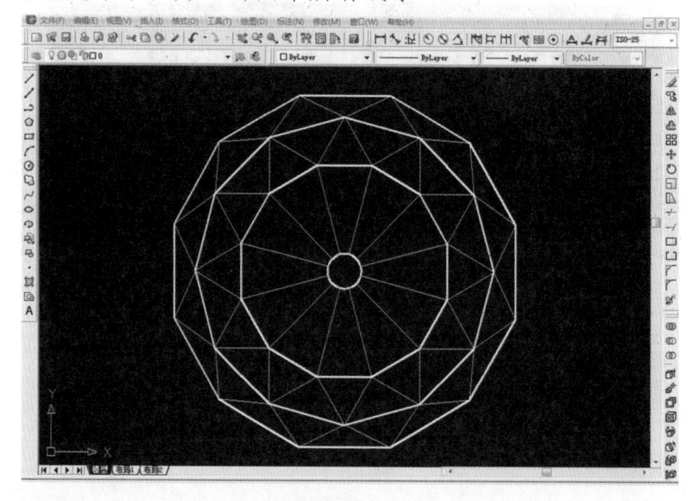

图 16-14

图 16-15 绘制步骤如下:

依据三视图长对正原则,单击“ ”按钮,按照图 16-15 的尺寸绘制水晶球上半球连接点的三个层,长度分别为第一层 24 mm、第二层 35 mm、第三层 40 mm。

图 16-16 绘制步骤如下:

单击“ ”按钮,按命令行提示执行:

命令:_xline

指定点或[水平(H)/垂直(V)/角度(A)/二等分(B)/偏移(O)]:V

选择俯视图中通过第一层左半球的两个点,画两条辅助射线。与主视图第一层的直线交点为 A、B 点。

图 16-17 绘制步骤如下:

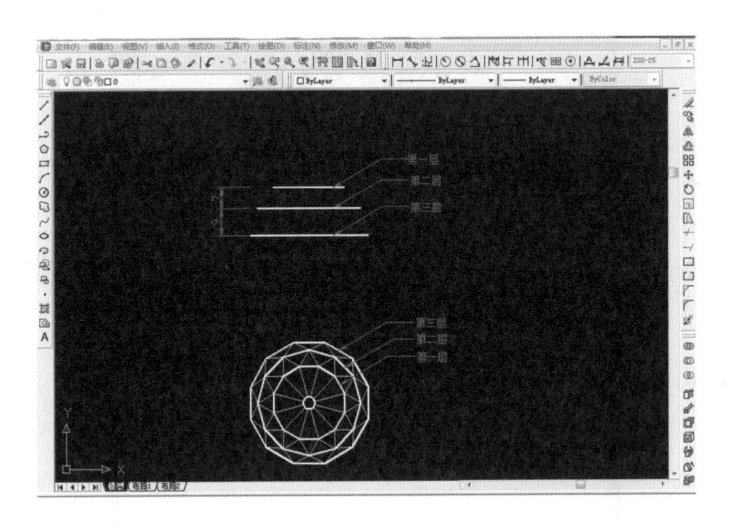

图 16-15

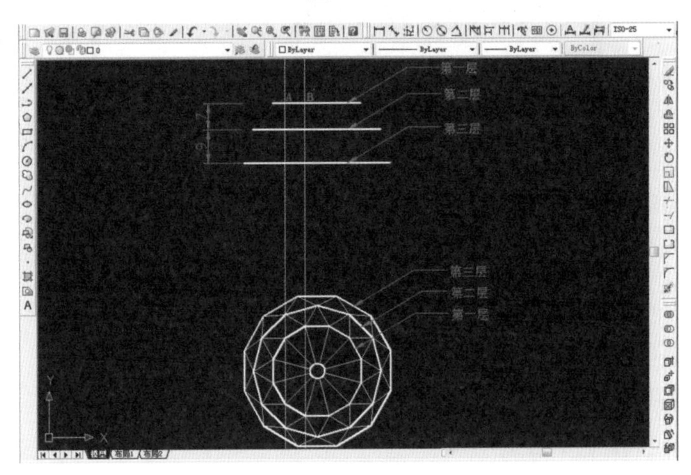

图 16-16

命令栏中输入命令：_ddptype，显示对话框，按图 16-18 选择点样式为“”，点大小为 2%。

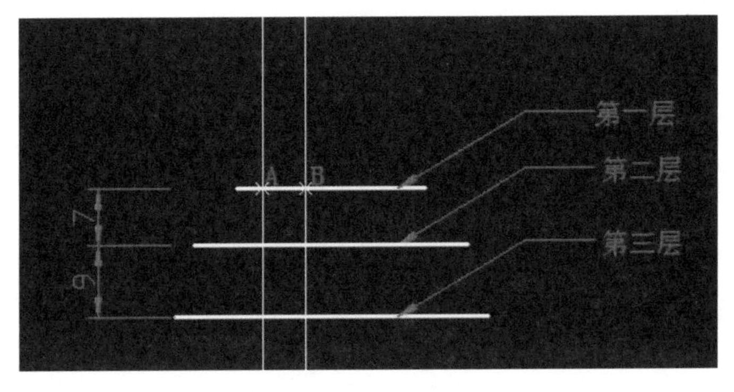

图 16-17

单击“”按钮，按命令行提示执行：

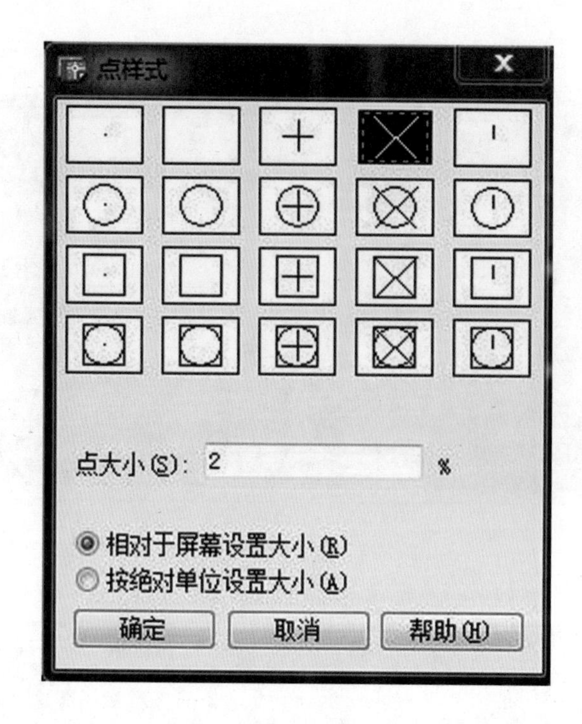

图 16-18

命令: _point

当前点模式: PDMODE = 3 PDSIZE = -2.0000

指定点: //分别在 *A*、*B* 处绘制两个点

接着删除两条射线辅助线。

图 16-19 绘制步骤如下:

单击" "按钮,按命令行提示执行:

命令: _xline

指定点或[水平(H)/垂直(V)/角度(A)/二等分(B)/偏移(O)]: V

选择俯视图中通过第二层左半球的三个点,画三条辅助射线。与主视图第二层的直线交点为 *C*、*D*、*E* 点。

单击" "按钮,按命令行提示执行:

命令: _point

当前点模式: PDMODE = 3 PDSIZE = -2.0000

指定点: //分别在 *C*、*D*、*E* 点处绘制三个点

接着删除三条射线辅助线。

图 16-20 绘制步骤如下:

单击" "按钮,按命令行提示执行:

命令: _xline

指定点或[水平(H)/垂直(V)/角度(A)/二等分(B)/偏移(O)]: V

选择俯视图中通过第三层左半球的两个点,画两条辅助射线,与主视图第三层的直线交点为 *F*、*G* 点。

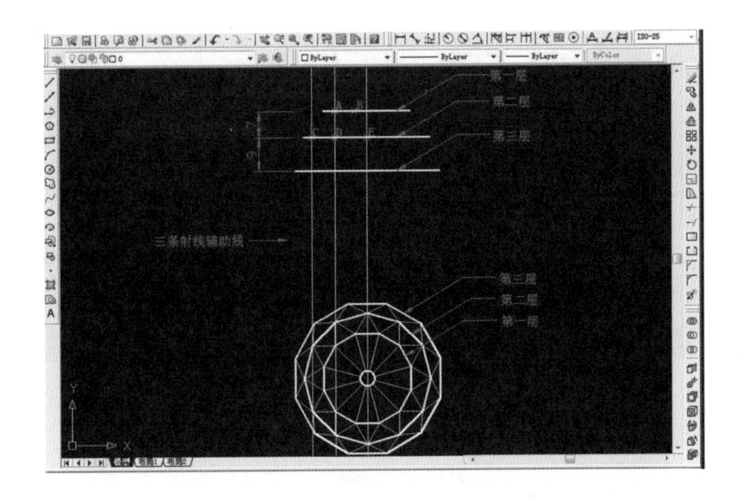

图 16-19

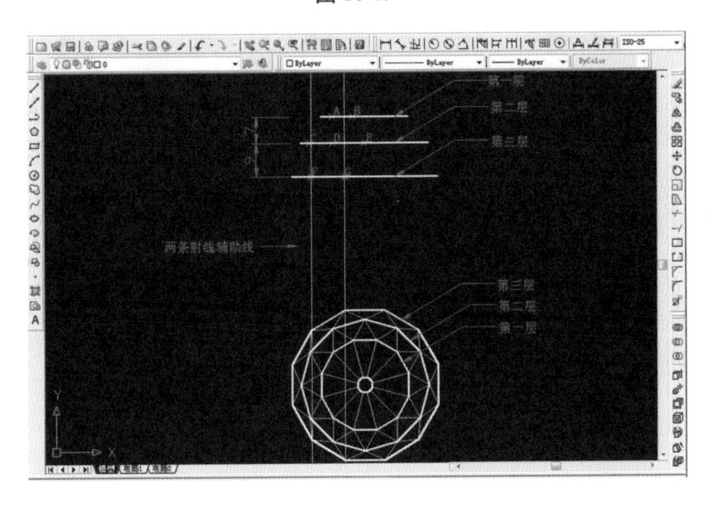

图 16-20

单击“·”按钮,按命令行提示执行:

命令:_point

当前点模式: PDMODE = 3 PDSIZE = -2.0000

指定点: //分别在 *F*、*G* 处绘制两个点

接着删除两条射线辅助线。

图 16-21 绘制步骤如下:

单击“工具(T)”菜单里的“草图设置(F)”,在对话框的对象捕捉里勾选节点和端点,并启用对象捕捉,如图 16-22 所示。

单击“”按钮,按命令行提示执行:

命令:_line

指定第一点:

指定下一点或[放弃(U)]: //按图 16-21 所示,依次连接端点和节点,连接完后,删除节点

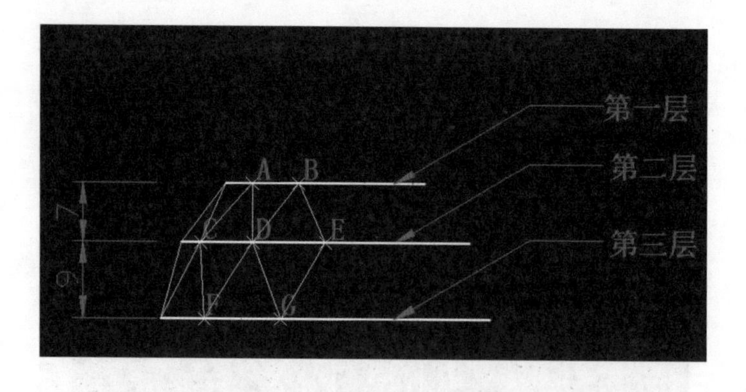

图 16-21

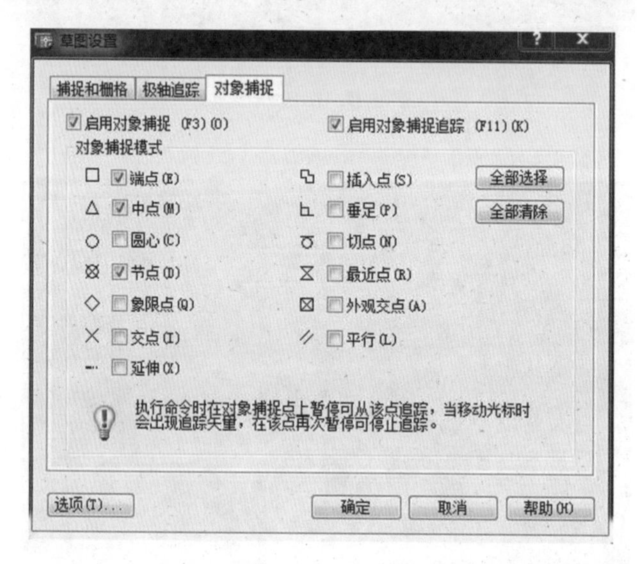

图 16-22

图 16-23 绘制步骤如下：

单击"[镜像按钮]"按钮，按命令行提示执行：

命令：_mirror

选择对象：指定对角点：找到总计 12 个(选择 12 条细连接线)

指定镜像线的第一点：　　//点第二层线的中心

指定镜像线的第二点：　　//点第三层线中心

是否删除源对象？[是(Y)/否(N)] <N>:N

图 16-24 绘制步骤如下：

单击"[镜像按钮]"按钮，按命令行提示执行：

命令：_mirror

选择对象：指定对角点：　　//选择主视图全部对象

指定镜像线的第一点：　　//点第三层线的左端点

指定镜像线的第二点：　　//点第三层线的右端点

是否删除源对象？[是(Y)/否(N)] <N>:N

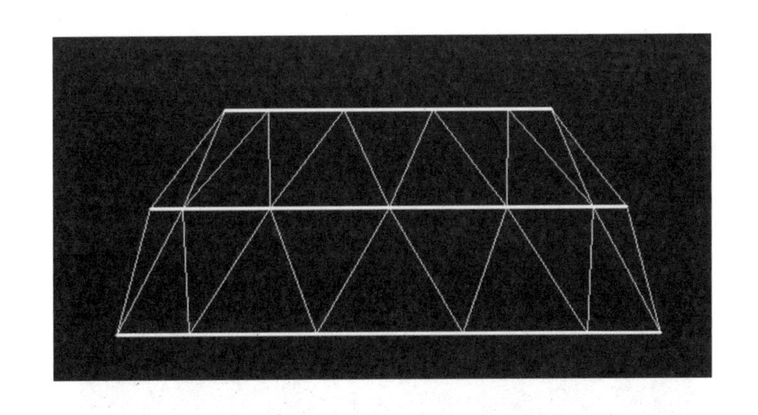

图 16-23

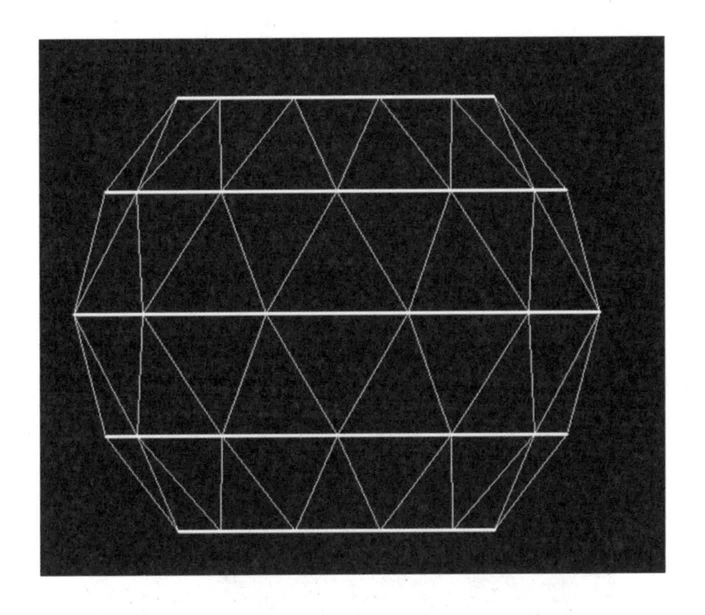

图 16-24

图 16-25 绘制步骤如下：

单击“”按钮，按命令行提示执行：

命令：_offset

指定偏移距离或［通过(T)］<0.000 >:9

选择要偏移的对象或 <退出 >：　　　　//选择最上面一条线，向上方单击

单击“”按钮，按命令行提示执行：

命令：_circle

指定圆的圆心或［三点(3P)/两点(2P)/相切、相切、半径(T)］：　　　　//以偏移出线的中点

指定圆的半径或［直径］:2

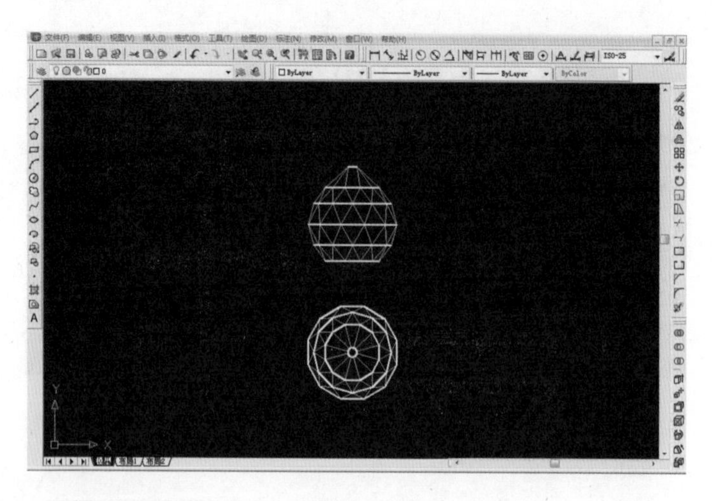

图 16-25

图 16-26 绘制步骤如下：

单击“”按钮，按命令行提示执行：

命令：_trim

当前设置：投影 = UCS，边 = 无

选择剪切边...

选择对象：　　　//选择半径为 2 的圆

选择要修剪的对象，或按住 Shift 键选择要延伸的对象，或［投影(P)/边(E)/放弃(U)］：　　　//将圆外的线修剪掉

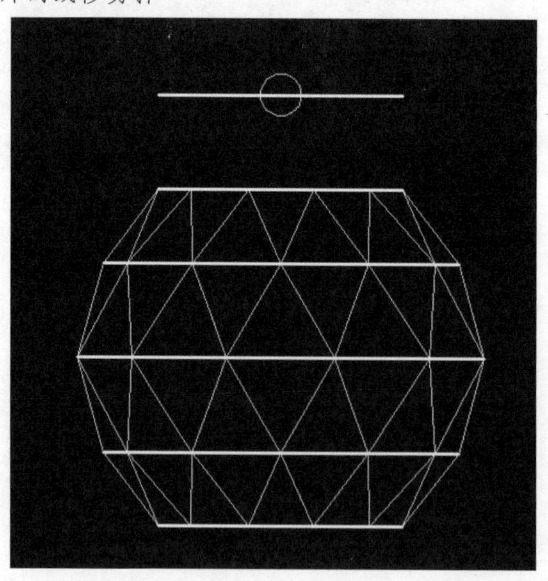

图 16-26

删除半径为 2 的圆。

单击“”按钮，按命令行提示执行：

命令：_line

指定第一点：　　//按图 16-25 依次连接各直线

图 16-27 绘制步骤如下：

单击“”按钮，按命令行提示执行：

命令：_offset

指定偏移距离或［通过(T)］<0.000 > :4

选择要偏移的对象或 <退出>：　　//选择最上面一条线，向下方单击

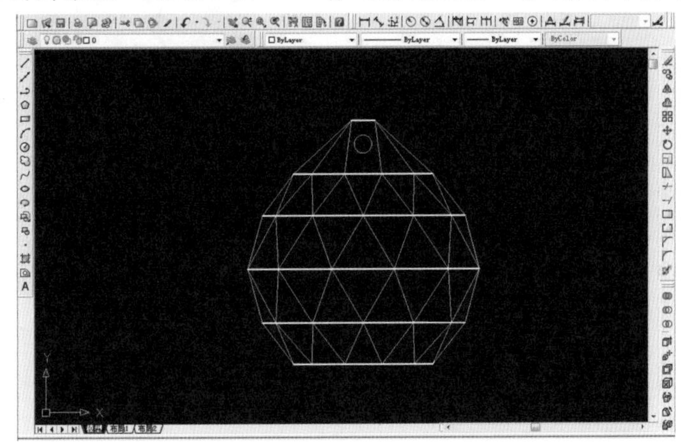

图 16-27

单击“”按钮，按命令行提示执行：

命令：_circle

指定圆的圆心或［三点(3P)/两点(2P)/相切、相切、半径(T)］：　　//以偏移出线的中点

指定圆的半径或［直径］:1.5

删除偏移的直线。

图 16-28 绘制步骤如下：

单击“”按钮，按命令行提示执行：

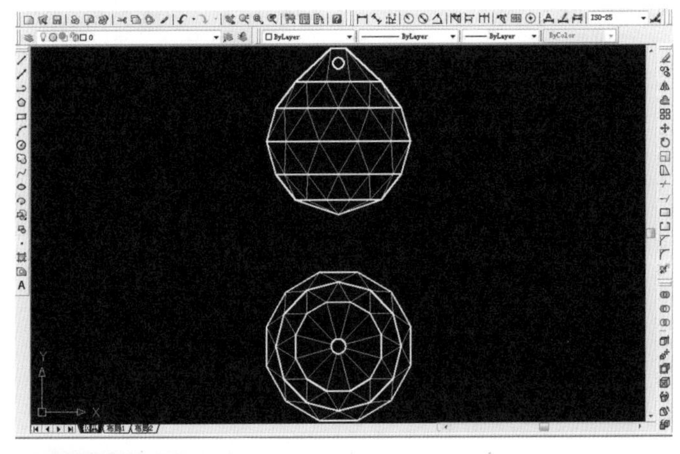

图 16-28

命令：_offset

指定偏移距离或［通过(T)］<0.000>:4

选择要偏移的对象或 <退出>：　　//选择主视图最下面一条线，向下方单击，如图 16-29 所示。

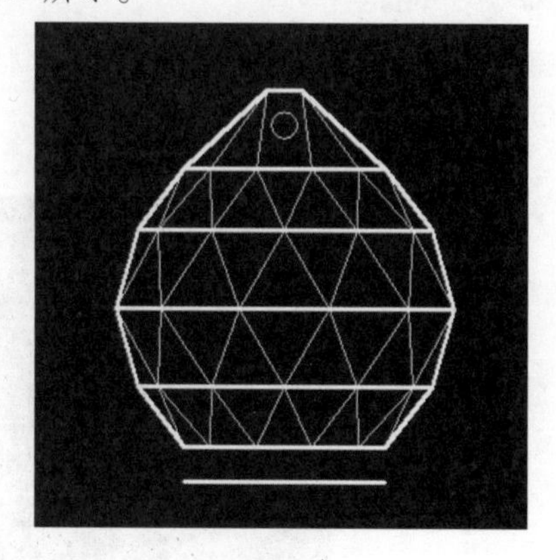

图 16-29

单击" "按钮，按命令行提示执行：

命令：_line

指定第一点：　　//捕捉上述偏移线的中点

下一点或［放弃(U)］:分别按图 16-28 所示，连接各线

选择主视图外轮廓线及半径为 1.5 的圆，将线宽变为 0.3 mm。

最后删除偏移线。